改訂新版

群と幾何学

Group & Geometry

難波 誠 著

🏛 現代数学社

はじめに

　この本は，雑誌 BASIC 数学に，1993 年 11 月号から 1995 年 3月号まで「連載講座——群と幾何学」として連載した記事をまとめ，若干の加筆訂正をし，巻末に補足説明を加えたものであります．本にするにあたり，出来るだけ，元の記事の雰囲気を保つように努めました．

　なお，お世話になりました現代数学社編集部の皆さんには，（原稿の遅延等）多大の迷惑をおかけしました．感謝とお詫びを申し上げます．

　　　1996 年 10 月　　　　　　　　　　　　　　　　難波　誠

改訂新版によせて

　この改訂新版の刊行に際し，旧版を詳細に調べて，多くのミス，語句，記号を訂正しました．しかし文章そのものは旧版の雰囲気を保存したいと思い，訂正しませんでした．

　この本のテーマに最もふさわしいと考えられる第 7 章のくり返し文様と結晶群に関連して，二次元結晶群の分類理論を，当初は付録として入れる予定でしたが，あまりに長くなるので，他の本の中に入れることにしました．難波誠『合同変換の幾何学（仮題）』，現代数学社，2024 年刊行予定，がそれです．

　お世話になりました現代数学社の富田淳氏と皆さんに感謝いたします．

　　　2023 年 7 月　　　　　　　　　　　　　　　　難波　誠

序　文

　群 (group) と言う言葉は，数学の歴史を多少とも知っている人にとっては，ロマンチックな響きを感じさせる．それは群の概念が，（あいまいな形では，ラグランジュやコーシーが持っていたとは言え，真の意味において）ガロアの方程式の理論から生まれたからである．エバリスト・ガロア (1811–1832)．彼の生涯は，まさしくドラマチックであった．パリに近い，ブール・ラ・レーヌ市の市長の子に生まれたガロアは，16 歳にしてすでに数学の専門書を読み研究を始めていた天才的数学少年だった．自分の才能に対する絶大な自信と，プライド．二度にわたる受験の失敗．政治的謀略による父市長の自殺．パリ学士院に提出した論文の，審査員による紛失．過激な政治活動．投獄．恋．そして決闘による最期．ガロアの生涯は一瞬の光芒であったが，決闘前夜，60 枚のメモに書かれた彼の方程式の理論——ガロア理論——は，数学における永遠の金字塔である．

　ガロアの伝記を読む数学少年は，一様に胸を熱くする．彼の創造した群とガロア理論とは，どのようなものであろうかと，強いあこがれの気持をもつ．そして数学の世界の探険に旅立つのである．

　ところで，ガロアの方程式論を専門書で読むと，これがなかなかむずかしい．柑当に切れる頭脳と根気がなければ，完全な理解が得られない．これは現今の専門書が抽象的に書かれていることが原因のひとつだが，そうかと言って，古い代数学の本を読んでも，やはり非常に難解である．そもそも，ガロア理論そのものがむずかしいのである．ガロア理論が数学界に受け入れられるのに，彼の死後 40 年以上の歳月を要したのは，その理論の難解さのせいでもある．

　さて，本書は群と幾何学の関わり合いを述べる．群の考え方は

現代数学のあらゆる分野に関わり，さらには，物理学，化学など，他の自然科学にも広く応用されているが，幾何学との関わり合いにおいては，図形が沢山あらわれて，特にあざやかで印象的である．**図形を見つつ考える**と言うことは，数学を学ぶ上で，あるいは研究してゆく上で，極めて有力な方法である．

　本書は群の基礎理論を述べた後，前半部分で図形の対称性を群で記述する事を論じる．くり返し文様の群や鏡映の群が魅惑的に出現する．

　後半部分では，主として基本群と被覆面の理論を解説する．これは別名**眼で見るガロア理論**とよばれる，ガロア理論の一種のモデルの話だが，このような図形的な見方は本当のガロア理論を学ぶとき，その本質的部分に対する理解を非常に容易ならしめよう．なお，基本群と被覆面の概念は，ガロア本人も（あいまいな形で）考えていたと言われている．

　数学を学ぶ上で，または研究してゆく上で一番大切なことは，実例を多く持つことである．数学も自然科学の一分野であり，数多くの地道な実験と，根気のいる計算の果てに，深い理解と隠された法則への洞察が生まれてきたことを思えば，それは当然のことであろう．

　本書も実例を最重要視する．場合によっては，証明をあたえない命題をのべるかも知れないが，そのような場合でも実例を示して理解を助けることにする．実は，長々となされる証明を正面から追うよりも，実例を観察する方が，より深く理解出来ることが多い．さらに言えば，実例を観察した上で命題の証明を自分で試み，最後に実例にあてはめつつ証明を読めば，理解は完全に出来る．時間はかかるが，数学を修める上でこれが一番の方法である．

　数学は決して無表情な冷たい建築物ではない．生き生きと脈動感あふれる，自然の産物である．本書によって読者が，その一端を感じとれたなら，それは私の大いなる喜びである．

目　　次

はじめに

改訂新版によせて

序文

補足

第1章　群の概念

1．正方形の群

　いま，座標平面上に，図1-1のように，原点Oを中心に，一辺の長さ2の，正方形の板が置いてあるとする．（置いてあると言っても，板が平面に力を加えていると言ったような，物理的意味は何もない．単に，その位置を占めていると言う意味である．）

　この板を，原点中心に（時計と逆回りに）90度回転させると，頂点AはBにうつり，BはCに，CはDに，DはAにうつって，板は元の占めていた場所と全く同じ場所を占める．

　これを板の運動と考え，一次変換（行列）であらわしてみよう．ただし，一次変換は本来，平面全体の運動，または変換をあらわし，上のように，板だけが動くのと少

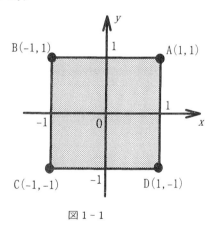

図1-1

し違うのだが，それならば，平面全体に拡がっている板を想定して，その運動を考えればよい．ただし，図1-1の正方形の部分が特別な色になっていて，他の部分は透明であると考えるのである．

　点 (a, b) を列ベクトル

$$\begin{pmatrix} a \\ b \end{pmatrix}$$

と同一視しよう．90度回転で，点 $(1,0)$, $(0,1)$ はそれぞれ，$(0,1)$, $(-1,0)$ にうつされるので，もとめるべき一次変換は

$$R = \begin{pmatrix} 0 & -1 \\ 1 & 0 \end{pmatrix}$$

である．

注意　一般に，行列

$$A = \begin{pmatrix} a & c \\ b & d \end{pmatrix}$$

の列ベクトル

$$\begin{pmatrix} 1 \\ 0 \end{pmatrix}, \ \begin{pmatrix} 0 \\ 1 \end{pmatrix}$$

に対する作用は

$$A\begin{pmatrix} 1 \\ 0 \end{pmatrix} = \begin{pmatrix} a \\ b \end{pmatrix}, \ \ A\begin{pmatrix} 0 \\ 1 \end{pmatrix} = \begin{pmatrix} c \\ d \end{pmatrix}$$

（左辺は行列の積）である．

　図1-1の正方形の板を，180度回転させても，板は元の占めていた場所と全く同じ場所を占める．この運動をあらわす一次変換は

$$R_2 = \begin{pmatrix} -1 & 0 \\ 0 & -1 \end{pmatrix}$$

である．さらに，270度回転させても同様で，この運動をあらわす一次変換は

$$R_3 = \begin{pmatrix} 0 & 1 \\ -1 & 0 \end{pmatrix}$$

である．さいごに，360度回転させると，もとの頂点と全く一致し，何も運動しなかったのと同じと考えられる．これをあらわす一次変換は，恒等変換

$$E=\begin{pmatrix} 1 & 0 \\ 0 & 1 \end{pmatrix}$$

である.

　90度回転を2回, つづけておこなえば, 180度回転になる. 3回, つづけておこなえば, 270度回転, 4回は360度回転になる. すなわち, 一次変換（行列）として

$$R_2=R^2,\ \ R_3=R^3,\ \ E=R^4$$

となっている. ここに, $R^2=RR$ などは, 一次変換の合成（行列の積）をあらわす.

　270度回転は, 逆向きに90度回転, すなわち-90度回転とも考えられる. それゆえ, R_3 は R の逆変換である:

$$R_3=R^{-1},\ \ \text{すなわち}\ \ \ R^3=R^{-1}.$$

　R_2 は自分自身の逆変換でもある:

$$R_2=R_2{}^{-1},\ \ \text{すなわち}\ \ \ R^2=R^{-2}.$$

　同様に

$$R=R_3{}^{-1},\ \ \text{すなわち}\ \ \ R=R^{-3}.$$

　さて, 上述の回転以外に, 図1-1の正方形の板の運動で, 元の場所と全く同じ場所を占めるような一次変換は, 他にないであろうか. 実は他にもある. それは, 直線に関する対称変換（折り返し）である. 図1-1を観察すると, そのような対称変換として

(イ)　x-軸に関する対称変換

$$S=\begin{pmatrix} 1 & 0 \\ 0 & -1 \end{pmatrix}$$

(ロ)　y-軸に関する対称変換

$$S_2=\begin{pmatrix} -1 & 0 \\ 0 & 1 \end{pmatrix}$$

(ハ)　直線 AC に関する対称変換

$$S_3=\begin{pmatrix} 0 & 1 \\ 1 & 0 \end{pmatrix}$$

(ニ)　直線 BD に関する対称変換

$$S_4 = \begin{pmatrix} 0 & -1 \\ -1 & 0 \end{pmatrix}$$

の4個があることがわかる．これら対称変換は，自分自身の逆変換でもある：

$$S = S^{-1}, \quad S_2 = S_2^{-1}, \quad S_3 = S_3^{-1}, \quad S_4 = S_4^{-1}$$

注意　ある直線に関する対称変換（別名折り返し）とは，その直線を軸とする，平面の裏返しである．その直線に関する（または，その直線を軸とする）鏡映とも言う．この場合は，正方形の板の裏返しと考える．これは，正方形の板が，空間内の平面 $z=0$ 内にあり，そして図1-1の位置にあるとみなして，それを裏返すのである．

　以上で我々は，図1-1の正方形の板の運動で，元の場所と全く同じ場所を占めるような8個の一次変換（回転4個，折り返し4個）を得た．実は，この性質をもつ一次変換は，これら8個以外にない．なぜなら，そのような性質をもつ一次変換 M は，各頂点をどれかの頂点にうつし，各辺の中点を，どれかの辺の中点にうつす．したがって M は，基本列ベクトル

$$\begin{pmatrix} 1 \\ 0 \end{pmatrix}, \quad \begin{pmatrix} 0 \\ 1 \end{pmatrix}$$

を，長さが1で，互いに直交するベクトルにうつすので，M は**直交行列**，すなわち

$$^t M M = E$$

をみたす行列でなければならない（$^t M$ は M の**転置行列**——対角線で M を折り返した行列——をあらわす）．ところが，2次の直交行列は，回転か，折り返ししかない（命題3.1参照）．回転か折り返しで，そのような性質を持つものは，上の8個にかぎることは，図1-1を観察すれば，あきらかである．

　さて，2点 $(1,0)$，$(0,1)$ に対し，初めに折り返し S を，次に回転 R をほどこすと，それぞれ点 $(0,1)$，$(1,0)$ にうつる．すなわち，一次変換の合成 RS は，折り返し S_3 と同じ作用をするので，これらは等しい：

$$RS = S_3$$

同様の等式を列挙すると

$$\left.\begin{array}{l} S_2 = R^2 S = SR^2 \\ S_3 = RS = SR^3 \\ S_4 = R^3 S = SR \end{array}\right\} \tag{1}$$

すなわち，我々の8個の一次変換は，

$$E, R, R^2, R^3, S, RS, R^2 S, R^3 S$$

とも書ける．

これら8個の一次変換の集合を D_4 と書こう：

$$D_4 = \{E, R, R^2, R^3, S, RS, R^2 S, R^3 S\}.$$

D_4 は，次の性質をもっている：

(イ) D_4 の任意のふたつの元の積は，やはり D_4 の元である．（元とは，集合の要素のことである．）

(ロ) D_4 は，恒等変換をふくむ．

(ハ) D_4 の任意の元の逆変換は，また D_4 の元である．

このうち，(ロ)と(ハ)は上にのべたことより，あきらかだが，(イ)を示すには，(1)をもちいる．たとえば

$$(RS)(R^3 S) = R(SR^3)S = R(RS)S = R^2 S^2 = R^2 E = R^2.$$

全ての組み合せに対して積を作ったものが表1-1である．ただし，表1-1を行列のように考えて，たとえば，第6行，第8列の箱には，RS と $R^3 S$ を，この順でかけた積 $(RS)(R^3 S) = R^2$ が入っている．

	E	R	R^2	R^3	S	RS	$R^2 S$	$R^3 S$
E	E	R	R^2	R^3	S	RS	$R^2 S$	$R^3 S$
R	R	R^2	R^3	E	RS	$R^2 S$	$R^3 S$	S
R^2	R^2	R^3	E	R	$R^2 S$	$R^3 S$	S	RS
R^3	R^3	E	R	R^2	$R^3 S$	S	RS	$R^2 S$
S	S	$R^3 S$	$R^2 S$	RS	E	R^3	R^2	R
RS	RS	S	$R^3 S$	$R^2 S$	R	E	R^3	R^2
$R^2 S$	$R^2 S$	RS	S	$R^3 S$	R^2	R	E	R^3
$R^3 S$	$R^3 S$	$R^2 S$	RS	S	R^3	R^2	R	E

表1-1

　表1-1は，カケ算の九九の表と似ているが，九九の表と違い，（左上からの）対角線に関して対称になっていない．それは，数と違い，行列の積が（一般には）交換可能でないことに起因している．

　G_4 を，図1-1の**正方形の群**とよぶ．

2．正三角形の群

　同様の議論を，今度は正三角形でおこなってみよう．いま，3点

$$A(1,0),\ B\left(-\frac{1}{2}, \frac{\sqrt{3}}{2}\right),\ C\left(-\frac{1}{2}, \frac{\sqrt{3}}{2}\right)$$

を頂点とする，正三角形の板を考える（図1-2）．

　この正三角形の板の運動で，元の場所と全く同じ場所を占めるような一次変換は，次の6個である：

(イ)　原点中心の120度回転

$$T = \begin{pmatrix} -\dfrac{1}{2} & -\dfrac{\sqrt{3}}{2} \\ \dfrac{\sqrt{3}}{2} & -\dfrac{1}{2} \end{pmatrix}$$

(ロ)　原点中心の240度回転

$$T^2 = \begin{pmatrix} -\dfrac{1}{2} & \dfrac{\sqrt{3}}{2} \\ -\dfrac{\sqrt{3}}{2} & -\dfrac{1}{2} \end{pmatrix}$$

(ハ)　恒等変換

$$E = \begin{pmatrix} 1 & 0 \\ 0 & 1 \end{pmatrix}$$

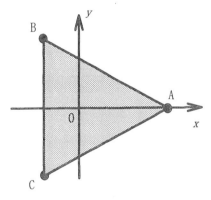

図1-2

(ニ)　x-軸に関する折り返し

$$U = \begin{pmatrix} 1 & 0 \\ 0 & -1 \end{pmatrix}$$

(ホ)　直線 OB に関する折り返し

$$U_2 = \begin{pmatrix} -\dfrac{1}{2} & -\dfrac{\sqrt{3}}{2} \\ -\dfrac{\sqrt{3}}{2} & \dfrac{1}{2} \end{pmatrix}$$

㈻　直線 OC に関する折り返し

$$U_3 = \begin{pmatrix} -\dfrac{1}{2} & \dfrac{\sqrt{3}}{2} \\ \dfrac{\sqrt{3}}{2} & \dfrac{1}{2} \end{pmatrix}$$

問 1.1　㈄〜㈻の一次変換が，実際，上記の形の行列で書けることを示せ．

　これら 6 個の一次変換の間には，

$$T^2 = T^{-1}, \quad T^{-2} = T, \quad T^3 = E$$
$$U = U^{-1}, \quad U_2 = U_2^{-1}, \quad U_3 = U_3^{-1}$$

および

$$\left. \begin{array}{l} U_2 = T^2 U = UT \\ U_3 = TU = UT^2 \end{array} \right\} \tag{2}$$

という関係がある．

　かくて我々は，今度は 6 個の一次変換よりなる集合

$$D_3 = \{E,\ T,\ T^2,\ U,\ TU,\ T^2 U\}$$

を得る．この集合も，正方形の群 D_4 と同様の性質をもつ：

㈄　D_3 の任意のふたつの元の積は，D_3 の元である．

㈁　D_3 は，恒等変換をふくむ．

㈻　D_3 の任意の元の逆変換は，また D_3 の元である．

　D_3 を，図 1-2 の正三角形の群とよぶ．

問 1.2　D_3 に対し，(2)をもちいて，表 1-1 のような表を作れ．

　一般の**正 n 角形の群** D_n も，同様に定義され，同様の性質をもつ．

3．群の定義

　ここで群の定義をのべよう．それは，ひとくちで言えば，正方形の群や正三角形の群の（上述の）性質と同様の性質をもつ集合である．正確

にのべると，

定義　集合Gが**群**（group）であるとは，Gが次の4性質をもつことである：

(イ)　Gの任意のふたつの元a, bに対し，それらの**積**abというものが定義されていて，abもGの元である．

(ロ)　**結合法則**　$(ab)c = a(bc)$がみたされる．

(ハ)　次の性質をもつ，**単位元**とよばれるGの元eが存在する：Gの全ての元aに対し，$ae = a$，$ea = a$．

(ニ)　Gの各元aに対し，次の性質をもつ，aの**逆元**とよばれるGの元a^{-1}が存在する：$aa^{-1} = e$，$a^{-1}a = e$．

　上述の，正方形の群D_4，正三角形の群D_3，一般に正n角形の群D_nは，群である．（行列の積は，結合法則をみたす．）

　次章に，群の例をいろいろあたえる．

　リフレッシュ　コーナー

　新しい概念を初めて学ぶことは，疲れるものである．このコーナーでは，疲れをいやすために，くだけた話をすることにする．

　実は私はその昔，（ふたケタの引き算をよく間違えて，計算は苦手だったが）幾何が得意で，幾何大好き少年だった．幾何の問題の，詰将棋的なところに惹かれたのである．詰将棋マニアと同様に，病こうじて，自分で問題を作った．次がその一例である．

問 1.3　図1-3のように，平面上，原点O中心，半径rの円がある．いま，$r/\sqrt{2} < a < r$をみたす定数aをとり，定点A$(a, 0)$，B$(0, a)$を考える．円の第1象限にぞくする部分である円弧上に，動点Pをとるとき，

AP＋BP を最小にする点Pの位置をもとめよ.

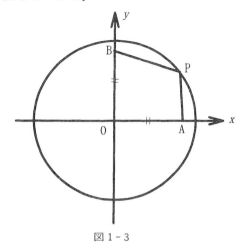

図 1 - 3

　理系の学生なら，この問題を微積分の計算で解こうとするであろう．そして，それが私のしくんだ罠である．計算はおそらく，泥沼に落ち入るであろう．（もちろん，泥沼からはい上ってくる猛者には，敬意を表する．）　幾何の好きな読者には，一言，ヒントをさしあげる：「回転.」

第 2 章　　いろいろな群

1. 群の例

$$f(x) = \frac{x+1}{x-2}$$

$$g(x) = \frac{3x-5}{4x+1}$$

のように, 分母, 分子が一次式 (または定数) であるような関数を, **一次分数関数**という. その一般型は

$$y = h(x) = \frac{ax+b}{cx+d}$$

である. ただし, a, b, c, d は実数で $ad - bc \neq 0$ とする.

　ふたつの一次分数関数の**合成関数**は, やはり一次分数関数である. たとえば, 上の f と g の合成 $f \circ g$ は

$$(f \circ g)(x) = f(g(x))$$

$$= \frac{\dfrac{3x-5}{4x+1} + 1}{\dfrac{3x-5}{4x+1} - 2} = \frac{7x-4}{-5x-7}$$

である.

$$y = 2x + 3$$

のような一次式も, (分母が定数 1 である) 一次分数関数と考える. とくに, **恒等関数**

$$i(x) = x$$

(x を x に対応させる関数) も, 一次分数関数である.

$$y = f(x) = \frac{x+1}{x-2}$$

の**逆関数**とは，この式で y と x をとりかえて

$$x = \frac{y+1}{y-2}$$

とおき，これを y について解いたものである：

$$y = \frac{-2x-1}{-x+1}.$$

これも，一次分数関数である．これを $f^{-1}(x)$ であらわす．

　一般の一次分数関数

$$h(x) = \frac{ax+b}{cx+d}$$

の逆関数も，一次分数関数で，それは

$$h^{-1}(x) = \frac{dx-b}{-cx+a}$$

である．逆関数は，合成に関して

$$h \circ h^{-1} = i, \quad h^{-1} \circ h = i$$

をみたす．

　なお，関数の合成は，結合法則

$$(f \circ g) \circ h = f \circ (g \circ h)$$

をみたすことを注意しておく．これは

$$((f \circ g) \circ h)(x) = (f \circ g)(h(x)) = f(g(h(x)))$$
$$(f \circ (g \circ h))(x) = f((g \circ h)(x)) = f(g(h(x)))$$

より，当然である．

　以上をまとめると，一次分数関数全体の集合 G は，次の性質をみたすことがわかった：

　(イ)　G のふたつの元（要素）の合成は，G の元である．

　(ロ)　合成は，結合法則をみたす．

　(ハ)　G には，G の全ての元 h に対し，$h \circ i = i \circ h = h$ をみたす G の元 i（すなわち恒等関数）が存在する．

　(ニ)　G の各元 h に対し，$h \circ h^{-1} = h^{-1} \circ h = i$ となる G の元 h^{-1}（すなわち逆関数）が存在する．

　前章で群の概念を導入した．それは，上の(イ)〜(ニ)と同様の性質を持つ

集合のことであった．再述すると

定義　集合 G が**群**であるとは，G が次の性質(イ)〜(ニ)をみたすことである：

(イ)　G の任意の2元 a, b に対し，その**積** ab が定義されていて，ab も G の元である．

(ロ)　**結合法則**がなりたつ：$(ab)c = a(bc)$．

(ハ)　**単位元**が存在する．すなわち，G の全ての元 a に対し，$ae = ea = a$ となる G の元 e （単位元）が存在する．

(ニ)　**逆元**が存在する．すなわち，G の各元 a に対し，$aa^{-1} = a^{-1}a = e$ となる G の元 a^{-1}（a の逆元）が存在する．

　一次分数関数全体の集合は，「合成」と言う積に関し，群を作っている．

　いったん，群の定義がなされると，群の例をいろいろあたえることが出来る．ここではさしあたり，次の3例をあたえよう：

(i)　全ての実数の集合 $\boldsymbol{R}$ は，「加法」を積と思えば，群をなす．0が単位元，a の逆元は $-a$ である．

(ii)　0以外の全ての実数の集合 $\boldsymbol{R}^*$ は，乗法に関して群をなす．1が単位元，a の逆元は，逆数 $1/a$ である．

(iii)　実数を成分とする n 次正則行列全体の集合 $GL(n, \boldsymbol{R})$ は，行列の積に関して群をなす．単位行列 E が単位元，逆行列が逆元である．

（正方行列 A が**正則**とは A の行列式がゼロでないことである．）

　例(1)で，加法を積と思えとは，何と言う欺瞞であろうかと，いきどおりをおぼえる読者がいるかも知れない．しかし，物事の抽象とは，なべてこのようなものであり，人は，しだいに慣れて，諦観に至る．

　ところで，読者の中に，次の疑問を持った神経質な（すなわち，注意深い）方は，おられなかっただろうか：

　「群において，単位元や逆元は，ただひとつであろうか．」

　その答は，「ただひとつである．」この点は安心してよい．じっさい，e' を，もうひとつの単位元とすると，e も e' も単位元なので，その性質より

$$e'e = ee' = e', \quad ee' = e'e = e$$

となる．両方の式より

$$e' = e'e = e$$

となるからである．

　逆元がただひとつであることも，その性質をもちいて証明できるが，それは，次の問としよう．

問 2.1　群 G の各元 a に対し，その逆元は，ただひとつであることを示せ．（ヒント：結合法則をもちいる．）

2．部分群

　n 次の正則行列 A が，**直交行列**とは，A の転置行列 ${}^tA$（A を対角線で折り返した行列）が A の逆行列となることである：
$$ {}^tA = A^{-1} $$
n 次の直交行列全体の集合を $O(n)$ と書く．（O は，orthogonal の頭文字である．）

命題 2.1　$O(n)$ は，行列の積に関して群をなす．

証明　A と B を直交行列とすると，積 AB も直交行列である．じっさい，
$$ {}^t(AB)(AB) = ({}^tB\,{}^tA)(AB) = {}^tB({}^tAA)B = {}^tBEB $$
$$ = {}^tBB = E. $$
同様に，
$$ (AB){}^t(AB) = E $$
がえられるので，
$$ {}^t(AB) = (AB)^{-1} $$
である．また，直交行列 A の逆行列 A^{-1} も直交行列である．じっさい，
$$ A^{-1} = {}^tA $$
の両辺の転置行列をとれば，
$$ {}^t(A^{-1}) = A = (A^{-1})^{-1} $$
となるからである．

　単位行列は，もちろん直交行列である．結合法則もなりたっているので，$O(n)$ は群である．

かくて, $O(n)$ は, 行列の積に関して群をなすが, 一方, n 次正則行列全体 $GL(n, \boldsymbol{R})$ も行列の積に関して群をなす. $O(n)$ が $GL(n, \boldsymbol{R})$ の部分集合なので, 「$O(n)$ は, $GL(n, \boldsymbol{R})$ の部分群である」と言う.

一般に, 群 G の部分集合 H が, **G の積のもとで, それ自体, 群である**とき, H を G の**部分群**であるという.

命題 2.2 群 G の部分集合 H が, G の部分群となるための必要十分条件は, H が次の 2 条件をみたすことである:
(イ) a, b が H の元なら, ab も H の元である.
(ロ) a が H の元なら, a^{-1} も H の元である.
証明 (イ), (ロ)が必要なことは, あきらかである. 条件(イ), (ロ)のもとで, H が群であることを示せばよいが, 結合律は, すでに G でみたされているから, H でもみたされる. また, 条件(イ), (ロ)より, $aa^{-1}=e$ も H の元となる.

問 2.2 命題 2.2 のふたつの条件が, 次のひとつの条件でおきかえることが出来ることを示せ:(ハ) a, b が H の元なら, ab^{-1} も H の元である.

実数の全体 $\boldsymbol{R}$ は, 加法に関して群をなす. 有理数全体 $\boldsymbol{Q}$ も, 加法に関して群をなす. $\boldsymbol{Q}$ は $\boldsymbol{R}$ の部分群である. 整数全体 $\boldsymbol{Z}$ も, 加法に関して群をなす. $\boldsymbol{Z}$ は $\boldsymbol{Q}$ の部分群であり, $\boldsymbol{R}$ の部分群でもある.

自然数全体 $\boldsymbol{N}$ は, **加法に関して群をなさない**. 単位元 0 が $\boldsymbol{N}$ にぞくさないし, 逆元 $-a$ も $\boldsymbol{N}$ にぞくさないからである.

以上の記号:$\boldsymbol{R}, \boldsymbol{Q}, \boldsymbol{Z}, \boldsymbol{N}$ は, 数学でふつうに使われる記号である. 本書でも, しばしば使われる.

$\boldsymbol{R}$ からゼロをのぞいた全体 $\boldsymbol{R}^*$ は, 乗法に関して群をなす. $\boldsymbol{Q}$ からゼロをのぞいた全体 $\boldsymbol{Q}^*$ は, 乗法に関して, $\boldsymbol{R}^*$ の部分群である.

$\boldsymbol{Z}$ からゼロをのぞいた全体 $\boldsymbol{Z}^*$ は, **乗法に関して群をなさない**. 逆元 $1/a$ が, 必ずしも $\boldsymbol{Z}^*$ にぞくさないからである.

群 $\boldsymbol{R}^*$ は, $\boldsymbol{R}$ の部分集合だが, $\boldsymbol{R}$ の部分群ではない. $\boldsymbol{R}$ の方は加法に関して群をなし, $\boldsymbol{R}^*$ の方は乗法に関して群をなしていて, 「積」が異な

っている.

　$O(n)$ が $GL(n, \boldsymbol{R})$ の部分群であることは, 上でのべた. $GL(n, \boldsymbol{R})$ を, **n 次実一般線形変換群**と言い, $O(n)$ を **n 次直交群**と言う.

　n 次正則行列で, 行列式が 1 のもの全体を $SL(n, \boldsymbol{R})$ と書く. これも $GL(n, \boldsymbol{R})$ の部分群である. (**問 2.3**　このことを示せ.) この群を, **n 次実特殊線形変換群**と言う. また, n 次直交行列で, 行列式が 1 のもの全体を, $SO(n)$ と書く. これも $GL(n, \boldsymbol{R})$ の部分群である. (**問 2.4**　このことを示せ.) この群を, **n 次特殊直交群**と言う. 集合としては

$$SO(n) = O(n) \cap SL(n, \boldsymbol{R})$$

となっている.

　n 次正則行列で, 各成分が有理数であるもの全体を, $GL(n, \boldsymbol{Q})$ と書く. また, その中で, 行列式が 1 であるもの全体を, $SL(n, \boldsymbol{Q})$ と書く. $GL(n, \boldsymbol{Q})$ は $GL(n, \boldsymbol{R})$ の部分群であり, $SL(n, \boldsymbol{Q})$ は $GL(n, \boldsymbol{Q})$ の部分群である.

　各成分が整数で, 行列式が 1 か -1 である n 次正方行列全体を, $GL(n, \boldsymbol{Z})$ と書く. また, その中で, 行列式が 1 である全体を $SL(n, \boldsymbol{Z})$ と書く. $GL(n, \boldsymbol{Z})$ は $GL(n, \boldsymbol{Q})$ の部分群であり, $SL(n, \boldsymbol{Z})$ は $GL(n, \boldsymbol{Z})$ の部分群である. (**問 2.5**　このことを示せ.)

　このように, 部分群を考えることにより, いろいろな群の例をあたえることが出来る.

問 2.6　$^t A = A$ となる正方行列 A を, **対称行列**とよぶ. 正則な n 次対称行列全体は, 群をなさないことを示せ.

3. 置換群

　上にあげた群の例は, いずれも, 集合として, 元（要素）の数が有限でなく, 無限集合になっている. このような群を**無限群**とよぶ. 一方, 集合として, 元の数が有限である群 G を, **有限群**とよぶ. 元の個数を, 群 G の**位数**とよび, $\#G$ であらわす. （無限群 G の場合は, $\#G = \infty$ と書くこともある.）

　前章で紹介した, 正多角形の群は, 有限群であるが, 次にのべる置換群は, 有限群の非常に大切な例である.

　いま, A を n 個の元からなる有限集合とする. 簡単のため, A は, 自

然数1からnまでの集合とする：

$$A = \{1, 2, \cdots, n\}$$

A から A への，1対1写像を，（n文字の）**置換**とよぶ．置換 σ（シグマ）が，自然数 k を自然数 a_k にうつすとき，σ を，行列に似た（まぎらわしい）記号で

$$\sigma = \begin{pmatrix} 1 & 2 & \cdots & k & \cdots & n \\ a_1 & a_2 & \cdots & a_k & \cdots & a_n \end{pmatrix} \tag{1}$$

と書く．$a_1, a_2, \cdots, a_n$ は，$1, 2, \cdots, n$ のひとつの順列をあらわす．逆に，ひとつの順列は，(1)より置換をさだめる．

それゆえ，n文字の置換全体の集合 S_n は，$n!$ 個の置換よりなる有限集合である．

たとえば，$n=3$ とすると，S_3 は

$$\begin{pmatrix} 1 & 2 & 3 \\ 1 & 2 & 3 \end{pmatrix}, \begin{pmatrix} 1 & 2 & 3 \\ 2 & 3 & 1 \end{pmatrix}, \begin{pmatrix} 1 & 2 & 3 \\ 3 & 1 & 2 \end{pmatrix},$$

$$\begin{pmatrix} 1 & 2 & 3 \\ 1 & 3 & 2 \end{pmatrix}, \begin{pmatrix} 1 & 2 & 3 \\ 3 & 2 & 1 \end{pmatrix}, \begin{pmatrix} 1 & 2 & 3 \\ 2 & 1 & 3 \end{pmatrix}$$

の $6 = 3!$ 個の置換よりなる．

注意 置換は，何を何に写しているかが問題なのであって，書いている文字の，$1, 2, 3$ と言う順序は，問題でない．したがって，たとえば

$$\begin{pmatrix} 1 & 2 & 3 \\ 2 & 3 & 1 \end{pmatrix}$$

を

$$\begin{pmatrix} 2 & 3 & 1 \\ 3 & 1 & 2 \end{pmatrix}$$

と書こうが

$$\begin{pmatrix} 3 & 2 & 1 \\ 1 & 3 & 2 \end{pmatrix}$$

と書こうが，どれも同じ置換をあらわす．

　次に，置換間に「積」を定義しよう．置換は，集合
$$A=\{1,2,\cdots,n\}$$
からAへの1対1写像なので，積として，写像の合成と定義すればよい
し，そう定義する流儀もあるが，我々は大方の慣用に従い，次のように
定義する：置換σとτ（タウ）の「積」$\sigma\tau$は，次のように定義された置
換をあらわす．「σが自然数kをa_kにうつし，τがa_kをb_kにうつすなら
ば，$\sigma\tau$は，kをb_kにうつす．」

　これはつまり

$$\begin{pmatrix} 1 & 2 & \cdots & k & \cdots & n \\ a_1 & a_2 & \cdots & a_k & \cdots & a_n \end{pmatrix}\begin{pmatrix} a_1 & a_2 & \cdots & a_k & \cdots & a_n \\ b_1 & b_2 & \cdots & b_k & \cdots & b_n \end{pmatrix}$$

$$=\begin{pmatrix} 1 & 2 & \cdots & k & \cdots & n \\ b_1 & b_2 & \cdots & b_k & \cdots & b_n \end{pmatrix}$$

と言うことである．たとえば

$$\begin{pmatrix} 1 & 2 & 3 \\ 2 & 3 & 1 \end{pmatrix}\begin{pmatrix} 1 & 2 & 3 \\ 3 & 2 & 1 \end{pmatrix}=\begin{pmatrix} 1 & 2 & 3 \\ 2 & 3 & 1 \end{pmatrix}\begin{pmatrix} 2 & 3 & 1 \\ 2 & 1 & 3 \end{pmatrix}=\begin{pmatrix} 1 & 2 & 3 \\ 2 & 1 & 3 \end{pmatrix}$$

注意　この積は，ふつうの写像の合成と，かける順序が逆になっている．

命題 2.3　n文字の置換全体の集合S_nは，上で定義した積のもとで，群
をなす．

証明　結合律をみたすことは，すぐ示すことが出来る．何も動かさない
置換（**恒等置換**）

$$\begin{pmatrix} 1 & 2 & \cdots & n \\ 1 & 2 & \cdots & n \end{pmatrix}$$

が単位元であり

$$\sigma=\begin{pmatrix} 1 & 2 & \cdots & n \\ a_1 & a_2 & \cdots & a_n \end{pmatrix}$$

の逆元が，σ の**逆置換**

$$\sigma^{-1}=\begin{pmatrix} a_1 & a_2 & \cdots & a_n \\ 1 & 2 & \cdots & n \end{pmatrix}$$

であることは，容易に示すことができる．

証明終

S_n は有限群であり，その位数は
$$\#S_n = n!$$
である．S_n を **n 次対称群**とよぶ．

S_n の部分群を，（n 次の，または，n 文字の）**置換群**とよぶ．

たとえば，3文字の置換群は，S_3 自身以外に，次の5個がある：

$$\{e\}=\left\{\begin{pmatrix} 1 & 2 & 3 \\ 1 & 2 & 3 \end{pmatrix}\right\},$$

$$H_1=\left\{\begin{pmatrix} 1 & 2 & 3 \\ 1 & 2 & 3 \end{pmatrix},\ \begin{pmatrix} 1 & 2 & 3 \\ 1 & 3 & 2 \end{pmatrix}\right\},$$

$$H_2=\left\{\begin{pmatrix} 1 & 2 & 3 \\ 1 & 2 & 3 \end{pmatrix},\ \begin{pmatrix} 1 & 2 & 3 \\ 3 & 2 & 1 \end{pmatrix}\right\},$$

$$H_3=\left\{\begin{pmatrix} 1 & 2 & 3 \\ 1 & 2 & 3 \end{pmatrix},\ \begin{pmatrix} 1 & 2 & 3 \\ 2 & 1 & 3 \end{pmatrix}\right\},$$

$$N=\left\{\begin{pmatrix} 1 & 2 & 3 \\ 1 & 2 & 3 \end{pmatrix},\ \begin{pmatrix} 1 & 2 & 3 \\ 2 & 3 & 1 \end{pmatrix},\ \begin{pmatrix} 1 & 2 & 3 \\ 3 & 1 & 2 \end{pmatrix}\right\}$$

$(\#\{e\}=1,\ \#H_1=\#H_2=\#H_3=2,\ \#N=3)$

問 2.7　これらが S_3 の部分群であることを示せ．

リフレッシュ　コーナー

　初めて学ぶ数学の話は，とても疲れるものである．ここでは，くだけた話をして，リフレッシュしたい．

　私は，前章でものべたが，幾何大好き少年だった．幾何に関しては，どんな難問でもござれと，得意顔の生意気な少年だった．ところがある日，S君が私に，次の問題を持ってきた．10分，20分，どうしても解けず，権威は地に堕ちた．非常にくやしかったので，今でもこの問題を記憶している．これを問として書いておく．

問 2.8　三角形△ABC とその外接円がある．A から辺 BC へ垂線を下し，その足を D とする．D から辺 AB，AC へ垂線を下し，その足をそれぞれ E, F とする．直線 EF が外接円と交わる点を G, H とするとき，AD＝AG＝AH を示せ．（図 2-1）

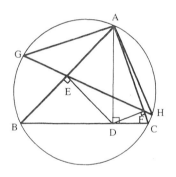

図 2-1

第 **3** 章　　対称性と群

1．クロロホルムの群

　アルセーヌ・ルパンを主人公とする傑作「水晶の栓」では，薬品クロロホルムが，大事な場面で活躍する．そのクロロホルムの分子構造は，

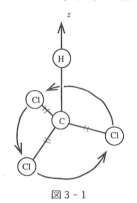

図 3 - 1

図 3 - 1 のようになっている．図 3 - 1 で，H は水素，C は炭素，Cl は塩素で，3 個の Cl が C と H に対し等距離，等角度の位置にある．

　いま，C を原点におき，C と H をとおる直線を z-軸にとる．このクロロホルム分子を，z-軸を軸として，120°回転させると，3 個の塩素原子が循環的に回るだけで，クロロホルム分子は，元の占めていた場所と全く同じ場所を占める．240°回転も同様である．

　　原点をとおる直線に関する回転は，空間の一次変換（線形変換とも言う）の一種ゆえ，行列であらわされる．

　z-軸を軸とする 120°回転は，

$$R=\begin{pmatrix} \cos\dfrac{2}{3}\pi & -\sin\dfrac{2}{3}\pi & 0 \\ \sin\dfrac{2}{3}\pi & \cos\dfrac{2}{3}\pi & 0 \\ 0 & 0 & 1 \end{pmatrix}=\begin{pmatrix} -\dfrac{1}{2} & -\dfrac{\sqrt{3}}{2} & 0 \\ \dfrac{\sqrt{3}}{2} & -\dfrac{1}{2} & 0 \\ 0 & 0 & 1 \end{pmatrix}$$

であり，240°回転は

$$R^2=\begin{pmatrix} \cos\frac{4}{3}\pi & -\sin\frac{4}{3}\pi & 0 \\ \sin\frac{4}{3}\pi & \cos\frac{4}{3}\pi & 0 \\ 0 & 0 & 1 \end{pmatrix}=\begin{pmatrix} -\frac{1}{2} & \frac{\sqrt{3}}{2} & 0 \\ -\frac{\sqrt{3}}{2} & -\frac{1}{2} & 0 \\ 0 & 0 & 1 \end{pmatrix}$$

である.

　空間の一次変換で, クロロホルムに対し, 同様の性質をもつものは, 他にあるだろうか. 恒等変換

$$E=\begin{pmatrix} 1 & 0 & 0 \\ 0 & 1 & 0 \\ 0 & 0 & 1 \end{pmatrix}$$

もそうであるが, 実は他に, 3個の鏡映がある.

　ひとつの平面に関する**鏡映**とは, その平面を鏡と考えて, 鏡の像に対応させる変換である. たとえば, xy-平面に関する鏡映は

$$(x, y, z) \longrightarrow (x, y, -z)$$

であたえられる.

　図3-1のクロロホルム分子において, CとHとClのひとつ（これをCl$_1$と書こう）を含む平面が xz-平面であると仮定してよい. このとき, xz-平面に関する鏡映

$$S_1 : (x, y, z) \longrightarrow (x, -y, z)$$

は Cl$_1$ をそれ自身にうつし, 他のふたつの Cl（これらを, Cl$_2$, Cl$_3$ と書く）をそれらの間で交換し, クロロホルム分子は, 元の占めていた場所と全く同じ場所を占める.

　Cl$_2$とCとHを含む平面に関する鏡映を S_2, Cl$_3$とCとHを含む平面に関する鏡映を S_3 とする. S_2, S_3 も, クロロホルム分子に対して, 同様の性質をもつ. これらを行列であらわすと,

$$S_1=\begin{pmatrix} 1 & 0 & 0 \\ 0 & -1 & 0 \\ 0 & 0 & 1 \end{pmatrix},\ S_2=\begin{pmatrix} -\frac{1}{2} & -\frac{\sqrt{3}}{2} & 0 \\ -\frac{\sqrt{3}}{2} & \frac{1}{2} & 0 \\ 0 & 0 & 1 \end{pmatrix},\ S_3=\begin{pmatrix} -\frac{1}{2} & \frac{\sqrt{3}}{2} & 0 \\ \frac{\sqrt{3}}{2} & \frac{1}{2} & 0 \\ 0 & 0 & 1 \end{pmatrix}$$

である.

問 3.1　S_1, S_2, S_3 が実際，上記の行列であらわされることを示せ．

　一次変換の集合

$$G = \{E, R, R^2, S_1, S_2, S_3\}$$

は，(イ)一次変換の合成（行列の積）で閉じていて（すなわち，G の任意の2元の積は，また G の元であり）(ロ)G の各元の逆変換も G の元（要素）である．

　それゆえ，前章の用語で言えば，G は，3次の一次変換全体のなす群 $GL(3, \boldsymbol{R})$ の部分群である．

問 3.2　G について，(イ)，(ロ)を実際，たしかめよ．

　群 G は，クロロホルム分子が空間において，どのぐらい対称であるかをあらわしている．そのため，G を**クロロホルム分子の対称性の群**，または簡単に，**クロロホルム（分子）の群**とよぶ．

　一般に，空間に，ひとつの分子Mがあるとき，Mを元の占めていた場所にうつす3次の直交変換（長さ，角を変えない変換）全体の集合を G とする．G は，一次変換の合成を積として，群をなす．G は $GL(3, \boldsymbol{R})$ の部分群だが，G の各元が直交変換なので，$O(3)$ の部分群でもある．しかし，注意すべきことは，$\boldsymbol{R}^3$ の原点をどこに置くかで，G が変る点である．原点の位置は，対称性が最も大きな位置をえらぶ．言いかえると，G の**位数**，$\#G$，（すなわち G の元の数）が最も大きくなるよう，原点をえらぶ．（対称性の高い分子の場合，この点は唯一つ決まる．）この群 G を**Mの対称性の群**，または単に，**Mの群**とよぶ．

　アンモニアの分子 NH_3 は，図3-1のクロロホルム分子のCの代りに窒素Nを置き，3個の Cl の代りにHを置き，z-軸上のHの場所には何も置かない，と言う空間構造をしている．（ただし，相互間の距離は異なる．）（図3-2参照．）

　アンモニア（筆者独白「アンモニアの活躍す

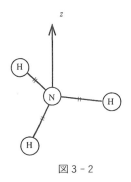

図3-2

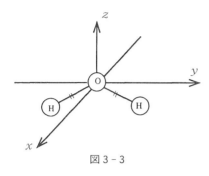

図3-3

る小説は読みたくないな.」) の群は, クロロホルムの群と全く同じである. すなわち, 両分子は, 全く同じ対称性を持っている.

　水の分子 H_2O は, 酸素Oを原点におくと, ふたつの水素Hが, 図3-3のように, yz-平面上にあって, Oに対し等距離, 等角度に位置している.

問 3.3　水の群を求めよ.

2.　群と部分群

　ここで, 前章の復習をかねて, 群と部分群の定義をのべよう.

　集合Gが**群**であるとは, 次の4条件をみたされることである:

(イ)　Gの任意の2元 a, b に対し, それらの**積** ab が定義され, ab もGの元である.

(ロ)　**結合法則**: $(ab)c = a(bc)$ がなりたつ.

(ハ)　**単位元** e がある. すなわち $ae = ea = a$ がGの全ての元 a に対し成立するGの元 e が存在する.

(ニ)　Gの各元 a に対し, その**逆元** a^{-1} がある. すなわち $aa^{-1} = a^{-1}a = e$ となるGの元 a^{-1} が存在する.

　たとえば, 正則な (すなわち行列式がゼロでない) n 次行列全体の集合 $GL(n, \boldsymbol{R})$ は, 行列の積に関して群をなす. これを **n 次実一般線形変換群** とよぶ.

　次に, 群Gの部分集合Hが, Gの積のもとで, それ自身, 群をなすとき, HをGの**部分群**であると言う. 次の2条件が, HがGの部分群となるための (必要十分) 条件である:

(イ)　a, b がHの元ならば, ab もHの元である.

(ロ)　a がHの元ならば, a^{-1} もHの元である.

　たとえば, n 次正則行列Aが

$$A^{-1} = {}^t A$$

（${}^t A$ は A の転置行列）をみたすとき，A を**直交行列**とよぶ．（一次変換と
みるときは，**直交変換**とよぶ．）その全体 $O(n)$ は，$GL(n, \boldsymbol{R})$ の部分群に
なる．これを，**n 次直交群**とよぶ．一方，行列式が 1 の n 次正則行列全体
$SL(n, \boldsymbol{R})$ も，$GL(n, \boldsymbol{R})$ の部分群をなす．これを，**n 次実特殊線形変換
群**とよぶ．また，$O(n)$ と $SL(n, \boldsymbol{R})$ の共通集合

$$SO(n) = O(n) \bigcap SL(n, \boldsymbol{R})$$

は，$O(n)$，$SL(n, \boldsymbol{R})$ 及び $GL(n, \boldsymbol{R})$ の部分群である．これを **n 次特殊直
交群**とよぶ．

3．2次と3次の直交変換

　クロロホルム等の対称性をあらわ
す一次変換は，直交変換である．い
ま，2次と3次の直交変換をしらべ
てみよう．

命題 3.1　2次の直交変換は，回転
か，（原点をとおる，ある直線に関す
る）折り返しか，どちらかである．

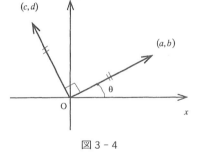

図 3‐4

証明　2次直交変換（直交行列）

$$A = \begin{pmatrix} a & c \\ b & d \end{pmatrix}$$

の各列は，長さが1で互いに直交し
ている．図3‐4のように，ベクトル
(c, d) が，ベクトル (a, b) に対し，時
計の逆回りに90°回っていたら，A は
角 θ（ベクトル (a, b) と x-軸の間の
角）の回転となる：

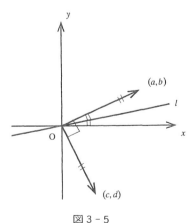

図 3‐5

$$A = \begin{pmatrix} a & c \\ b & d \end{pmatrix} = \begin{pmatrix} \cos\theta & -\sin\theta \\ \sin\theta & \cos\theta \end{pmatrix}$$

この場合，行列式は1である．

　一方，ベクトル (c, d) が図3-5のように，逆向きに90°回っていたら，A は，直線

$$l : y = \frac{b}{a+1} x$$

に関する折り返しである．

この場合，行列式は -1 である．

証明終

　次のふたつの補題の証明は，問にして読者におまかせする．

補題 3.1　直交行列の行列式は，1か -1 である．

補題 3.2　行列式が1（または -1）の3次直交行列は，1(または -1) を固有値にもつ．

問 3.4　補題 3.1 と 3.2 を証明せよ．

命題 3.2　行列式が1の3次直交変換は，原点をとおる，ある直線を軸とする回転である．

証明　A を3次直交行列で，行列式が1とする．Z を A の固有値1に対する固有ベクトルとする：

$$AZ = Z$$

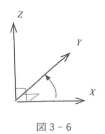

図 3-6

Z の長さを1と仮定してよい．X と Y を互いに直交し，Z とも直交し，長さが1のベクトルとする．線形代数の用語で，X, Y, Z は**正規直交底**をなしている．さらに X, Y, Z が，この順で右手系をなしていると仮定してよい．（この意味は，X から Y

へ右手でネジを回すとき，Z がネジの進む方向である．図3–6参照．）

X, Y, Z を列ベクトルとして並べた行列

$$P = (XYZ)$$

は直交行列で，行列式が1である．（左手系だと，-1 になる．）P は基本列ベクトル

$$\boldsymbol{e}_1 = \begin{pmatrix} 1 \\ 0 \\ 0 \end{pmatrix}, \quad \boldsymbol{e}_2 = \begin{pmatrix} 0 \\ 1 \\ 0 \end{pmatrix}, \quad \boldsymbol{e}_3 = \begin{pmatrix} 0 \\ 0 \\ 1 \end{pmatrix}$$

をそれぞれ X, Y, Z にうつす．とくに $\boldsymbol{e}_3$ を Z にうつすゆえ

$$(P^{-1}AP)\boldsymbol{e}_3 = P^{-1}AZ = P^{-1}Z = \boldsymbol{e}_3$$

である．ゆえに

$$P^{-1}AP = \begin{pmatrix} a & c & 0 \\ b & d & 0 \\ * & * & 1 \end{pmatrix}$$

と書ける．$P^{-1}AP$ は直交行列ゆえ，各列が直交するので，$*$ の所はゼロである：

$$P^{-1}AP = \begin{pmatrix} a & c & 0 \\ b & d & 0 \\ 0 & 0 & 1 \end{pmatrix}$$

小行列

$$\begin{pmatrix} a & c \\ b & d \end{pmatrix}$$

は，行列式が1の2次直交行列ゆえ，命題 3.1 より，回転である：

$$P^{-1}AP = \begin{pmatrix} \cos\theta & -\sin\theta & 0 \\ \sin\theta & \cos\theta & 0 \\ 0 & 0 & 1 \end{pmatrix}$$

ゆえに，A は

$$A = P \begin{pmatrix} \cos\theta & -\sin\theta & 0 \\ \sin\theta & \cos\theta & 0 \\ 0 & 0 & 1 \end{pmatrix} P^{-1}$$

と書ける．この式は，A がベクトル Z をとおる直線を軸とする角 θ の回

転であることを意味する．（θ が正のときは，ネジを右手で角 θ 回すとき，ベクトルZがネジの進む方向になる．図3‐7参照.）

証明終

図3‐7

命題3.3　行列式が -1 の3次直交変換は，原点をとおる，ある直線を軸として回転したのち，原点をとおり，その直線に垂直な平面に関しての鏡像（鏡映の像）をとったものである．

証明　Aをそのような直交変換（直交行列）とし，ZをAの固有値 -1 に対する固有ベクトルとする．命題3.2と同様の議論で，正規直交底 X，Y,Z（右手系）をとり，直交行列

$$P=(XYZ)$$

をとれば，

$$P^{-1}AP=\begin{pmatrix}\cos\theta & -\sin\theta & 0\\ \sin\theta & \cos\theta & 0\\ 0 & 0 & -1\end{pmatrix}$$

となる．右辺は

$$\begin{pmatrix}1 & 0 & 0\\ 0 & 1 & 0\\ 0 & 0 & -1\end{pmatrix}\begin{pmatrix}\cos\theta & -\sin\theta & 0\\ \sin\theta & \cos\theta & 0\\ 0 & 0 & 1\end{pmatrix}$$

と書けるので，Aは

$$A=\left\{P\begin{pmatrix}1 & 0 & 0\\ 0 & 1 & 0\\ 0 & 0 & -1\end{pmatrix}P^{-1}\right\}\left\{P\begin{pmatrix}\cos\theta & -\sin\theta & 0\\ \sin\theta & \cos\theta & 0\\ 0 & 0 & 1\end{pmatrix}P^{-1}\right\}$$

と書ける．

$$P\begin{pmatrix}\cos\theta & -\sin\theta & 0\\ \sin\theta & \cos\theta & 0\\ 0 & 0 & 1\end{pmatrix}P^{-1}$$

は，Zをとおる直線を軸とする，角 θ の回転であり，

$$P\begin{pmatrix} 1 & 0 & 0 \\ 0 & 1 & 0 \\ 0 & 0 & -1 \end{pmatrix}P^{-1}$$

は，XY-平面に関する鏡映である．

証明終

4．正多面体群

正多面体が5種類（正4面体，立方体，正8面体，正12面体，正20面体）存在し，これ以外に存在しない事は，ギリシャ時代に知られていた．

有名なユークリッドの原論全13巻の最後の巻は，正多面体の存在定理の証明で終っている．古代人は，この美しい定理に，神の摂理をみたのであろう（図3-8）．

この中から，一番見なれている立方体をとり出す．立方体 Q は，その中心が原点にあり，頂点が $(1, 1, 1)$，$(1, 1, -1)$ など，座標が1か -1 かどちらかである点とする（図3-9）．

z-軸を軸として，この立方体を（z-軸の正の方向が，右ネ

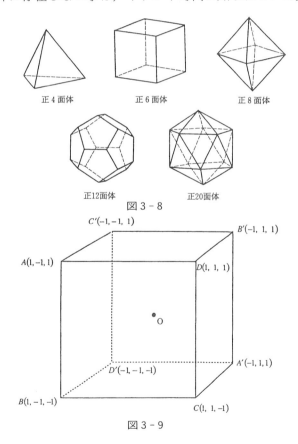

正4面体　　正6面体　　正8面体

正12面体　　正20面体

図3-8

図3-9

ジの進む方向として）90°回転させると，その結果は，元の占めていた位置と，ぴったり一致する．180°，270°回転も同様である．90°回転をRと書けば，180°，270°回転は，それぞれR^2, R^3である．

原点をとおる直線を軸とする回転で同様の性質を持つものは，他にもある．それらは

(イ)　x-軸を軸とする90°, 180°, 270°回転：P, P^2, P^3 及びy-軸を軸とする90°，180°，270°回転：Q, Q^2, Q^3,

(ロ)　原点と各頂点 A, B, C, D をむすぶ直線を軸とする120°回転：S_1, S_2, S_3, S_4 及び240°回転：$S_1{}^2$, $S_2{}^2$, $S_3{}^2$, $S_4{}^2$,

(ハ)　原点と，各辺の中点をむすぶ直線を軸とする180°回転：T_1, T_2, T_3, T_4, T_5, T_6,

及び，恒等変換Eである．

これら全ての集合

$$G=\{E, P, P^2, P^3, Q, Q^2, Q^3, R, R^2, R^3$$
$$S_1, S_1{}^2, S_2, S_2{}^2, S_3, S_3{}^2, S_4, S_4{}^2$$
$$T_1, T_2, T_3, T_4, T_5, T_6\}$$

は，$SO(3)$ の部分群をなす．（**問3.5**　この事を確めよ．）これを**立方体の群**とよぶ．この群の位数は24である．この群は，立方体の対称性をあらわしている．

問題3.6　立方体の群Gの各元を，直交行列であらわせ．

他の正多面体に対しても同様に，$SO(3)$ の部分群が定義される．それらを総称して，**正多面体群**とよぶ．

注意　クロロホルムの群などと違い，正多面体群は，鏡映などは含んでおらず，回転のみからなる．

正8面体と立方体は，**双対関係**にある．すなわち，図3-10のように両者を置けば，原点と各面の中心と相手の頂点が一直線上にある．このため，正8面体群は，立方体の群と一致する．

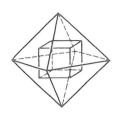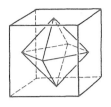

図3-10

同様の理由で，正12面体群と正20面体群は一致する．その位数は60である．

なお，正4面体は自分自身と双対（自己双対）で正4面体群の位数は12である．

 リフレッシュ コーナー

次の問題を考えて下さい．

問3.7 図3-11のように，赤川と白川が，川下で合流している．A地点の家に住んでいるA君は，赤川の水がうまいか，白川の水がうまいかを論争しているB地点のB君の家まで，両方の川の水をくんで，持って行くこと

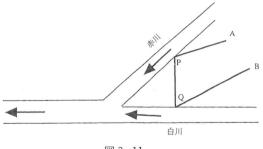

図3-11

になった．最初に赤川，次に白川の水をくむのだが，道のりが最短となるように，水をくむ地点P，Qを定めよ．ただし，赤川，白川ともに，合流するまでは，川岸が直線であるとする．

　ところで，（白川はともかく）いくらなんでも「赤川」と言うネーミングはひどい，と思う読者がいるかも知れない．ところが，「赤川」と言う名の川は現実にある．私は，赤川で産湯を使い，赤川で友達と遊んで育った．鮎が川面にはね，岸辺になでしこが咲き乱れていた．

第**4**章　部分群と正規部分群

1．部分群による右剰余類分解

　前章まで，群の概念といくつかの例をのべた．この章と次章は，群の理論の基礎部分をのべたい．それによって，例についての理解も深まり，例の間の関係も，あきらかにされてゆく．

　始めに，群の定義を再述しよう．

定義　集合 G が群であるとは，G の任意の2元 a, b に対し，**積**とよばれる G の元 ab が定義されていて，次の3条件をみたすことである：

(イ)　**結合法則**をみたす：$(ab)c = a(bc)$．

(ロ)　**単位元** e がある：G の全ての元 a に対し $ae = a$，$ea = a$ をみたす G の元 e（単位元）が存在する．

(ハ)　**逆元**がある：G の各元 a に対し，$aa^{-1} = e$，$a^{-1}a = e$ をみたす G の元 a^{-1}（a の逆元）が存在する．

　群 G の部分集合 H が，G の**部分群**であるとは，H 自身が G の積のもとで群をなすことである．前にのべたように

命題 4.1　群 G の部分集合 H が，G の部分群であるための必要十分条件は，次の2条件がみたされることである：(イ) h と h' が H の元ならば，積 hh' も H の元である．(ロ) h が H の元ならば，逆元 h^{-1} も H の元である．

　たとえば, 行列式がゼロでない n 次実正方行列全体 $GL(n, \boldsymbol{R})$ は, 行列の積に関し群をなす. 単位行列が単位元で, 逆行列が逆元である. $GL(n, \boldsymbol{R})$ の中で, 行列式が 1 の行列全体 $SL(n, \boldsymbol{R})$ は, $GL(n, \boldsymbol{R})$ の部分群である.

　また, 全ての整数の集合 $\boldsymbol{Z}$ は, 足し算を積と考えることにより群をなす. この場合, 0 が単位元で, $-a$ が a の逆元である.

注意　足し算を積とみなすとは, 反感をあたえる言葉使いだが, 群の定義において, 「積」とは, ふたつの元（要素）の結合のことで, それが加法だろうと乗法だろうと, 他の演算であろうと, 上の定義の(イ), (ロ), (ハ)さえみたせば, 何でもよいのである. 今の場合は, 群の演算が加法なので, **加群 $\boldsymbol{Z}$** とよんだりする.

　偶数全体の集合
$$\{\cdots, -6, -4, -2, 0, 2, 4, 6, \cdots\} \tag{1}$$
を $2\boldsymbol{Z}$ と書こう. この集合は, 加群 $\boldsymbol{Z}$ の部分群である.

　7 の倍数全体の集合
$$\{\cdots, -21, -14, -7, 0, 7, 14, 21, \cdots\} \tag{2}$$
を $7\boldsymbol{Z}$ と書こう. これも, 加群 $\boldsymbol{Z}$ の部分群である.

　(1), (2)のように, ある自然数の倍数全体は, $\boldsymbol{Z}$ の部分群をなす.

　一般に, 群 G の元 a に対し, a の 2 乗, 3 乗, -1 乗, -2 乗等, a の巾乗全体の集合
$$\langle a \rangle = \{\cdots, a^{-3}, a^{-2}, a^{-1}, a^0 = e, a, a^2, a^3, \cdots\} \tag{3}$$
は,（すぐわかるように）G の部分群となる. これを, **元 a により生成された巡回群**とよぶ.（もし, $\langle a \rangle = G$ となるときは, G 自身を**巡回群**とよぶ. $\boldsymbol{Z}$ は巡回群である. なぜなら, $\boldsymbol{Z}$ は 1 の倍数全体である.）

　$\langle a \rangle$ は, 一見すると無限集合のように見えるが, a のとり方によっては, 有限集合になり得る. もし,
$$a^n = e$$
となる自然数 n があれば, それらのうち最小の自然数を m とすれば,
$$a^m = e, a^{m+1} = a, a^{m+2} = a^2, \cdots$$
$$a^{-1} = a^{m-1}, a^{-2} = a^{m-2}, \cdots$$

と順ぐりに等しいものがあらわれるので，$\langle a \rangle$ は
$$\langle a \rangle = \{e, a, a^2, \cdots, a^{m-1}\}$$
となる．m を a の **位数** とよぶ．もし，$a^n = e$ となる自然数 n がなければ，(3)の元は互いに異なり，$\langle a \rangle$ は無限集合である．この場合，a の位数は $+\infty$ であると言う．

問 4.1　加群 $\boldsymbol{Z}$ の $\{0\}$ 以外の部分群は，必ず，ある自然数の倍数全体であることを示せ．

問 4.2　巡回群の部分群は，巡回群であることを示せ．

問 4.3　$SL(2, \boldsymbol{R})$ において，次の 2 元の位数を求めよ：
$$\begin{pmatrix} 1 & 1 \\ 0 & 1 \end{pmatrix}, \quad \begin{pmatrix} 1 & 1 \\ -1 & 0 \end{pmatrix}$$

　さて，一般に，集合 S の元 a, b の間に，ある種の関係があるとき，$a \sim b$ であらわすことにする．この関係が，次の 3 条件をみたすとき，この関係を，**同値関係** とよぶ：

(1)　$a \sim a$　　（反射律）

(2)　$a \sim b$ ならば $b \sim a$　　（対称律）

(3)　$a \sim b$ であり，$b \sim c$ ならば $a \sim c$　　（推移律）

注意　たとえば，「A高校において，ａ君とｂ君は，同じクラスである．」と言う関係は，(1), (2), (3)をみたし，同値関係だが，「ａ君とｂさんは，恋人同士である．」と言う関係は，(2)のみをみたすので，同値関係ではない．また，「実数 a は実数 b より小さい．」と言う関係は，(3)のみをみたすので，同値関係ではない．

　いま，集合 S の元の間に，同値関係 $a \sim b$ があるとする．$a \sim b$ のとき，a と b が同じグループであると定義することにより，S の元をグループ分け出来る．S の各元は，どれかの，しかも唯一のグループに属する．各グループを，**同値類** とよぶ．

さて，Hを群Gの部分群とする．Hをもちいて，Gの元の間に，同値関係を入れよう．

Gの元aとbが，**Hを法として，右同値である**とは$b=ah$となるHの元hがある事である．言いかえると，$a^{-1}b$がHの元となる事である．記号で

$$a \sim b\,(\mathrm{mod}\,H,\ \text{右})$$

と書く．これは，同値関係である．

問 4.4 $a \sim b\,(\mathrm{mod}\,H,\ \text{右})$が同値関係であることを示せ．

この同値関係によって，Gはグループに分割される．各グループ（同値類）を，この場合，**右剰余類**とよぶ．Gの元aに対し，aの属する右剰余類の各元は，ahと書ける．ここに，hはHの元である．逆に，この形の元は，aと同じ右剰余類に属する．それゆえ，aの属する右剰余類を aH と書く：

$$aH = \{ah \mid h \in H\}.$$

（この式の右辺の意味は，hがHの元を動くとき，ah 全体の集合と言う意味である．）

bがaと同じ右剰余類に属するとき，aH は，bH と書いてよい．どの元を代表として，あらわしてもよいのである．

また，aがH自身に属しているときは，aH はH自身である．H自身が，ひとつの右剰余類になっている．

GをHの右剰余類のあつまりに分割することを，**GのHによる右剰余類分解**とよぶ：

$$G = H \cup aH \cup bH \cup \cdots$$

この集合和は，互いに共通元のない集合和なので，プラス記号をもちいて

$$G = H + aH + bH + \cdots \tag{4}$$

と書く.

たとえば, $G = \mathbf{Z}$ とし, H を(1)の $2\mathbf{Z}$（注意：$2\mathbf{Z}$ は, 右剰余類の意味でなく, 慣用記号である.）とすれば, 右剰余類は, 偶数全体の集合

$$H = \{\cdots, -6, -4, -2, 0, 2, 4, 6, \cdots\}$$

と, 奇数全体の集合

$$1 + H = \{\cdots, -5, -3, -1, 1, 3, 5, 7, \cdots\}$$

である.（この場合,「積」が足し算なので, 右剰余類を, $1 \cdot H$ と書かず, $1 + H$ と書いた.）これらは共通元を持たず, 合わせると $\mathbf{Z}$ 全体である.

また, $G = \mathbf{Z}$ とし, H を(2)の $7\mathbf{Z}$ とすれば, 右剰余類は,

$$H = \{\cdots, -21, -14, -7, 0, 7, 14, 21, \cdots\},$$
$$1 + H = \{\cdots, -20, -13, -6, 1, 8, 15, 22, \cdots\},$$
$$2 + H = \{\cdots, -19, -12, -5, 2, 9, 16, 23, \cdots\},$$
$$3 + H = \{\cdots, -18, -11, -4, 3, 10, 17, 24, \cdots\},$$
$$4 + H = \{\cdots, -17, -10, -3, 4, 11, 18, 25, \cdots\},$$
$$5 + H = \{\cdots, -16, -9, -2, 5, 12, 19, 26, \cdots\},$$
$$6 + H = \{\cdots, -15, -8, -1, 6, 13, 20, 27, \cdots\}$$

である. これらは共通元を持たず, 合わせると $\mathbf{Z}$ 全体である.（たとえば, $3 + H$ は7で割ると余りが3である整数全体の集合である.）

さて, 右剰余類に関する以上の事は, すべて,「右」を「左」にかえてもよい:

$$a \sim b \,(\mathrm{mod}\, H, \ 左)$$

とは, $b = ha$ となる H の元 h が存在すること, 言いかえると, ba^{-1} が H の元となることである. この同値関係による各同値類を, **左剰余類**とよぶ. G の元 a の属する左剰余類を Ha と書く. 互いに共通元のない集合和

$$G = H + Ha + Hb + \cdots$$

を, G の H による**左剰余類分解**とよぶ.

右剰余類 aH と, 左剰余類 Ha とは, 集合として, 一般に異なる.（同

じ場合もある．）

2．ラグランジュの定理

　部分群Hと右剰余類aHとの間には，1対1対応がある：

$$H \longrightarrow aH$$
$$h \longmapsto ah$$

（Hの各元hに，aHの元ahを対応させる．）

問 4.5　この対応が，1対1対応であることを示せ．

　それゆえ，もし，Hが有限個の元よりなるならば，各右剰余類も有限個の元よりなり，しかもHと同数である．

　とくに，Gが**有限群**（有限個の元よりなる群）ならば，その部分群Hと，その右剰余類は，すべて同数である．(4)を書きかえて

$$G = H + a_2H + a_3H + \cdots + a_mH$$

と書けば，これより

$$\#G = m(\#H)$$

がえられる．ここに$\#G$はGの**位数**（すなわち，Gの元の個数）で，$\#H$はHの位数である．mをHのGに対する**指数**とよぶ．かくて，次のラグランジュの定理がえられる：

定理 4.1　有限群Gの部分群の位数は，Gの位数の約数である．

　Gの元aより生成された巡回群$\langle a \rangle$に，定理を適用すると

系　有限群Gの各元の位数は，Gの位数の約数である．

　定理1を実例で観察するために，有限群の中で，最も典型的な，置換群を思い出そう．前にのべたように，n個の文字$1, 2, \cdots, n$の集合AからA自身への1対1対応を，n**文字の置換**とよぶ．n文字の置換は，$n!$個

ある．置換 σ（シグマ）が，1 を a_1 に，2 を a_2 に，$\cdots$, n を a_n にうつす
とき，

$$\sigma = \begin{pmatrix} 1 & 2 & \cdots & n \\ a_1 & a_2 & \cdots & a_n \end{pmatrix}$$

であらわす．たとえば，$n=3$ とすると，3 文字の置換は

$$\begin{pmatrix} 1 & 2 & 3 \\ 1 & 2 & 3 \end{pmatrix}, \begin{pmatrix} 1 & 2 & 3 \\ 2 & 3 & 1 \end{pmatrix}, \begin{pmatrix} 1 & 2 & 3 \\ 3 & 1 & 2 \end{pmatrix}$$

$$\begin{pmatrix} 1 & 2 & 3 \\ 1 & 3 & 2 \end{pmatrix}, \begin{pmatrix} 1 & 2 & 3 \\ 3 & 2 & 1 \end{pmatrix}, \begin{pmatrix} 1 & 2 & 3 \\ 2 & 1 & 3 \end{pmatrix}$$

$\cdots(5)$

の 6 個よりなる．

ふたつの，n 文字の置換 σ と τ（タオ）の「積」である置換 $\sigma\tau$ は，（ふ
つうの写像の合成と順序を逆にして）σ が文字 i を a_i にうつし，τ が文
字 a_i を b_i にうつすとき，$\sigma\tau$ は，i を b_i にうつす，と定義される．たと
えば $n=3$ として

$$\sigma = \begin{pmatrix} 1 & 2 & 3 \\ 2 & 3 & 1 \end{pmatrix}, \quad \tau = \begin{pmatrix} 1 & 2 & 3 \\ 1 & 3 & 2 \end{pmatrix}$$

とすれば，（σ は 1 を 2 に，τ は 2 を 3 にうつす――などより）

$$\sigma\tau = \begin{pmatrix} 1 & 2 & 3 \\ 3 & 2 & 1 \end{pmatrix}$$

となる．

この積によって，n 文字の置換全体は群をなす．これを **n 次対称群** とよ
び，S_n であらわす．その位数は $n!$ である．（(5)が S_3 の元全体である．）

S_n の部分群を，**n 文字の置換群** とよぶ．ラグランジュの定理より，n
文字の置換群の位数は $n!$ の約数である．

$n=3$ とすれば，S_3 の部分群，すなわち 3 文字の置換群は，S_3 自身の
他，次の 5 個である：

$$\{e\}=\left\{\begin{pmatrix}1&2&3\\1&2&3\end{pmatrix}\right\}\quad(\text{恒等置換（単位元）ただひとつ}),$$

$$H_1=\left\{\begin{pmatrix}1&2&3\\1&2&3\end{pmatrix},\begin{pmatrix}1&2&3\\1&3&2\end{pmatrix}\right\},$$

$$H_2=\left\{\begin{pmatrix}1&2&3\\1&2&3\end{pmatrix},\begin{pmatrix}1&2&3\\3&2&1\end{pmatrix}\right\},\qquad\cdots(6)$$

$$H_3=\left\{\begin{pmatrix}1&2&3\\1&2&3\end{pmatrix},\begin{pmatrix}1&2&3\\2&1&3\end{pmatrix}\right\},$$

$$N=\left\{\begin{pmatrix}1&2&3\\1&2&3\end{pmatrix},\begin{pmatrix}1&2&3\\2&3&1\end{pmatrix},\begin{pmatrix}1&2&3\\3&1&2\end{pmatrix}\right\}$$

これら部分群の位数は，すべて $3!=6$ の約数である．

問 4.6　S_3 の H_1 による右剰余類分解及び左剰余類分解を求めよ．

3. 共役部分群

　H を群 G の部分群とする．G の元 a をひとつとり，固定する．H の元 h を動かすとき，元 $a^{-1}ha$ 全体からなる G の部分集合を，$a^{-1}Ha$ と書く：

$$a^{-1}Ha=\{a^{-1}ha\mid h\in H\}$$

命題 4.2　$a^{-1}Ha$ は G の部分群である．

証明　命題 1 の 2 条件を示せばよい．
$$(a^{-1}ha)(a^{-1}h'a)=a^{-1}(hh')a,$$
$$(a^{-1}ha)^{-1}=a^{-1}h^{-1}a.$$
　　　　　　　　　　　　　　　　　　　　　　　　証明終

　$a^{-1}Ha$ を H の**共役部分群**（きょうやくぶぶんぐん）とよぶ．h に $a^{-1}ha$ を対応させる対応は，H から $a^{-1}Ha$ への 1 対 1 対応である．とくに，H

が有限位数ならば, $a^{-1}Ha$ も有限位数で, 同位数である.

　a が H の元の場合, $a^{-1}Ha=H$ であるが, a が H の元でなくても, $a^{-1}Ha=H$ は起り得る.

　共役部分群を例で説明しよう. $G=S_3$ (3 次対称群) とする. H が(6)の H_1 の場合を考えよう.

$$\sigma=\begin{pmatrix} 1 & 2 & 3 \\ 2 & 3 & 1 \end{pmatrix}$$

とおけば

$$\sigma^{-1}H_1\sigma=H_2$$

となり,

$$\tau=\begin{pmatrix} 1 & 2 & 3 \\ 3 & 1 & 2 \end{pmatrix} \quad (=\sigma^2)$$

とおけば

$$\tau^{-1}H_1\tau=H_3$$

となる. ゆえに, H_2, H_3 は H_1 の共役部分群である. ($\sigma^{-1}H_2\sigma=H_3$ ゆえ, H_3 は H_2 の共役部分群でもある.) H_1 の共役部分群は, H_1, H_2, H_3 以外にない. また, (6)の N に対しては, S_3 のどんな元 η (イータ) に対しても, $\eta^{-1}N\eta=N$ となることが示される. (**問 4.7**　この事を示せ.)

問 4.8　「H' は H の共役部分群である」と言う関係は, 群の G の**部分群の集合**における同値関係であることを示せ.

4. 正規部分群

　部分群 H の共役部分群が H 自身しかないとき, 言いかえると

$$a^{-1}Ha=H \tag{7}$$

が G の全ての元 a に対し成立するとき, H を G の**正規部分群**とよぶ. 正規部分群は, 非常に大切な概念である.

　(置換) 群や部分群の概念は, ガロアより少し前の, ラグランジュやコーシーが, (あいまいな形ながら)持っていたと言われるが, 正規部分群はガロアの発見した概念である.

(7)の両辺に，左から a をかけると

$$Ha = aH$$

が得られる．すなわち，条件(7)は，「H のすべての右剰余類は，同時に左剰余類でもあり，逆に，すべての左剰余類は，同時に右剰余類でもある．」と言う条件と同じである．正規部分群の右剰余類＝左剰余類を単に**剰余類**とよぶ．

　G 自身や，単位元のみからなる部分群 $\{e\}$ は，G の正規部分群であるが，これら以外の正規部分群が G の中に存在することがしばしばある．

　対称群 S_3 の(6)における部分群 N は，正規部分群である．一方 H_1, H_2, H_3 は正規部分群でない．

　$G = \mathbf{Z}$ の場合，(1)の $2\mathbf{Z}$ や(7)の $7\mathbf{Z}$ は，いずれも $\mathbf{Z}$ の正規部分群である．

問 4.9　群 G が交換法則 $ab = ba$ をみたすとき，**アーベル群**であると言う．アーベル群において，部分群はすべて正規部分群であることを示せ．

　正規部分群の重要性は，次章であきらかになる．

 リフレッシュ　コーナー

　新しい用語と，無表情な論理が，たたみ込むように，せまってくると，大よろこびする少数の人を除き，(私も含めて)大多数の人々は，うんざりする．人は理性より感性の生き物だからなのであろう．上の議論も，大方の読者をうんざりさせたに違いない．うんざりした読者は，このコーナーでリフレッシュしてほしい．

　さて，次の問題を考えて頂きたい：

問 4.10　図 4‒1 のような，直角二等辺三角形のビリヤード台がある．（そんなビリヤード台があるものか．）直角の頂点Aから玉を突き，カベ

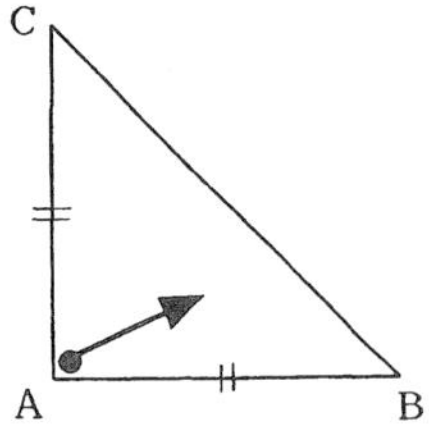

に5回当てた後，Aにもどるようにしたい．どの方角に突けばよいか．

図4-1

　この問題とその答を，以前，引退されたM先生に話したら，「ははー．難波さんは，実際ビリヤードをやった事がないんですね．」と言われ，ドキッとした．玉は剛体なので，カベにぶつかって等角には反射しないそうである．そのため，上の問題には，「ただし，玉の大きさは無視するものとする．」との，ただし書きが必要であるとの事であった．

第 5 章　　群の同型

1. 前章の簡単な復習

　前章にひきつづき，群の理論の基礎部分をのべる．はじめに，前章の復習を簡単にやっておく．

　群 G の部分群 H があたえられたとき，G の元（要素）a を固定し，H の元 h を動かすことにより，G の部分集合

$$aH = \{ah \mid h \in H\}$$

を考える．（$h \in H$ とは，h が H の元であることを意味する記号である．）これを，H に関する**右剰余類**とよぶ．ふたつの右剰余類 aH と bH は，(イ)集合として完全に一致するか，または(ロ)共通元が存在しないか，どちらか一方がなりたつ．それゆえ，G を互いに共通元のない右剰余類の和集合で書ける：

$$G = H + aH + bH + \cdots \tag{1}$$

（H 自身も右剰余類である．）これを G の H による**右剰余類分解**とよぶ．
　同様に，

$$Ha = \{ha \mid h \in H\}$$

を**左剰余類**とよぶ．G の H による**左剰余類分解**

$$G = H + Ha + Hb + \cdots \tag{2}$$

も同様である．

　G の H による右剰余類分解と左剰余類分解とは，一般に異なる．

　次に，H を群 G の部分群，a を G の元として固定するとき，G の部分集合

$$a^{-1}Ha = \{a^{-1}ha \mid h \in H\}$$

はやはり G の部分群となる．これを H の**共役部分群**とよぶ．これは，もとの H と一致することもあるが，異なることもある．

G のすべての元 a に対し

$$a^{-1}Ha = H \tag{3}$$

がなりたつ部分群 H を，G の**正規部分群**とよぶ．H が G の正規部分群であるための条件は，((3)を書きかえて)

$$Ha = aH,$$

すなわち，「H の右剰余類は，同時に左剰余類であり，逆も言える」ことである．別の言い換えをすれば，「G の H による右剰余類分解(1)と左剰余類分解(2)が一致する」ことである．

2．交代群

置換群について復習しておく．n 文字，たとえば $1, 2, \cdots, n$ の集合

$$A = \{1, 2, \cdots, n\}$$

をそれ自身に対応させる1対1対応（1対1写像）$\sigma : A \longrightarrow A$ を，(***n* 文字の，または，*n* 次の**) **置換**とよぶ．σ（シグマ）が 1 を a_1 に，2 を a_2 に，$\cdots, n$ を a_n にうつすとき

$$\sigma = \begin{pmatrix} 1 & 2 & \cdots & n \\ a_1 & a_2 & \cdots & a_n \end{pmatrix} \tag{4}$$

と書く．もうひとつの置換 τ（タオ）が，a_1 を b_1 に，a_2 を b_2 に，$\cdots, a_n$ を b_n にうつすとすれば，σ と τ の積 $\sigma\tau$ は，1 を b_1 に，2 を b_2 に，$\cdots$，n を b_n にうつす置換である：

$$\sigma\tau = \begin{pmatrix} 1 & 2 & \cdots & n \\ a_1 & a_2 & \cdots & a_n \end{pmatrix}\begin{pmatrix} a_1 & a_2 & \cdots & a_n \\ b_1 & b_2 & \cdots & b_n \end{pmatrix} = \begin{pmatrix} 1 & 2 & \cdots & n \\ b_1 & b_2 & \cdots & b_n \end{pmatrix}$$

n 次の置換は，全部で $n!$ 個あり，これら全体の集合 S_n は，積に関し群をなす．この群を ***n* 次対称群**とよぶ．その**位数**（元の個数）は $n!$ である．S_n の部分群を，***n* 次の置換群**とよぶ．

さて，**差積**とよばれる n 変数多項式（次数 $n(n-1)/2$）

$$P(x_1, x_2, \cdots, x_n) = (x_1 - x_2)(x_1 - x_3) \cdots (x_1 - x_n)$$
$$\cdot (x_2 - x_3) \cdots (x_2 - x_n)$$
$$\cdots\cdots\cdots\cdots\cdots\cdots\cdots\cdots$$
$$\cdot (x_{n-1} - x_n)$$

に対して，(4)の置換 σ を次のように作用させる：

$$\sigma(P) = (x_{a_1} - x_{a_2})(x_{a_1} - a_{a_3}) \cdots (x_{a_1} - x_{a_n})$$
$$\cdot (x_{a_2} - x_{a_3}) \cdots (x_{a_2} - x_{a_n})$$
$$\cdots\cdots\cdots\cdots\cdots\cdots\cdots\cdots$$
$$\cdot (x_{a_{n-1}} - x_{a_n})$$

　このとき，$\sigma(P)$ は，もとの P か，$-P$ にかわるか，どちらか一方である．$\sigma(P)=P$ のとき，σ を**偶置換**とよび，$\sigma(P)=-P$ のとき，σ を**奇置換**とよぶ．

　たとえば，$n=3$ のときは

$$\begin{pmatrix} 1 & 2 & 3 \\ 1 & 2 & 3 \end{pmatrix}, \quad \begin{pmatrix} 1 & 2 & 3 \\ 2 & 3 & 1 \end{pmatrix}, \quad \begin{pmatrix} 1 & 2 & 3 \\ 3 & 1 & 2 \end{pmatrix}$$

の 3 個が偶置換で，残りの

$$\begin{pmatrix} 1 & 2 & 3 \\ 1 & 3 & 2 \end{pmatrix}, \quad \begin{pmatrix} 1 & 2 & 3 \\ 3 & 2 & 1 \end{pmatrix}, \quad \begin{pmatrix} 1 & 2 & 3 \\ 2 & 1 & 3 \end{pmatrix}$$

の 3 個が奇置換である．

　また，$n=4$ のときは

$$\begin{pmatrix} 1 & 2 & 3 & 4 \\ 1 & 2 & 3 & 4 \end{pmatrix}, \quad \begin{pmatrix} 1 & 2 & 3 & 4 \\ 1 & 3 & 4 & 2 \end{pmatrix}, \quad \begin{pmatrix} 1 & 2 & 3 & 4 \\ 1 & 4 & 2 & 3 \end{pmatrix},$$

$$\begin{pmatrix} 1 & 2 & 3 & 4 \\ 3 & 2 & 4 & 1 \end{pmatrix}, \quad \begin{pmatrix} 1 & 2 & 3 & 4 \\ 4 & 2 & 1 & 3 \end{pmatrix}, \quad \begin{pmatrix} 1 & 2 & 3 & 4 \\ 2 & 4 & 3 & 1 \end{pmatrix},$$

$$\begin{pmatrix} 1 & 2 & 3 & 4 \\ 4 & 1 & 3 & 2 \end{pmatrix}, \quad \begin{pmatrix} 1 & 2 & 3 & 4 \\ 2 & 3 & 1 & 4 \end{pmatrix}, \quad \begin{pmatrix} 1 & 2 & 3 & 4 \\ 3 & 1 & 2 & 4 \end{pmatrix},$$

$$\begin{pmatrix} 1 & 2 & 3 & 4 \\ 2 & 1 & 4 & 3 \end{pmatrix}, \quad \begin{pmatrix} 1 & 2 & 3 & 4 \\ 3 & 4 & 1 & 2 \end{pmatrix}, \quad \begin{pmatrix} 1 & 2 & 3 & 4 \\ 4 & 3 & 2 & 1 \end{pmatrix}$$

$$\cdots\cdots(5)$$

の12個が偶置換で，残りの12個が奇置換である．

命題 5.1 偶置換全体の集合 A_n は，S_n の正規部分群をなす．(これを **n 次交代群**とよぶ.) $n \geqq 2$ のとき，A_n の位数は $n!/2$ である．

証明 σ と τ が偶置換ならば

$$(\sigma\tau)(P) = \tau(\sigma(P)) = \tau(P) = P$$

ゆえ，積 $\sigma\tau$ も偶置換である．また，単位元にあたる**恒等置換**(何も動かさない置換) i は，あきらかに偶置換だから，σ が偶置換ならば

$$P = i(P) = (\sigma\sigma^{-1})(P) = \sigma^{-1}(\sigma(P)) = \sigma^{-1}(P)$$

となり，逆置換 σ^{-1} も偶置換である．ゆえに，A_n は S_n の部分群である．

次に，上と同様の議論で，偶置換と奇置換の積は奇置換となり，奇置換と奇置換の積は偶置換となる．

したがって，σ を任意の偶置換，τ を任意の置換とすれば，$\tau^{-1}\sigma\tau$ は偶置換となる．これは

$$\tau^{-1}A_n\tau = A_n$$

を意味し，A_n は S_n の正規部分群である．

また，ふたつの奇置換 σ と τ をとると，$\tau^{-1}\sigma$ は偶置換となる．ゆえに σ は，S_n の A_n に関する右剰余類 τA_n にぞくする．ゆえに，S_n の A_n に関する右剰余類分解は，

$$S_n = A_n + \tau A_n$$

となる．各右剰余類は，同数である．したがって，A_n の位数は，S_n の位数の半分 $n!/2$ である．

証明終

次の，より一般的命題が証明出来る：

命題 5.2 H を有限群 G の指数 2 の部分群とするとき，H は G の正規部分群である．

(**有限群**とは，元の数（位数）が有限な群のことである．位数を $\#G$ であらわすと，部分群 H の**指数**とは，$\#G/\#H$ のことである．右剰余類分解

(1)により，
#H は #G の約数である──ラグランジュの定理.）

問 5.1　命題 5.2 を証明せよ.

3．群の同型

　実数全体の集合 $\boldsymbol{R}$ は，加法に関して群をなす.（ゼロが単位元で，x の逆元が $-x$ である.）一方，正の実数全体の集合 $\boldsymbol{R}^+$ は，乗法に関し群をなす.（1 が単位元で，x の逆元が逆数 $1/x$ である.）

　正の数 a を固定し，指数関数

$$y = f(x) = a^x \tag{6}$$

を考えよう．これは，性質

$$f(x_1 + x_2) = a^{x_1 + x_2} = a^{x_1} a^{x_2} = f(x_1) f(x_2) \qquad \cdots (7)$$

をみたし，しかも $\boldsymbol{R}$ から $\boldsymbol{R}^+$ への 1 対 1 写像である．逆写像 $f^{-1}(y)$ は，（a を底とする）対数関数

$$f^{-1}(y) = \log_a y$$

である．$\boldsymbol{R}^+$ は $\boldsymbol{R}$ の部分集合で，$\boldsymbol{R}$ とは大分異なる．それにもかかわらず，(7)は，$\boldsymbol{R}$ と $\boldsymbol{R}^+$ が群として同型であることを示している.

　一般に，ふたつの群 G と G' に対し，G から G' への 1 対 1 写像

$$f : G \longrightarrow G'$$

が，G の任意の元 x, y に対し

$$f(xy) = f(x) f(y)$$

をみたすとき，f を**同型写像**（または**同型対応**）とよび，そのような f が存在するとき，G と G' は**同型**であると言う.

$$G \simeq G' \quad \text{または} \quad f : G \simeq G'$$

であらわす.（後者は，f を明示したいとき用いる.）

問 5.2　$f : G \simeq G'$ のとき,(イ)　f は G の単位元 e を G' の単位元 e' にうつし，(ロ)　$f(x^{-1}) = f(x)^{-1}$ であることを示せ.

問5.3 (イ) 恒等写像 $i : G \longrightarrow G$ $(i(x)=x)$ は，G から G 自身への同型写像であることを示せ．(ロ) $f : G \simeq G'$ のとき，逆写像 $f^{-1} : G' \longrightarrow G$ は G' から G への同型写像 $f^{-1} : G' \simeq G$ であることを示せ．(ハ) $f : G \simeq G'$，$g : G' \simeq G''$ ならば，合成写像 $g \circ f$ は，$g \circ f : G \simeq G''$ であることを示せ．

注意　$G \simeq G'$ であっても，G から G' への同型写像は，ただひとつとは限らない．たとえば，指数関数(6)は，$\boldsymbol{R}$ から $\boldsymbol{R}^+$ への同型写像をあたえるが，a を別の正定数でおきかえると，別の同型写像が得られる．

　「ふたつの群が同型」とは，あたかも「ふたつの図形が合同」と言う関係のようなものである．群 G と G' が同型とは，たとえ G と G' がみかけは違っていても，群としての代数構造が一致していることを意味する．

　同型写像と非常に似た写像に，逆同型写像がある．群 G から群 G' への1対1写像 $f : G \longrightarrow G'$ が，G の任意の元 x, y に対し

$$f(xy)=f(y)f(x)$$

をみたすとき，f を**逆同型写像**（または**逆同型対応**）とよぶ．

　じつは，**逆同型写像 $f : G \longrightarrow G'$ があれば，G と G' は同型である**：$G \simeq G'$．

　じっさい，$g : G' \longrightarrow G'$ を $g(y)=y^{-1}$ で定義すれば，g は G' から G' 自身への逆同型写像であり，合成写像

$$g \circ f : G \longrightarrow G'$$

は，G から G' への同型写像となる．（**問5.4**　このことを示せ．）

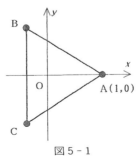

図 5 - 1

前に出てきた，正三角形の群を思い出そう．平面上の3点

$$A(1,0), B\left(-\frac{1}{2}, \frac{\sqrt{3}}{2}\right), C\left(-\frac{1}{2}, -\frac{\sqrt{3}}{2}\right)$$

を頂点とする正三角形を考える（図5‐1）.

一次変換であって，この正三角形を，全体として元の位置にうつすものは，次の6個である：

(イ)　原点中心の120°回転 T，240°回転 T^2，恒等変換 E，

(ロ)　それぞれ，x‐軸，直線 OB，直線 OC に関する折り返し U, U_2, U_3.

これらの間の関係は

$$T^3 = E,\ T^2 = T^{-1},\ T^{-2} = T,$$
$$U = U^{-1},\ U_2 = U_2^{-1},\ U_3 = U_3^{-1},$$
$$U_2 = T^2 U = UT,\ U_3 = TU = UT^2$$

である．これら6個の一次変換の集合

$$G = \{E,\ T,\ T^2,\ U,\ UT,\ UT^2\}$$

は，一次変換の合成と言う積で群をなす．これを**正三角形の群**とよぶ.

いま，Gの元Tを考えると，Tは頂点 A, B, C を，それぞれ，B, C, A にうつす．すなわち，Tによって頂点の置換

$$\sigma = \begin{pmatrix} A & B & C \\ B & C & A \end{pmatrix}$$

が生じる．そこで，Tに，この置換 σ を対応させる．Gの他の元についても同様である：

$$E \longmapsto \begin{pmatrix} A & B & C \\ A & B & C \end{pmatrix},$$
$$T \longmapsto \begin{pmatrix} A & B & C \\ B & C & A \end{pmatrix},$$
$$T^2 \longmapsto \begin{pmatrix} A & B & C \\ C & A & B \end{pmatrix},$$
$$U \longmapsto \begin{pmatrix} A & B & C \\ A & C & B \end{pmatrix},$$

$$U_2 \longmapsto \begin{pmatrix} A & B & C \\ C & B & A \end{pmatrix},$$

$$U_3 \longmapsto \begin{pmatrix} A & B & C \\ B & A & C \end{pmatrix}.$$

この写像を f と書く.

f は群 G から, 3次対称群 S_3 への, 1対1写像である. しかも, G の
ふたつの変換をつづけて正三角形に作用させると, 頂点に対する作用は,
対応する置換の積である置換を作用させたものに等しい. それゆえ, f
は同型写像である——と結論したいのだが, 一次変換の合成と, 置換の
積は, 順序が逆転しているので, 「f は逆同型写像」である. じっさい,
たとえば

$$f(T)f(U) = \begin{pmatrix} A & B & C \\ B & C & A \end{pmatrix}\begin{pmatrix} A & B & C \\ A & C & B \end{pmatrix} = \begin{pmatrix} A & B & C \\ C & B & A \end{pmatrix}$$
$$= f(UT)$$

となっている.

筆者独白

「置換の積を, 一般に使われている (上述の) 方法でなく, 写像の合
成として定義すればよかったかな. しかし, 後の基本群とモノドロミー
のこともあるからなあ. 仕方あるまい. それにしても, 関数や写像を $x \mid$
f と書かず, $f(x)$ と書いた昔の人がうらめしい.」

上でのべたように, 逆同型写像があれば, 同型写像があるので, 正三
角形の群 G と 3次対称群 S_3 は同型である:

$$G \simeq S_3.$$

注意　図 5-1 で, 正三角形のサイズや, 頂点の位置が変っても, 重心が原点であ
りさえすれば, その正三角形の群も, 元の正三角形の群と同型になり, したがって,
S_3 と同型になる.

前に述べた，クロロホルムの群も S_3 に
同型である．

正多面体の群も，前に述べた．正多面体
の中心を原点 O におくとき，3 次元の回転
（原点をとおる回転）のうち，この正多面
体を，全体として元の位置にうつすもの全
体は，合成に関して群をなす．これを**正多
面体の群**とよぶ．正多面体のサイズを変え
ても，（中心を原点におきつつ）頂点の位置

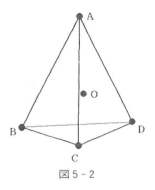

図 5 - 2

をかえたりしても，正多面体群は，すべて同型である．

図 5 - 2 の正 4 面体 P_4 の正 4 面体群 $G(P_4)$ にぞくする元は，次の12個
からなる：

(イ) 直線 OA, OB, OC, OD を軸とする，120°回転および，240°回転，

(ロ) 各辺の中点Mをとるとき，直線 OM を軸とする180°回転，

(ハ) 恒等変換（何も動かさない変換）．

それゆえ $G(P_4)$ の位数は12である．（AB の中点と，CD の中点と，原
点 O が一直線上にある事に注意．）

$G(P_4)$ の各元は，頂点 A, B, C, D の置換を引きおこす．したがって，
写像

$$f : G(P_4) \longrightarrow S_4$$

が生じる．たとえば，直線 OA を軸とする120° 回転（OA が右ネジの進
む方向）T には，頂点の置換

$$f(T) = \begin{pmatrix} A & B & C & D \\ A & C & D & B \end{pmatrix}$$

が対応している．これは偶置換である（(5)参照）．また，OH(Hは辺 AB
の中点）を軸とする180°回転Uには，頂点の置換

$$f(U) = \begin{pmatrix} A & B & C & D \\ B & A & D & C \end{pmatrix}$$

が対応している．これも偶置換である（(5)参照）．

他の $G(P_4)$ の元にも，すべて偶置換が対応し，写像 f は，じっさい
は，$G(P_4)$ から 4 次交代群 A_4 への写像であることがわかる：

$$f : G(P_4) \longrightarrow A_4.$$

しかも，これは1対1対応で，逆同型写像である．したがって，

$$G(P_4) \simeq A_4$$

である．

正6面体（立方体）P_6 の各面の中心を結ぶと，正8面体 P_8 が出来る．（逆も言える．）この意味で，正6面体と正8面体は**双対**で，$G(P_6)$ と $G(P_8)$ は同一視出来る：

$$G(P_6) = G(P_8).$$

同様に　　　　　$$G(P_{12}) = G(P_{20}).$$

実は　　　　　　$$G(P_8) \simeq S_4$$
$$G(P_{20}) \simeq A_5$$

で，位数はそれぞれ24と60である．

問 5.5　$G(P_6) \simeq S_4$ を示せ．（ヒント：立方体の向い側にある頂点を一組と考え，$G(P_6)$ の各元に，引きおこされる頂点の組の置換を対応させる．）

 リフレッシュ　コーナー

　ある日，私は風邪をひいて眠っていた．ふとめざめて，目を開けると，障子が見えた．障子の左下スミから，熱っぽい目を，対角線に動かし，視線がハジにぶつかったら反射して，（障子のマス目は正方形ではないのだが，簡単のため正方形と思って）光が進むように進み，最後に，別のスミに視線が到着した（図5-3）．

　図5-3で，Aから出発し，Bに到着したわけだが，別の（大きな家の）障子では，他の事が起るに

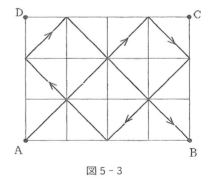

図5-3

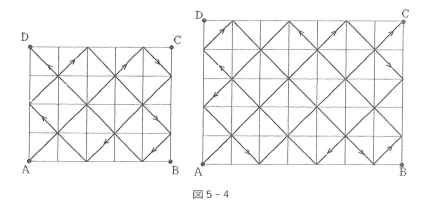

図 5 - 4

違いない（図 5 - 4）．

　こう思い，いろいろ考えて(時間はたっぷりあった)，これらを支配する法則を発見したと信じた．このことを読者に，問として提供する：

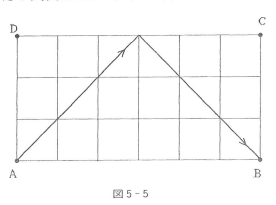

図 5 - 5

問 **5.6**　(イ)　障子のマス目の「タテの数とヨコの数」と，到着地点の間の関係をのべよ．

(ロ)　各マス目は，高々1回しか，とおらないことを示せ．(ハ)　図 5 - 3，図 5 - 4 では，光が全てのマス目をとおっているが，図 5 - 5 のように，とおらない事もある．それは，どのような場合か．

第 6 章　　群の準同型

1．巡回置換と互換

n 文字，たとえば，$1, 2, \cdots\cdots, n$ の**置換**とは，前にも述べたように，この n 文字の集合から，それ自身への 1 対 1 写像のことである．1 を a_1 に，2 を a_2 に，$\cdots\cdots$，n を a_n にうつす置換 σ は

$$\sigma = \begin{pmatrix} 1 & 2 & \cdots\cdots & n \\ a_1 & a_2 & \cdots\cdots & a_n \end{pmatrix}$$

とあらわされる．

　しかし，よく使われ，しかも便利な置換の表示法に，「巡回置換の積表示」がある．

　たとえば，5 文字の置換（5 次の置換とも言う）

$$\sigma = \begin{pmatrix} 1 & 2 & 3 & 4 & 5 \\ 2 & 3 & 1 & 5 & 4 \end{pmatrix}$$

は，1 を 2 に，2 を 3 に，3 を 1 にうつす．一方，σ は 4 を 5 に，5 を 4 にうつす．そこで σ を

$$\sigma = (123)(45) \tag{1}$$

と表示する．(123) は，1 を 2 に，2 を 3 に，3 を 1 にうつし，残りの文字 4，5 は動かさない置換をあらわす記号である．これを，3 次の**巡回置換**とよぶ．(123) は (231) とも (312) とも書いてよい．しかし，(132) は (123) と違う巡回置換である．同様に (45) は，2 次の巡回置換であるが，2 次の巡回置換を特に，**互換**とよぶ．

　(1)は σ をふたつの巡回置換の積であらわしている．共通の文字のない

巡回置換は交換可能で，(1)の σ は

$$\sigma = (45)(123)$$

とも書ける．

$$\tau = \begin{pmatrix} 1 & 2 & 3 & 4 & 5 \\ 4 & 1 & 3 & 5 & 2 \end{pmatrix}$$

は，

$$\tau = (1452)(3) = (3)(1452)$$

と書けるが，1次の巡回置換(3)は，ふつう書かず，

$$\tau = (1452)$$

と書く．一般に，

命題 6.1　任意の置換は，互いに共通文字のない巡回置換の積で(積の順序をのぞき) ただひととおりに書ける．

問 6.1
$$\begin{pmatrix} 1 & 2 & 3 & 4 & 5 & 6 & 7 & 8 \\ 6 & 7 & 8 & 2 & 5 & 3 & 4 & 1 \end{pmatrix}$$
を，互いに共通文字のない巡回置換の積であらわせ．

さて，

$$(123) = (12)(13),$$
$$(1234) = (12)(13)(14),$$
$$(12345) = (12)(13)(14)(15),$$
$$\begin{pmatrix} 1 & 2 & 3 & 4 & 5 \\ 2 & 3 & 1 & 5 & 4 \end{pmatrix} = (123)(45) = (12)(13)(45)$$

から，わかるように

命題 6.2　任意の置換は，いくつかの互換の積で書ける．

ただし，互換の積で書く書き方は，いろいろある．たとえば

$$(1234) = (34)(23)(12)$$
$$= (12)(34)(23)(12)(23)$$
$$= (23)(12)(34)(23)(12)(23)(34).$$

この例では，積表示の互換の数が，いずれも奇数である．一般に，次が成り立つ：

命題 6.3　置換を互換の積に表示したとき，互換の個数が奇数（または偶数）ならば，他のいかなる互換の積の表示でも，互換の個数は奇数（または偶数）である．

この命題で，互換の個数が奇数である置換を，**奇置換**とよび，偶数である置換を，**偶置換**とよぶ．前回は，差積とよぶ交代式を用いて，奇置換，偶置換を定義したが，両方の定義は一致する．（命題 6.3 の証明に，差積を用いる．互換は，差積 P を $-P$ にかえる．）

$$(123)=(12)(13),$$
$$(12345)=(12)(13)(14)(15)$$

は偶置換，

$$(1234)=(12)(13)(14),$$
$$(123456)=(12)(13)(14)(15)(16)$$

は奇置換である．このように，巡回置換の偶奇の判定は容易である．また，奇と奇の積は偶，奇と偶の積は奇，偶と偶の積は偶である．それゆえ，置換を互いに共通文字のない巡回置換の積に分解すれば，偶奇がすぐわかる．

問 6.2　$\begin{pmatrix} 1 & 2 & 3 & 4 & 5 & 6 & 7 \\ 7 & 6 & 5 & 4 & 2 & 3 & 1 \end{pmatrix}$ の偶奇を判定せよ．

なお，互換の中で，とくに

$$(12),(23),(34),\cdots\cdots,(n-1\quad n)$$

を，**隣接互換**とよぶ．

$$(14)=(12)(23)(34)(32)(21),$$
$$(ij)=(i,i+1)(i+1,i+2)\cdots\cdots(j-1,j)(j-1,j-2)\cdots\cdots(i+1,i)$$

からわかるように，任意の互換が隣接互換の積で書けるので（命題 6.2 より）

命題6.4　任意の置換は，隣接互換の積で書ける.

　「あみだくじ」は，置換を隣接互換の積で書いたものである．たとえば，

$$(1234)=(23)(12)(34)(23)(12)(23)(34)$$

は，図6-1のあみだくじをあらわす．（横線が隣接互換をあらわす．）

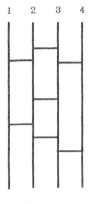

問6.3　(イ)　$(1234)=(12)(34)(23)(12)(23)$
を，あみだくじであらわせ．(ロ)　図6-2のあみだくじは，どのような置換を，どのように隣接互換の積であらわしたものか．

　さて，前に述べたように，n 文字の置換全体の集合 S_n は，置換の積のもとで群をなす．これを **n 次対称群**とよぶ．位数（元の個数）は $n!$ である．このなかで，偶置換の全体 A_n は，S_n の正規部分群をなす．これを **n 次交代群**とよぶ．位数は $n!/2$ である．（$n \geq 2$ とする．）
　たとえば，$n=3$ とすると
$$S_3=\{1,(123),(132),(12),(23),(13)\},$$
$$A_3=\{1,(123),(132)\}$$
である．（1は恒等置換をあらわす．）
　なお，S_n の部分群を，**n 次の置換群**とよぶ．

図6-1

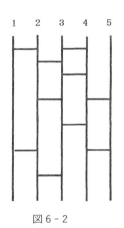

図6-2

注意　群 G の部分群 H が G の**正規部分群**とは，G の任意の元 a に対し，$a^{-1}Ha=H$ をみたすことである.

2. 群の準同型

　予定では，前章と前々章で群の基礎理論を終わらすつもりだったが，戦略を立てたり，計量したりするのが，非常に苦手な（碁も石の殺し合いしか興味をもたない）私は，全くの計算違いをしていた――と言う次第で，この章も群の基礎理論をのべることを，お許し願いたい．

　群の同型と言う概念を復習しよう．群 G から群 G' への 1 対 1 対応

$$f : G \longrightarrow G'$$

が**同型写像**（または，**同型対応**）とは，G の任意の 2 元 a, b に対し

$$f(ab) = f(a)f(b)$$

が成り立つことである．同型写像が存在するとき，G と G' は**同型**であると言う．同型のときは，（たとえ見かけは違っていても）両者の群としての代数構造は一致している．

　それでは，この節のテーマである準同型写像とは何か．それは，上の同型写像の定義において，「1 対 1 対応」と言う強い条件をゆるめたものである．

　すなわち，群 G から群 G' への**写像**

$$f : G \longrightarrow G'$$

が**準同型写像**（または**準同型対応**）とは，G の任意の 2 元 a, b に対し

$$f(ab) = f(a)f(b)$$

が成り立つことである．

問 6.4　次を示せ：　$f : G \longrightarrow G'$ が準同型写像のとき，
（イ）　G の単位元 e の像 $f(e)$ は，G' の単位元である．
（ロ）　G の各元 a に対し $f(a^{-1}) = f(a)^{-1}$．

　準同型写像と言う概念は，同型写像と同じ位，重要なものである．後に，話の要所に，しばしば，この概念が出現する．

　まず，いくつか例をのべよう．

例 1　実数全体の集合 $\boldsymbol{R}$ からゼロをぬいた全体 $\boldsymbol{R}^*$ は，乗法に関し群を

なす．一方，正の実数全体 $\boldsymbol{R}^+$ は，乗法に関し，$\boldsymbol{R}^*$ の部分群をなす．$\boldsymbol{R}^*$ から $\boldsymbol{R}^+$ への写像 φ（ファイ）を，実数 a にその絶対値 $|a|$ を対応させるものと定義する：

$$\varphi : a \longmapsto |a|.$$

$|ab|=|a||b|$ ゆえ，φ は準同型写像である．これは同型写像ではない．$|-a|=|a|$ なので，**2対1写像**（$\boldsymbol{R}^+$ の各元 b に対し，b を像とする $\boldsymbol{R}^*$ の元が丁度2個存在する写像）である．

例2　n 次正則行列（行列式がゼロでない n 次正方行列）全体 $GL(n, \boldsymbol{R})$ は，行列の積に関して群をなす．写像

$$\det : GL(n, \boldsymbol{R}) \longrightarrow \boldsymbol{R}^*$$

を，$GL(n, \boldsymbol{R})$ の行列 A に対し，その行列式 $\det(A)$ を対応させるものと定義する．よく知られているように

$$\det(AB) = \det(A)\det(B)$$

ゆえ，det は準同型写像である．

例3　n 個の実数をタテに並べた，n 次列ベクトル

$$X = \begin{pmatrix} x_1 \\ x_2 \\ \vdots \\ x_n \end{pmatrix}$$

全体 $\boldsymbol{R}^n$ は，ベクトルの加法により群（加群）をなす．$\boldsymbol{R}^n$ は，ベクトルの加法のみならず，スカラー（数）によるスカラー倍の作用も持っているので，この集合を**n次元ベクトル空間**とよぶ．$(m \times n)$-行列 A は，**線形写像（一次写像）**

$$A : \boldsymbol{R}^n \longrightarrow \boldsymbol{R}^m, \quad X \longmapsto AX \text{（行列の積）}$$

と同一視される．これは，2性質

$$A(X+Y) = AX + AY,$$
$$A(aX) = aAX \text{（a はスカラー）}$$

で特徴づけられるが，これらのうち前者は，行列 A が加群 $\boldsymbol{R}^n$ から加群 $\boldsymbol{R}^m$ への準同型写像であることを意味している．

例 4 n 次の置換 σ が，もし偶置換ならば，σ に 1 を対応させ，奇置換ならば -1 を対応させる写像 s は，n 次対称群 S_n から $\boldsymbol{R}^*$ への準同型写像である：

$$s : S_n \longrightarrow \boldsymbol{R}^*$$

（小文字 s は sign（符号）をあらわす）．

3．像と核

上記の例 4 をとり上げて考える．準同型写像 s の像集合は，（$n \geqq 2$ として）1 と -1 からなる集合 $\{1, -1\}$ である．像集合を $\mathrm{Im}(s)$ と書くので

$$\mathrm{Im}(s) = \{1, -1\}.$$

この集合は，$\boldsymbol{R}^*$ の部分群をなす．一般に

命題 6.5 群の準同型写像 $f : G \longrightarrow G'$ の像集合 $\mathrm{Im}(f)$ は，G' の部分群をなす．

証明 a', b' を $\mathrm{Im}(f)$ の元とすると，$f(a) = a'$, $f(b) = b'$ となる G の元 a, b があるので

$$a'b' = f(a)f(b) = f(ab)$$

も $\mathrm{Im}(f)$ の元である．また

$$a'^{-1} = f(a)^{-1} = f(a^{-1}) \quad （問 6.4 より）$$

ゆえ，a'^{-1} も $\mathrm{Im}(f)$ の元である．   証明終

例 1 では，$\mathrm{Im}(\varphi)$ は $\boldsymbol{R}^+$ 全体と一致している．例 2 でも，$\mathrm{Im}(\det)$ は $\boldsymbol{R}^*$ 全体と一致している．例 3 では，$\mathrm{Im}(A)$ が $\boldsymbol{R}^m$ の「部分加群」であるのみならず「$\mathrm{Im}(A)$ の元のスカラー倍も $\mathrm{Im}(A)$ に入る」と言う性質を持つ．（この 2 性質を持つ $\boldsymbol{R}^m$ の部分集合を，一般に，$\boldsymbol{R}^m$ の**部分空間**とよぶ．）$\mathrm{Im}(A)$ の次元は，A の位（ランク）に等しい：

$$\dim \mathrm{Im}(A) = \mathrm{rank}(A)$$

（$r = \mathrm{rank}\, A$ は，A の r 次小行列式中，ゼロでないものがあり，$d > r$ な

らば，d 次小行列式は全てゼロ —— と定義される．)

再び例 4 にもどる．準同型写像

$$s : S_n \longrightarrow \boldsymbol{R}^*$$

において，$s(\sigma)=1$ となる置換 σ 全体，すなわち偶置換全体 A_n は，S_n の正規部分群をなす．一般に群の準同型写像

$$f : G \longrightarrow G'$$

において，$f(a)=e'$，(G' の単位元)，となる G の元 a 全体の集合を **f の核**とよび，$\mathrm{Ker}(f)$ であらわす．このとき

命題 6.6　$\mathrm{Ker}(f)$ は，G の正規部分群をなす．

証明　$\mathrm{Ker}(f)$ の任意の 2 元 a, b をとる．
$$f(ab)=f(a)f(b)=e'e'=e',$$
$$f(a^{-1})=f(a)^{-1}=e'^{-1}=e'$$

となる．ゆえに ab も a^{-1} も $\mathrm{Ker}(f)$ の元となり，$\mathrm{Ker}(f)$ は G の部分群である．また，c を G の任意の元とすれば

$$f(c^{-1}ac)=f(c)^{-1}f(a)f(c)=f(c)^{-1}e'f(c)=f(c)^{-1}f(c)=e'$$

となる．ゆえに，$c^{-1}ac$ も $\mathrm{Ker}(f)$ の元となり，$\mathrm{Ker}(f)$ は G の正規部分群である．

証明終

上の例 1 では，
$$\mathrm{Ker}(\varphi)=\{1, -1\},$$
例 2 では
$$\mathrm{Ker}(det)=SL(n, \boldsymbol{R}) \quad (行列式が 1 となる全体),$$
例 3 では，
$$\mathrm{Ker}(A)=\{X \in \boldsymbol{R}^n \mid AX=O\}$$
は，X を未知ベクトル（成分を未知数）とする（連立）一次方程式 $AX=O$ の解全体で，$\boldsymbol{R}^n$ の部分空間をなす．なお，次元は，等式
$$\mathrm{dimKer}(A)+\mathrm{rank}(A)=n$$
をみたす．

リフレッシュ　コーナー

エジプトの金さん

　幾何学の発祥は非常に古く，古代エジプトでは，毎年のナイル川の氾濫のため，土地の測量をおこない，それに伴って，いろいろな幾何学的知識がふえていった．しかし，学問として体系化したのは，ずっと後の，B.C.300年頃の，アレキサンドリアのユークリッドである．

　古代は（現代も似たようなものだが）領土争い，土地争いが絶えなかった．領土争いは戦争に，土地争いは裁判に発展した．

　その頃，エジプトに，名判事とよばれた裁判官がいたが，仮にこの人を，エジプトの金さんとよぼう．いかに金さんとて，桜吹雪を見せて刑事事件を裁くばかりが仕事でない．時には，やっかいな民事事件も裁かねばならない．

　今回も，ややこしい土地争いが持ちこまれた．図6‑3のような，道路に面した，いびつな4角形の土地の所有権をめぐる争いである．

　詳細に調べ，両者の言い分をよく聞いた後，金さんは次のような判決を下した．「双方の言い分，よくわかった．もうガタガタ言うんじゃねえ．裁きを申し渡す．道路に対し直角に直線を引き，くだんの土地を正確に2分し，両者はそれぞれを所有せよ．これにて一件落着．」（図6‑4）

　金さんは気持良く退席したが，残された（金さんの後方で，わきめもふらず記録している書記も含めた）役人達は，ウーンとため息をついた．「どの地点から，道路に対し直角に直線を引けば，土地が

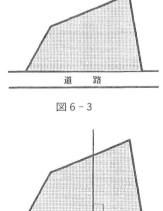

図6‑3

図6‑4

正確に 2 分出来るのか.」

　読者は，時空を超えて，彼等のために解答をあたえてほしい.

問 6.5　この直線を作図せよ.

第7章　くり返し文様と結晶群

1. 文様文化

　文様は，人間の日常生活に密着した美の芸術と言える．ふだんは意識外にあるのに，ひとたび意識すると，床，壁紙，食器，街路の敷石，そして特に女性の衣類に，多種多様の文様があふれているのに気づく．図7‑1は，ある町の街路の敷石の文様である．

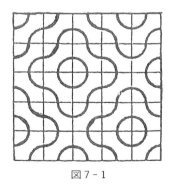

図7‑1

イラン出土の彩文土器
（B.C. 4000，大英博物館）
（髙見監修『世界の文様』より）

図7‑2

文様は人類の文化発祥と共に生まれた（図7‑2参照）．各民族は固有

イスラム文様

（高橋他『イスラム文様事典』より）

図 7 – 3

飛　鶴

（片野『日本文様事典』より）

図 7 – 4

の文様を持ち，時代と共に変化し多様化して今日に至っている。

　屈折と交叉をくり返して拡がり，果てしなく永遠のものを表現して，アラーへの信仰をあらわしたイスラム文様，アラベスク，（図 7 – 3 参照）は圧巻だが，日本にも，粋で洗練された江戸文様があり，芸術性が非常に高い（図 7 – 4 参照）。

　文様の中でも特に，同じパターンが四方にくり返し，くり返しあらわれ，あたかも全平面をおおうように拡がっている文様を，**くり返し文様**とよぶ。

　目まいのするような図 7 – 5 の文様は，襖などにもちいられた，**七宝（しっぽう）つなぎ**とよばれる，くり返し文様である。図 7 – 6 は**青海波（せいかいなみ，せいがいは）**とよばれ，武士の裃などの小紋染めにもちいられた，くり返し文様である。

図 7 - 5　　　　　　　　　　　　　　　　　　　　図 7 - 6

2．合同変換群

　かくも我々の目をうばう文様は，実に多種多彩で，そのモチーフは無限にあると言ってよい．

　ところで，各くり返し文様には，その対称性をあらわす群が対応している．この群が背後で，くり返し文様を統制している．しかも，そのような群は，わずか17種しかない．

　このことは次節で説明するとして，この節では準備として，合同変換群について説明する．

　(x, y)-平面の**平行移動**とは，各点 (x, y) を点 $(x+a, y+b)$ にうつす1対1写像のことである．$(a, b$ は定数)

　(x, y)-平面の**合同変換**とは，直交変換をおこなったのちに，平行移動をおこなうことである．ベクトルの式で書けば，合同変換は

$$S : \begin{pmatrix} x \\ y \end{pmatrix} \longmapsto A\begin{pmatrix} x \\ y \end{pmatrix} + \begin{pmatrix} a \\ b \end{pmatrix} \tag{1}$$

と書ける．ここに a, b は定数で A は直交行列（${}^t A = A^{-1}$ をみたす行列）である．

　2次直交行列 A は，原点中心の回転か，原点をとおる直線に関する折り返し（鏡映）のどちらかである．A は距離を変えない．すなわち，2点 P，Q 間の距離と，$A(\mathrm{P})$，$A(\mathrm{Q})$ 間の距離が等しい．合同変換 S は，A をおこなったのち平行移動するので，やはり距離をかえない．逆に，距離を変えない変換は合同変換であることを示すことが出来る（**補足 5** 参

照）.

注意 (1)は

$$S : \begin{pmatrix} x \\ y \end{pmatrix} \longmapsto A\left(\begin{pmatrix} x \\ y \end{pmatrix} + A^{-1}\begin{pmatrix} a \\ b \end{pmatrix}\right)$$

とも書ける. すなわち S は, $A^{-1}\begin{pmatrix} a \\ b \end{pmatrix}$ だけ平行移動したのちに, 直交変換 A を作用させたものとも解釈できる.

命題 7.1　平面の合同変換全体の集合 $M(2)$ は, 写像の合成に関して群をなす.（これを**合同変換群**とよぶ.）

証明　(1)の合同変換と, 合同変換

$$T : \begin{pmatrix} x \\ y \end{pmatrix} \longmapsto B\begin{pmatrix} x \\ y \end{pmatrix} + \begin{pmatrix} c \\ d \end{pmatrix}$$

を合成すると

$$TS : \begin{pmatrix} x \\ y \end{pmatrix} \longmapsto T\left(A\begin{pmatrix} x \\ y \end{pmatrix} + \begin{pmatrix} a \\ b \end{pmatrix}\right) = BA\begin{pmatrix} x \\ y \end{pmatrix} + B\begin{pmatrix} a \\ b \end{pmatrix} + \begin{pmatrix} c \\ d \end{pmatrix} \qquad (2)$$

となり, TS も合同変換である.

写像の合成は, 結合律をみたす：$U(TS) = (UT)S$.

恒等写像　　　　$id : \begin{pmatrix} x \\ y \end{pmatrix} \longmapsto \begin{pmatrix} x \\ y \end{pmatrix}$

は, (1)で $A = E$（単位行列）, $\begin{pmatrix} a \\ b \end{pmatrix} = \begin{pmatrix} 0 \\ 0 \end{pmatrix}$ とおいたものゆえ, 合同変換である.

さいごに, 合同変換

$$\begin{pmatrix} x \\ y \end{pmatrix} \longmapsto A^{-1}\begin{pmatrix} x \\ y \end{pmatrix} - A^{-1}\begin{pmatrix} a \\ b \end{pmatrix} \qquad (3)$$

が(1)の合同変換 S の逆写像 S^{-1} であることは(2)よりわかる.

証明終

(1)において $\begin{pmatrix} a \\ b \end{pmatrix} = \begin{pmatrix} 0 \\ 0 \end{pmatrix}$ とおけば，S は直交変換 A にほかならない．すなわち，直交変換は，合同変換の特別な場合である．直交変換（直交行列）全体のなす群，**直交変換群** $O(2)$ は，合同変換群 $M(2)$ の部分群をなす．

一方，(1)において，$A = E$（単位行列）とおけば，S は平行移動にほかならない．平行移動の全体 $T(2)$ は，$M(2)$ の部分群をなす．なぜなら，平行移動の合成は平行移動であり，平行移動の逆写像も平行移動だからである．$T(2)$ を**平行移動群**とよぶ．さらに

命題 7.2 $T(2)$ は $M(2)$ の正規部分群である．

証明
$$U : \begin{pmatrix} x \\ y \end{pmatrix} \longmapsto \begin{pmatrix} x \\ y \end{pmatrix} + \begin{pmatrix} c \\ d \end{pmatrix} \tag{4}$$
を任意の平行移動とし，S を(1)であたえられる合同変換とするとき，$S^{-1}US$ が平行移動であることを示せばよい．じっさい，(2),(3)をもちいて計算すると

$$S^{-1}US : \begin{pmatrix} x \\ y \end{pmatrix} \longmapsto \begin{pmatrix} x \\ y \end{pmatrix} + A^{-1} \begin{pmatrix} c \\ d \end{pmatrix}$$

となり，これは平行移動である．

証明終

注意 $T(2)$ はアーベル群（積が交換可能）である．

問 7.1 A を直交変換，U を(4)の平行移動とするとき，合同変換 UAU^{-1} は，「点 (c, d) を原点とみなして，A と同じ作用（回転または鏡映）をおこなったもの」に等しいことを示せ．

さて，(1)の合同変換

$$S : \begin{pmatrix} x \\ y \end{pmatrix} \longmapsto A \begin{pmatrix} x \\ y \end{pmatrix} + \begin{pmatrix} a \\ b \end{pmatrix}$$

に対し，この式にあらわれている直交変換 A を対応させる対応 $\bar{f} : S$

$\longmapsto A$ は，$M(2)$ から $O(2)$ への写像である：

$$\tilde{f} : M(2) \longrightarrow O(2).$$

これは，**上への写像**である．すなわち，$\tilde{f}$ の像集合は，$O(2)$ 全体である．しかも，$\tilde{f}$ は(2)より，

$$\tilde{f}(TS) = \tilde{f}(T)\tilde{f}(S)$$

をみたすので，**準同型写像**である．**$\tilde{f}$ の核**，すなわち，$\tilde{f}(T) = E$ となる T 全体の集合は，あきらかに平行移動群 $T(2)$ と一致する：

$$\mathrm{Ker}(\tilde{f}) = T(2) \tag{5}$$

前章で，準同型写像の核が，群の正規部分群となることを示したが，(5)と命題 7.2 は，ひとつの例をあたえている．

さて，G を $M(2)$ のひとつの部分群とする．G にぞくする各合同変換

$$S : \begin{pmatrix} x \\ y \end{pmatrix} \longmapsto A\begin{pmatrix} x \\ y \end{pmatrix} + \begin{pmatrix} a \\ b \end{pmatrix}$$

に対し，上と同様に，A を対応させる写像を，こんどは f と書くと，f は G から $O(2)$ への準同型写像である：

$$f : G \longrightarrow O(2) \tag{6}$$

この場合，f の像 $f(G)$ は，$O(2)$ 全体と限らず，一般には，その部分集合になる．前章で示したように，f の像 $f(G)$ は，$O(2)$ の部分群になる．

一方，f の核

$$\mathrm{Ker}(f) = \{S \in G \mid f(S) = E\}$$

は，G の正規部分群である．これは，G にぞくする合同変換のうちで，平行移動の全体なので，集合の記号で

$$\mathrm{Ker}(f) = G \cap T(2) \tag{7}$$

と書ける．これは，平行移動群 $T(2)$ の部分群でもある．

ところで，$T(2)$ の部分群のなかで，ここで大切なのは，2 次元格子群とよばれるものである．

定義 1　平行移動群 $T(2)$ の部分群 L が，**2 次元格子群**とは，L にぞくする独立な 2 方向への平行移動

$$U : \begin{pmatrix} x \\ y \end{pmatrix} \longmapsto \begin{pmatrix} x \\ y \end{pmatrix} + \begin{pmatrix} a \\ b \end{pmatrix}, \quad V : \begin{pmatrix} x \\ y \end{pmatrix} \longmapsto \begin{pmatrix} x \\ y \end{pmatrix} + \begin{pmatrix} c \\ d \end{pmatrix}$$

で L が**生成される**ことである．すなわち，L にぞくするどんな平行移動
も，合成

$$U^m V^n \qquad (m, n \text{ は整数})$$

で書けることである．(U, V が**独立な 2 方向への平行移動**であるとは，
ベクトル

$$\begin{pmatrix} a \\ b \end{pmatrix} \quad \text{と} \quad \begin{pmatrix} c \\ d \end{pmatrix}$$

が一次独立，すなわち，行列式

$$\begin{vmatrix} a & c \\ b & d \end{vmatrix} = ad - bc$$

がゼロでないことである．)

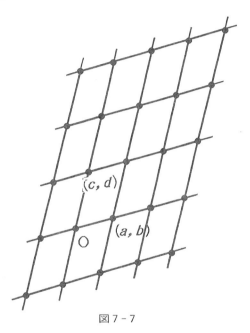

2 次元格子群 L に対し，原
点を L にぞくする平行移動
でうつした点全体は，図 7 - 7
のような，平行四辺形の「く
り返し文様」の頂点全体にな
る．この頂点全体の集合 Γ
を，**2 次元格子**とよび，各頂
点を**格子点**とよぶ．Γ を L に
対応する 2 次元格子とよび，
逆に L を Γ に対応する 2 次
元**格子群**とよぶ．

図 7 - 7

定義 2　合同変換群 M(2) の部分群 G が，次の 2 条件をみたすとき，G
を **2 次元結晶群**とよぶ：(イ) (6) の準同型 f : G ⟶ O(2) の像 f(G)
は O(2) の有限部分群である．(ロ) f の核 Ker(f) = G ∩ T(2) は，2 次元格
子群である．

3．くり返し文様の群

　図7‑8のような，くり返し文様 W を考えよう．となり合った三角形をふたつ合わせると平行四辺形になる．したがって，頂点全体の集合は2次元格子をなす．対応する2次元格子群を L とする．L は，図7‑8のように，格子点のひとつを原点をとると，平行移動

$$U : \begin{pmatrix} x \\ y \end{pmatrix} \longmapsto \begin{pmatrix} x \\ y \end{pmatrix} + \begin{pmatrix} a \\ b \end{pmatrix},$$

$$V : \begin{pmatrix} x \\ y \end{pmatrix} \longmapsto \begin{pmatrix} x \\ y \end{pmatrix} + \begin{pmatrix} c \\ d \end{pmatrix} \tag{8}$$

で生成される．L にぞくする平行移動をおこなうと，図7‑8の文様全体が平行移動するが，その結

果は，もとの文様と，ぴったり重なる．

　平面の合同変換でこの性質，すなわち図7‑8の文様 W をそれ自身にぴったりと重ねるという性質をもつものは他にないであろうか．図7‑8をよく観察すると，各格子点を中心とする180°回転がそのような性質を持っている．また，各三角形の各辺の中点を中心とした180°回転もそのような性質を持っている．(こ

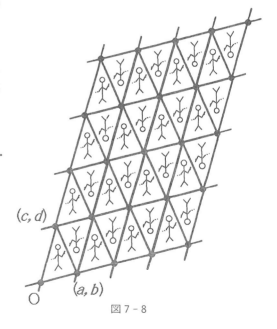

図7‑8

れらは，じっさい，合同変換である．たとえば，図7‑8の原点 O と点 (a, b) の中点 $(a/2, b/2)$ を中心とする180°回転は，合同変換

$$\begin{pmatrix} x \\ y \end{pmatrix} \longmapsto -\begin{pmatrix} x \\ y \end{pmatrix} + \begin{pmatrix} a \\ b \end{pmatrix}$$

であたえられる. 他も同様である.)

図 7 - 8 のくり返し文様をそれ自身にぴったり重ねるような性質をもつ合同変換は, 以上でつきる. すなわち, そのような合同変換は, かならず次のいずれかの形をしている:

$$U^m V^n : \begin{pmatrix} x \\ y \end{pmatrix} \longrightarrow \begin{pmatrix} x \\ y \end{pmatrix} + m \begin{pmatrix} a \\ b \end{pmatrix} + n \begin{pmatrix} c \\ d \end{pmatrix},$$

$$U^m V^n A : \begin{pmatrix} x \\ y \end{pmatrix} \longmapsto -\begin{pmatrix} x \\ y \end{pmatrix} + m \begin{pmatrix} a \\ b \end{pmatrix} + n \begin{pmatrix} c \\ d \end{pmatrix}.$$

(9)

ここに, m, n は整数で

$$A = \begin{pmatrix} -1 & 0 \\ 0 & -1 \end{pmatrix}$$

は原点中心の 180° 回転である.

(9) の合同変換全体の集合 $G(W)$ は, $M(2)$ の部分群をなす. じっさい, $G(W)$ のふたつの合同変換を合成しても $G(W)$ にぞくし, 逆変換も $G(W)$ にぞくするからである. $G(W)$ を, 図 7 - 8 のくり返し文様 **W** の **群** とよぶ.

(6) の準同型

$$f : G(W) \longrightarrow O(2)$$

の像 $f(G(W))$ は, 単位行列 E と, 180° 回転 A の 2 個の直交変換からなる $O(2)$ の有限部分群である. 一方,

$$\mathrm{Ker}(f) = G(W) \cap T(2)$$

は, (8) の平行移動で生成される 2 次元格子群 L にほかならない.

したがって, $G(W)$ は 2 次元結晶群である.

一般に, 平面上にくり返し文様 X があたえられたとき,

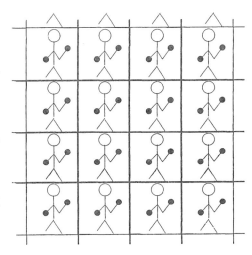

図 7 - 9

平面の合同変換 S で，X を X 自身にぴったり重ねるもの全体の集合 $G(X)$ は，2次元結晶群をなす．これを，**くり返し文様 X の群**とよぶ．この群は，くり返し文様 X の，**対称性の度合い**をあらわしている．

図7-9のくり返し文様において，正方形のタテ，ヨコの長さの単位を1とすると，平行移動

$$U : \begin{pmatrix} x \\ y \end{pmatrix} \longmapsto \begin{pmatrix} x \\ y \end{pmatrix} + \begin{pmatrix} 1 \\ 0 \end{pmatrix},$$

$$V : \begin{pmatrix} x \\ y \end{pmatrix} \longmapsto \begin{pmatrix} x \\ y \end{pmatrix} + \begin{pmatrix} 0 \\ 1 \end{pmatrix} \qquad (10)$$

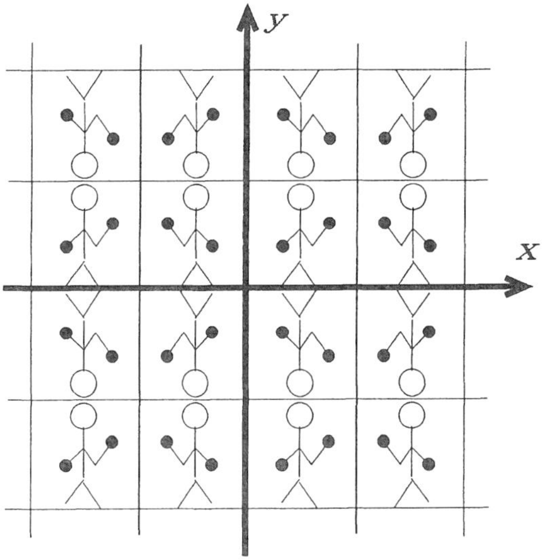

図7-10

が2次元格子群を生成し，それが図7-9のくり返し文様の群と一致する．

図7-10のくり返し文様の群 G には，各正方形の辺を軸とする鏡映がふくまれる．また，各正方形の頂点を中心とする180°回転もふくまれる．さらに，（正方形のタテ，ヨコの長さの単位を1とすると）平行移動

$$U^2 : \begin{pmatrix} x \\ y \end{pmatrix} \longmapsto \begin{pmatrix} x \\ y \end{pmatrix} + \begin{pmatrix} 2 \\ 0 \end{pmatrix},$$

$$V^2 : \begin{pmatrix} x \\ y \end{pmatrix} \longmapsto \begin{pmatrix} x \\ y \end{pmatrix} + \begin{pmatrix} 0 \\ 2 \end{pmatrix}$$

も G にふくまれる．(6)の準同型写像

$$f : G \longrightarrow O(2)$$

の核 $\mathrm{Ker}(f)$ は，U^2 と V^2 から生成された2次元格子群に一致する．また，f の像 $f(G)$ は，4個の直交行列

$$E=\begin{pmatrix}1 & 0 \\ 0 & 1\end{pmatrix}, \ R=\begin{pmatrix}1 & 0 \\ 0 & -1\end{pmatrix},$$

$$R'=\begin{pmatrix}-1 & 0 \\ 0 & 1\end{pmatrix}, \ R''=\begin{pmatrix}-1 & 0 \\ 0 & -1\end{pmatrix}$$

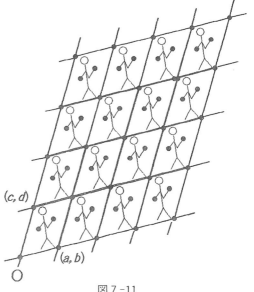

図 7 -11

からなる $O(2)$ の有限部分群である．ここに，図 7 -10 のように，原点と x-軸と y-軸をとれば，R は x-軸に関する鏡映，R' は y-軸に関する鏡映，$R''=RR'=R'R$ は，原点に関する 180° 回転である．結局，G にぞくする合同変換は，次の形をしている：

$$U^{2m}V^{2n}A : \begin{pmatrix}x \\ y\end{pmatrix} \longmapsto$$

$$A\begin{pmatrix}x \\ y\end{pmatrix} + m\begin{pmatrix}2 \\ 0\end{pmatrix} + n\begin{pmatrix}0 \\ 2\end{pmatrix}.$$

ここに A は，E か R か R' か R'' のどれかである．

さて，おどろくべきことに，次の定理がなりたつ：

定理 7.1　2 次元結晶群は，同型なものを同種とみると，ちょうど17種存在する．すなわち，いかなる 2 次元結晶群 G も，17種のどれかに同型であり，これら17種は互いに同型でない．

ふたつの群 G と G' が**同型**とは，G から G' への 1 対 1 写像 φ で，G の任意の元（要素）a, b に対し

$$\varphi(ab)=\varphi(a)\varphi(b)$$

をみたすもの（**同型写像**）が存在することである．

　たとえば，図 7-11 のくり返し文様においては，図のように原点 O と格子点 (a, b)，(c, d) をとると，平行移動

$$U' : \begin{pmatrix} x \\ y \end{pmatrix} \longmapsto \begin{pmatrix} x \\ y \end{pmatrix} + \begin{pmatrix} a \\ b \end{pmatrix}, \quad V' : \begin{pmatrix} x \\ y \end{pmatrix} \longmapsto \begin{pmatrix} x \\ y \end{pmatrix} + \begin{pmatrix} c \\ d \end{pmatrix} \tag{11}$$

が，図の格子に対応する 2 次元格子群を生成し，これが図 7-11 のくり返し文様の群 G' と一致する．図 7-9 のくり返し文様の群 G とこの G' は同型である．じっさい，U，V を (10) の平行移動として

$\quad \varphi(U) = U'$,
$\quad \varphi(V) = V'$,
$\quad \varphi(U^m V^n) = U'^m V'^n$

と，φ を定義すると，φ は G から G' への同型写像である．

　定理 7.1 は，ひとくちに「くり返し文様の対称性の型が，ちょうど17種存在する．」と表現できる．

　アラベスクには，17種のすべての対称性の型が，いずれも，しばしばあらわれているという．一方，日本のくり返し文様には，いくつか特定の対称性の型が多くあらわれ，他は，

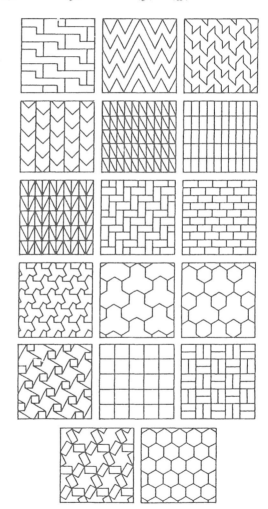

17種の異なる群をあたえる文様の例
（ヴァイル『シンメトリー』より）

図 7-12

ほとんど出てこないという．それが日本文様を静的と感ずるひとつの理由なのだろうか．

　17種の対称性をあたえる，くり返し文様の例が，図7-12にあたえてある．（ただし，最上段の右と左が同じ群（p1）の文様なので，右の文様を別の群（pg）の文様に取り換える必要がある．）これは，ヴァイルの名著［4］（下記参考文献参照）より引用した．この本は，華麗な文章と美しい文様に満ちあふれて，我々を酔わせる．

　伏見―安野―中村［5］にも，17種の対称性の型の詳しい説明がある．この本は，図形の好きな方に，とくにおすすめする．

　以上の議論を，次元をあげて3次元にすると，文様の話でなく，鉱石や金属などの結晶の対称性の話になる．3次元合同変換群 $M(3)$ の部分群 G に対し，上と同様に，準同型写像

$$f : G \longrightarrow O(3) \quad (\text{3次直交群})$$

を考えるとき，2条件：(イ) 像 $f(G)$ が $O(3)$ の有限部分群, (ロ) 核 $\mathrm{Ker}(f)$ $= G \cap T(3)$ が3次元格子群（独立な3方向への平行移動で生成される群），がみたされる G を，**3次元結晶群**（別名 **空間群**）とよぶ．これが本来の結晶群である．鉱石や金属などの結晶に対し，その対称性をあらわす結晶群が対応している．

　一般の**n 次元結晶群**の定義も同様である．同型なものを同種と考えるとき，次の定理がなりたつ：

定理7.2　n 次元結晶群の種の数は有限である．3次元結晶群は219種，4次元結晶群は4783種存在する．

　3次元結晶群が219種もあることは，自然界の複雑さ，深遠さを物語っている．

 リフレッシュ　コーナー

　私の勤めている大学には，文系の学生にも数学の授業がある．「大学に入ってからも数学があると知った時，目の前が真っ暗になりました．」

と，文系のある学生が告白していたが，その
地獄の授業を私は毎年のように担当している．
ある時，その授業を受けている女子学生が，
私に大胆にも幾何の問題を質問してきた．家
庭教師先の中学生に聞かれて困っているとの
事であった：

問 7.2　頂角 $A=20°$ の二等辺三角形 △
ABC において，図 7-13 のように点 D，E を
とるとき，
$\angle DEB = x$ は何度か．

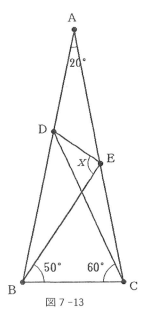

図 7-13

　しばらく考えて，わからなかったので，次
週まで考えてくると言って逃れたが，次週に
なってもわからなかった．(幾何得意少年のバ
ケの皮が，だんだんはがれてきた．)正弦定理
を使えば，x の値がわかるのであるが，中学生に説明するための，ユーク
リッド幾何的解答が作れなかったのである．
　このことを，ある所で話したら，S 高校のM先生とH先生のお二人が，
(それぞれことなる)実に鮮やかな答えを手紙で教えて下さった．脱帽で
ある．その答えを披露したいのだが，読者が自分で考えるのも一興なの
で，さしあたって，ふせておく．

参考文献

［1］高見堅志郎監修『世界の文様』，青菁社，1987年．
［2］高橋由為子・岩永修一『イスラム文様事典』，河出書房新社，1989年．
［3］片野孝志『日本文様事典』，河出書房新社，1988年．
［4］H.ヴァイル『シンメトリー』，遠山啓訳，紀伊國屋書店，1970年．
［5］伏見康治・安野光雅・中村義作『美の幾何学』，中公新書554，1979年．
［6］川崎徹郎『文様の幾何学』，牧野書店，2014.
［7］河野俊丈『結晶群』，共立出版，2015.

第 8 章　　ユークリッド幾何学と射影幾何学

1. 共点定理と共線定理

　数千年の歴史をもつユークリッド幾何学は，数多くの人々の知恵が結集して，美しい定理，鮮かな手法に満ちている．それらは高原に咲き乱れる花々にもたとえられる．現在，研究者達は，それらに見向きもせず，ひたすら高山をめざすが，昔はこの辺りも，研究者の目的地のひとつだったに違いない．

　香り高いこれらの花々の中で，特に印象深い共点定理と共線定理のいくつかを観賞しよう．

　共点定理とは，平面図形の中で，3本またはそれ以上の直線が1点で交わっていることを主張する定理である．三角形の五心（重心，外心，内心，傍心，垂心）の存在は，共点定理の例である．

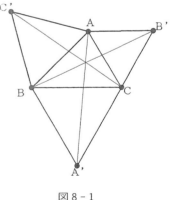

図 8-1

定理 8.1　三角形△ABC の各辺を一辺とし，外側に3個の正三角形を図8-1のように描く．このとき，直線 AA′，BB′，CC′ は1点で交わる．

定理 8.2　四角形 ▱ABCD の各辺の中点を，図8-2のように，P, Q, R,

S とおく．さらに，対角線 AC, BD の中点をそれぞれ T, U とおくと，直線 PR, QS, TU は 1 点で交わる．

定理 8.3　三角形 △ABC が円に外接しているとき，接点 A′, B′, C′ を図 8-3 のようにとると，直線 AA′, BB′, CC′ は 1 点で交わる．

定理 8.4　3 個の円が図 8-4 のように交わっているとき，3 本の共通割線は 1 点で交わる．また，3 個の円が図 8-4 のように接しているとき，3 本の共通接線は 1 点で交わる．

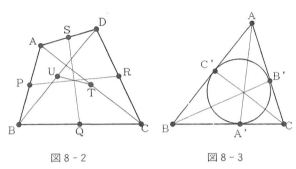

図 8-2　　　　　図 8-3

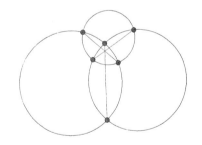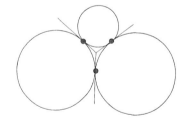

図 8-4

定理 8.5（ブリアンションの定理）　円に外接する六角形の 3 本の対角線は 1 点で交わる（図 8-5）．

一方，平面図形の中で，3 点あるいはそれ以上の点が一直線上にあることを主張する定理を，**共線定理**とよぶ．

図 8-5

定理 8.6（オイラーの定理） 三角形△ABC の外心 O，重心 G，垂心 H は，この順に一直線上にあり，線分比が OG：GH＝1：2 である（図 8-6）．

定理 8.7（シムソンの定理） 三角形△ABC の外接円上の点 P から，三角形の各辺に下した垂線の足は一直線上にある（図 8-7）．

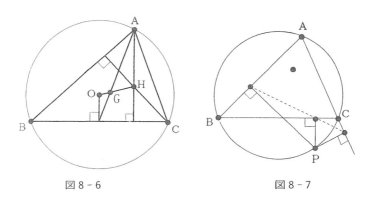

図 8-6　　　　　　　　　　図 8-7

　歴史的条件のため，この方面に日本人名の付く定理はまれだが，次の定理は，そのまれな例である．清宮俊雄（せいみや　としお）先生16歳の時の発見という：

定理 8.8（清宮の定理） 三角形△ABC の外接円上に，点 P，Q をと

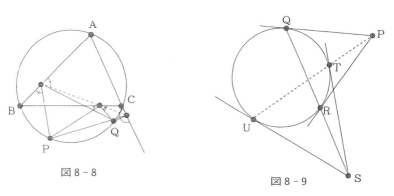

図 8-8　　　　　　　　　　図 8-9

る．三角形の各辺を鏡と思い，Ｐから発した光が各辺で反射してＱに入るとする．このとき，反射点は一直線上にある（図8‐8）．

定理 8.9　円外の点Ｐから，円に対し2本の接線を引き，接点をＱ,Ｒとする．割線ＱＲ上の点Ｓを円外にとり，Ｓから円に対し2本の接線を引き，接点をＴ,Ｕとする．このとき，Ｐ,Ｔ,Ｕは一直線上にある（図8‐9）．

定理 8.10（デザルグの定理）　ふたつの三角形△ＡＢＣと△Ａ′Ｂ′Ｃ′において，もし直線ＡＡ′，ＢＢ′，ＣＣ′が1点で交わるならば，ＡＢとＡ′Ｂ′の交点Ｄ，ＢＣとＢ′Ｃ′の交点Ｅ，ＣＡとＣ′Ａ′の交点Ｆは一直線上にある（図8‐10）．

定理 8.11（パップスの定理）　2直線 l, l' 上に，それぞれ点Ａ,Ｂ,ＣとＡ′,Ｂ′,Ｃ′があるとき，ＡＢ′とＡ′Ｂの交点Ｄ，ＢＣ′とＢ′Ｃの交点Ｅ，ＣＡ′とＡＣ′の交点Ｆは一直線上にある（図8‐11）．

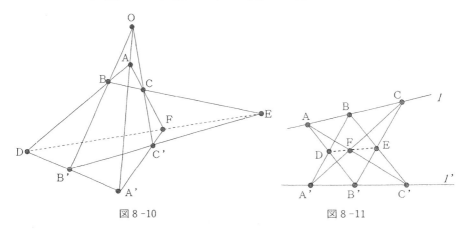

図 8 -10　　　　　　　　図 8 -11

　次の定理は，哲学者パスカルが16歳の時発見した定理である．

定理 8.12（パスカルの定理）　円に内接する六角形の3組の対辺の交点は，一直線上にある（図8‐12参照．辺が交差する「六角形」でもなりたつ）．

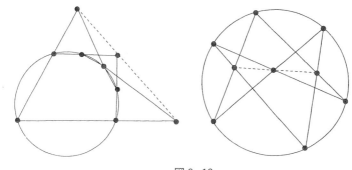

図 8 -12

2．光と影

図8-13 のように，空間内にふた
つの平面 α と α' をとり，そのいず
れの上にもない点 O をとる．α 上の
点 P と α' 上の点 P′ に対し，もし3
点 O, P, P′ が一直線上にあれば，光
源 O から光を発したとき，点 P の**影**
が点 P′ であると考える．対応（写像）

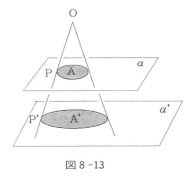

図 8 -13

$$\pi : P \longmapsto P'$$

を，**O を中心とする射影**とよぶ．射
影によって，α 上の図形 A が α' 上の図形 A' にうつされる．A' は A の
影とみなしうる．射影 π による A の**像**ともよぶ．

α 上の直線の像は直線である．しかし，線分の長さや角度は，像 A' と
元の図形 A とでは異なるのがふつうである．すなわち「長さや角度は，
射影すると変化し得る．」

α 上の円の射影による像は，α' の位置により，楕円か放物線か双曲線
になる．（円は楕円の特別の場合と考える．）これらを**円錐曲線**と総称す
る．これらは，図8-14のように，円錐をさまざまな角度の平面（それが
α' である）で切った切り口としてあらわれる．

さて，たとえば図8-3が，平面 α 上にあるとして，これを射影 π で α'

にうつしたものを図 8-3′ とする.

　π は直線を直線にうつし，直線の交点を直線の交点にうつし，3 直線が 1 点で交わっている図を，3 直線が 1 点で交わっている図にうつす．さらに円を円錐曲線にうつし，接線を接線にうつす．かくて，次の「定理 8.3 を射影した定理」がなりたつ：

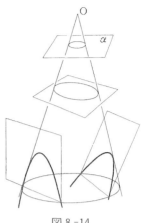

図 8-14

定理 8.3′　三角形 △ABC が円錐曲線に外接しているとき，接点を図 8-3′，図 8-3″ のように A′, B′, C′ とおく．このとき，直線 AA′, BB′, CC′ は 1 点で交わる.

　§1 の他の定理に対し，このような「射影」は可能であろうか．

　図 8-1 では，三角

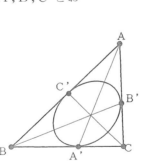

図 8-3′

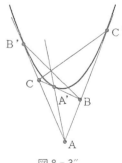

図 8-3″

形の各辺を 1 辺として，外側に正三角形を描いている．これを π で射影すると，影である図が得られるが，長さや角度が射影によって変化するので，「定理 8.1 を射影した定理」を作ることは出来ない．同様に，「定理 8.2, 6, 7, 8 を射影した定理」を作ることは出来ない．しかし，「定理 8.3, 4, 5, 9, 10, 11, 12 を射影した定理」を作ることは出来る．新しい定理を，定理 8.3′ のように，番号にダッシュを付けてあらわそう．デザルグの定理とパップスの定理は，直線図形の定理ゆえ，「射影した定理」も，元の定理と変らない．残りの定理は，「円」を「円錐曲線」にかえればよい．

　ただし，定理 8.4 は，次の定理に「射影」される．このことは，一見，

あきらかでないが，後に説明され
るであろう（**補足 7** 参照）：

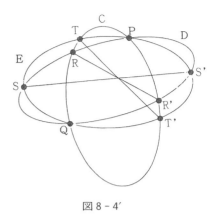

定理 8.4′　3 個の円錐曲線 $C, D,$
E が図 8 - 4′ のように，2 点 P, Q
で交わっているとする．P, Q 以外
の，C と D の交点を R, R′ とし，
D と E の交点を S, S′ とし，E と
C の交点を T, T′ とするとき，直
線 RR′，SS′，TT′ は 1 点で交わ
る．

図 8 - 4′

　このような「射影された定理」は，ユークリッド幾何学からはみ出し
た，**射影幾何学**の定理である．

3．エルランゲン　プログラム

　1872年に，ドイツのエルランゲン大学に教授として迎えられたクライ
ンは，慣例に従って，研究プログラムを大学に提出した．これが世に名
高い，**エルランゲン　プログラム**である．クラインは，この中で，群に
よるいろいろな幾何学の統制という指導原理を提唱した．

　この原理は，たとえば次のように主張している．「ユークリッド幾何学
は，合同変換群で不変な図形の性質を研究する幾何学である．」

　前章でのべたように，平面の**合同変換**とは，直交変換と平行移動を合
成した変換

$$\begin{pmatrix} x \\ y \end{pmatrix} \longmapsto A\begin{pmatrix} x \\ y \end{pmatrix} + \begin{pmatrix} c \\ d \end{pmatrix}$$

（A は直交行列，c, d は定数）である．（空間の合同変換も同様に定
義される．）合同変換は，長さと角度を変えない変換として特徴づけられ
る．合同変換の全体は，写像の合成に関して群をつくる．これを**合同変
換群**とよぶ．合同変換によって変らない図形の性質，それを調べるのが

ユークリッド幾何学であると，クラインは洞察したのである．

　§1の定理 8.1, 2, 6, 7, 8 は，まさにユークリッド幾何学の定理である．残りの定理 8.3, 4, 5, 9, 10, 11, 12 も，一応，ユークリッド幾何学の定理である．しかし，それらを射影した定理（ダッシュをつけた定理）は，射影変換群とよばれる．より大きい群で不変な性質をのべた定理なので，射影幾何学の定理とみなすのが自然である．

　射影変換を定義しよう．図 8-13 のように，空間内に，ふたつの平面 α と α_1 があり，O_1 をこれらの上にない点とすると，O_1 中心の射影

$$\pi_1 : \alpha \longrightarrow \alpha_1$$

が定義される．他の平面 α_2 と，α_1, α_2 の上にない点 O_2 をとり，O_2 中心の射影

$$\pi_2 : \alpha_1 \longrightarrow \alpha_2$$

を考え，合成

$$\pi_2 \pi_1 : \alpha \longrightarrow \alpha_2$$

を考える．さらに一般に，有限個の射影の合成

$$\pi = \pi_m \pi_{m-1} \cdots \pi_2 \pi_1 : \alpha \longrightarrow \alpha_m \tag{1}$$

を考え，これを平面 α から α_m への**射影変換**とよぶ．

　さて，**平面の射影変換**とは，平面を空間内におき，これを α と名付け，(1)において，α_m が α と一致するようにとったものである：

$$\pi : \alpha \longrightarrow \alpha$$

（途中の α_j は，α と違いうる）．平面の射影変換全体は，写像の合成に関し群をなすことが示される．これを，平面の**射影変換群**とよぶ．

　クラインは，エルランゲン　プログラムで「射影幾何学とは，射影変換群のもとで不変な図形の性質を研究する幾何学である．」と主張している．

注意　クラインの思想は幾何学のひとつのまとめ方をのべているが，これを金科玉条とすると，閉じた世界に住まねばならなくなる．実際の歴史は非常に混沌としており，ユークリッド幾何学の中に，他のいろいろな幾何学の種子がすでにまかれてあり，長い年月の間にしだいに成長し，ついにユークリッドの殻を破って飛び出し大きく羽搏いたのだ．

4. 無限遠点と射影平面

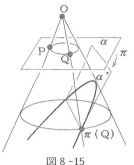

明敏な読者は，すでに気がつかれたかも知
れないが，図8-13の，点O中心の射影 π
は，α' の位置によっては，平面 α から α' への
1対1対応をあたえないことがある．図8-15
においては，α 上の円が，α' 上の放物線にう
つされているが，点Pに対応する点が α' 上
には存在しない．像が双曲線のときも同様の
ことがおこる．すなわち，射影や射影変
換が厳密な意味の1対1写像でないこと
が起り得る．

図8-15

この難点を解消するために，無限遠点
と無限遠直線の概念が導入される．

図8-15で，円上の点Qが動いて点P
に近づくとき，像 $\pi(Q)$ は，無限の彼方に
ゆく．そこで，無限遠点を想定して，Pの
像 $\pi(P)$ は無限遠点であると考える．

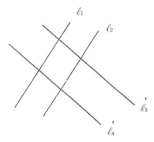

図8-16

いま，平面を固定して考える．この平面に対し，無限遠直線とよばれ
る，この平面上には存在しない直線 l_∞ を想定する．l_∞ 上の点を，無限遠
点とよぶ．図8-16のように，平行な直線 l_1 と l_2 は，l_∞ の1点Qで交わ
っているとするのである．また，平行な直線 l_1', l_2' も，l_∞ の1点Q'で
交わっているとする．しかし，これら2組の平行線は，方向が違うので，
QとQ'は，l_∞ 上の，ことなる点とする．

より厳密（そして抽象的）に定義すれば，平面上の直線間に，「平行で
あるか一致する」という同値関係を入れて類別し，その同値類のそれぞ
れを，**無限遠点**とよび，同値類全体の集合を，**無限遠直線**とよぶ．

平面と無限遠直線の和集合を，**射影平面**とよぶ．射影平面上の**直線**と
は，（イ）ふつうの直線に，その直線の属する同値類である無限遠点をつ
け加えたものか，または，（ロ）無限遠直線 l_∞ のことである．

射影平面上には，平行線が**存在しない**．ことなる任意の2直線は，必

ず1点で交わる.

デザルグの定理（定理8.10'）において，図8-17のように，AB と A'B' が平行，BC と B'C' が平行，CA と C'A' が平行のような場合，射影平面で考えると，AB と A'B' の交点，BC と B'C' の交点，CA と C'A' の交点は，一直線上，すなわち無限遠直線 $l_∞$ 上にある．それゆえ，この場合も（この意味で）定理がなりたつ.

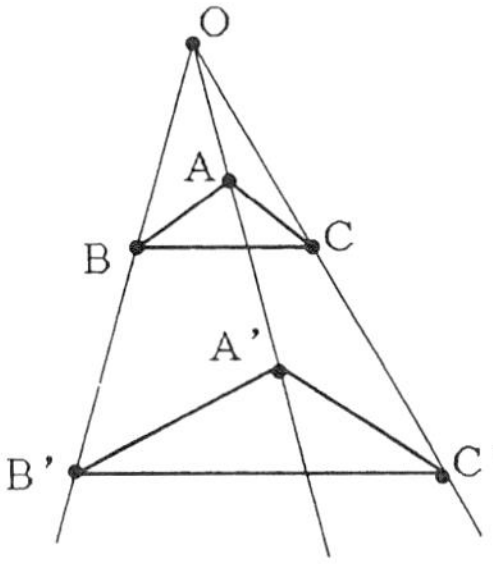

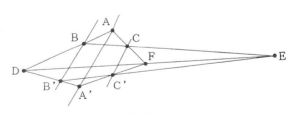

図 8-17

他の，ダッシの付いた定理も同様で，射影平面上で考えて，はじめてすっきりした形になる.

デザルグの定理の逆定理（これもデザルグの定理とよばれる）：

定理 8.13　ふたつの三角形 △ABC と △A'B'C' において，AB と A'B' の交点を D，BC と B'C' の交点を E，CA と C'A' の交点を F とする．もし，D, E, F が一直線上にあれば，3直線 AA', BB', CC' は1点で交わる.

も，射影平面上で成立する定理である．じっさい，図8-18のように，AA'，BB'，CC' が平行になるケースが起り得るので，ふつうの平面で定理をのべると，例外をことわらねばならない煩わしさがある．射影平面上では，このように，すっきりとのべられる.

図 8-18

射影変換は，射影平面の1対1写像である．これは，直線を直線にうつし，円錐曲線を円錐曲線にうつす.

リフレッシュ　コーナー

高校生の頃，私は次の作図問題（定規とコンパスのみをもちいて作図する問題）に出会った．

問題　あたえられた三角形△ABC の底辺 BC に一辺を持ち，辺 AB, AC に頂点をもつ正方形を作図せよ（図8-19）．

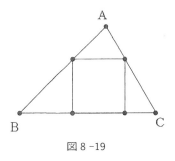

図8-19

いくら考えてもわからなかったので，あきらめて答を見たら，思わず「アッ」とさけんでしまった．何と鮮やかな答であろうか．名作詰将棋を見るようであった．

答は，まず底辺 BC に一辺を持ち，辺 AB に頂点を持つ（小さい）正方形を図8-20のように描き，その頂点 D と B を結ぶ直線と AC の交点を E とすれば，E が求める正方形の頂点になる．（E が求まれば，正方形はただちに描ける．）

この方法を**相似法**とよぶことを，後に知った．ユークリッド幾何学には，このように鮮やかなアイデアが沢山ころがっているのである．

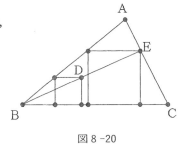

図8-20

図8-21

問題8.1　あたえられた三角形△ABC の内部に，図8-21のように互い

に接し，辺に接するような，半径の等
しい2個の円を作図せよ．

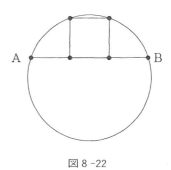

図 8-22

問題 8.2　円とその弦 AB があたえら
れているとする．図 8-22 のように，弦
AB を底辺にもち，円上に 2 頂点をも
つ正方形を作図せよ．

第9章　射影平面と斉次座標

1. 中学生の証明

　前章で射影平面と射影幾何学を説明したが，急ぎすぎてわかりにくかったので，もう一度説明しよう．

　はじめに，次の定理をとりあげる．

定理 9.1　円外の点 P から円に対し2本の接線をひき，接点をQ, R とする．直線 QR 上の点Sを円外にとり，S から円に対し接線をひき，接点を T, U とする．このとき，3点 P, T, U は一直線上にある（図9‐1）．

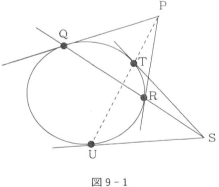

図 9‐1

　これは前章でのべた12個の定理のひとつである．前章の12個の定理のどれにも証明をあたえなかった．美しい定理を観賞するのに，ごちゃごちゃした証明は不要と思ったからである．しかし「証明なくて何の数学ぞ」という声が私をチクチク苦しめる．そこで12個のうち，一例として，上の定理の証明をあたえよう．

　もちろん，これは計算でできる．図9‐2のように円の中心を原点 O＝

$(0,0)$におき,円の半径をa,点Pをx-軸の正の位置におく:P$=(b, 0)$,$(b>a)$.Pから円に接線をひき,接点Q,Rの座標をもとめる.Q,Rと同じx-座標をもつ点Sから円に接線を引き,交点T,Uの座標をもとめる.さいごに,P,

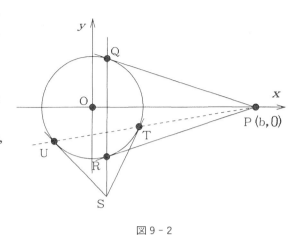

図9-2

T,Uが一直線上にあることをたしかめる.

　以上の計算を,てだれの高校生なら,苦もなく実行するであろう.デカルト製ブルドーザーで一直線に押しつぶす方法である.

　しかし,中学生なら次のように証明するであろう.(高校生になると,中学で学んだことをきれいに忘れて,だれもがブルドーザーを運転する.)

　円の基本性質から,次の(i),(ii)を思い出そう.これらをもちいて定理1を証明する:

(i)　円に内接する4角形の対角の和は180°である.逆に対角の和が180°の4角形は円に内接する(図9-3).

(ii)　円外の点Pから2本の割線をひき,円との交点をそれぞれ,A,BおよびC,Dとするとき,PA・PB＝PC・PDである.逆に,この式がなりたてば,4点A,B,C,Dは円に内接する.なお,A＝B(接線),C＝D(接線)でもなり

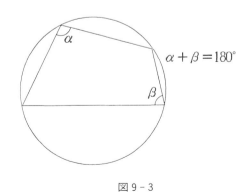

$\alpha + \beta = 180°$

図9-3

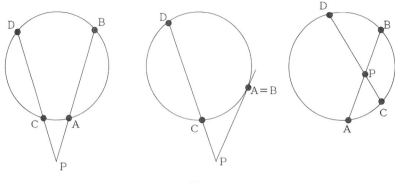

図 9 - 4

たつ．また，P が円内にあっ
てもなりたつ（図 9 - 4）．

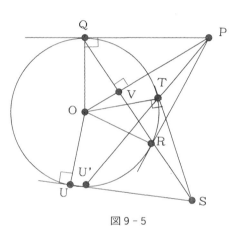

図 9 - 5

　図 9 - 1 において，円の中心
を O とする．直線 OP と QR
は垂直に交わる．交点を V と
する（図 9 - 5）．

　ST と SU は円への接線な
ので，ST と OT，SU と OU
は垂直である．ゆえに，5 点
O, U, S, T, V は同一円周上
にある．（この円の中心は OS
の中点である．）この円 O′ と，もとの円 O とは，T と U で交わる．

　さて，直角三角形 OPQ と QPV は相似ゆえ，
$$PQ^2 = PV \cdot PO.$$
一方，直線 PT が円 O と再び交わる点を U′ とすると
$$PQ^2 = PT \cdot PU'.$$
両式より
$$PV \cdot PO = PT \cdot PU'.$$
ゆえに，O, V, T, U′ は同一円周上にある．この円は（三角形 OVT の外
接円ゆえ）円 O′ にほかならない．したがって，円 O と円 O′ は，T と U′
で交わる．ところが上述より，円 O と円 O′ の交点は T と U だったの

で,

$$U' = U.$$

これで証明終り.

2. プロの証明

定理 9.1 は, 円のかわりに楕円をもちいてもなりたつ:

定理 9.2 楕円外の点 P から楕円に対し 2 本の接線をひき, 接点を Q, R とする. 直線 QR 上の点 S を楕円の外にとり, S から楕円に対し接線をひき, 接点を T, U とする. このとき, 3 点 P, T, U は一直線上にある (図 9 - 6).

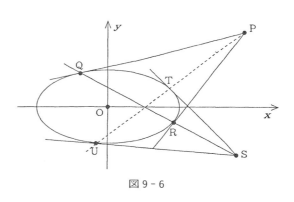

図 9 - 6

この定理の証明を計算でおこなうとしたら, 楕円の方程式を

$$\frac{x^2}{a^2} + \frac{y^2}{b^2} = 1$$

とおき, 点 P(c, d) を楕円外にとって計算を始めねばならない. この計算は相当めんどうで, 私にはできなかった. (すぐ間違えてしまう.) てだれの高校生なら, できるであろうが…….

ところで, 定理 9.2 の「うまい証明法」がある. これはさすがの中学生も思いつかないだろう. プロの証明である.

まず, 定理 9.1 を証明しておいて, 次に図 9 - 1 を, ある直線 (x-軸) に垂直な方向を, 比例定数 b/a でもって, ギュッとちぢめる(または拡大する) のである. そうすると, 円は楕円にうつされ, 直線は直線に, 接

線は接線にうつされるので，図9-1が図9-6にうつされて，定理9.2が
証明される．

　さらに定理9.1は，放物線でも双曲線でもなりたつ．楕円，放物線，双
曲線を総称して，**円錐曲線**とよぶ：

定理9.3　円錐曲線 C 外の点 P から C
に対し2本の接線をひき，接点を Q, R と
する．直線 QR 上の点 S を C 外にとり，
S から C に対し接線をひき，接点を T,
U とする．このとき，3点 P, T, U は一
直線上にある（図9-7）．

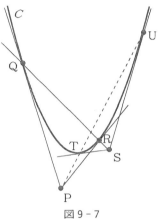

図9-7

　定理 **9.3** の「うまい証明法」は，前章で
ものべたように，空間内に，ふたつの平
面 α, β と，それらの上にない点 O を考
え，平面 α 上に図9-1を描き，O を光源
として，図9-1の影を β にうつす（射影
する）のである（図9-8）．円が円錐曲
線にうつされ，直線は直線に，接線は接
線にうつされるので，β の方の図は，定理
9.3 を証明している．――これで証明に
なっているのかと，疑う方もおられると
おもうが，次のように考えれば納得され
るであろう：あらかじめ，β の方の図が

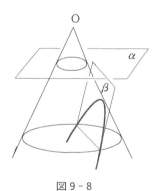

図9-8

あたえられたとする．これを α の方の図にうつすと，3点 P, T, U が一
直線上にある．これを β の方に再びうつすと，3点 P, T, U が一直線上
にある．これで証明は終る．

3. 射影平面と斉次座標

　前章で述べたように，**射影平面**とは，ふつうの平面 α に，無限遠直線

とよぶ理想的集合 $l_∞$ をつけ加えた集合である。無限遠直線の各元（要素）を，無限遠点とよぶ。

　正確に定義すれば，$α$ 上，ふたつの直線が一致するか平行なとき，**同値**であるといい，その同値類を**無限遠点**とよぶ。同値類全体の集合を**無限遠直線**とよぶ。また，射影平面上の直線とは，(イ)ふつうの直線に，その直線のぞくする同値類である無限遠点（その直線の方向の無限遠点）をつけ加えたものか，または(ロ)無限遠直線 $l_∞$ のことである。射影平面上には，平行線は存在しない。ことなる 2 直線は，かならず 1 点で交わる。

　射影平面という概念は，抽象的でむずかしい。しかし，次のように考えれば，眼に見えるような気持がする。

　いま，空間内に原点 O と座標系 (X, Y, Z) をとる。ふつうの平面 $α$ は，この座標系で，方程式 $Z=1$ であたえられているとする（図 9-9）。

　$α$ 上の各点 P に対し，直線 OP を対応させると，これは，$α$ から，原点 O をとおる直線全体の集合 **P** への写像である。**P** の

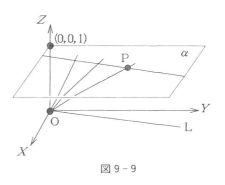

図 9-9

元（要素）のうち，この写像の像集合に入っていないものは，平面 $Z=0$ にふくまれる，（O をとおる）直線である。

　点 P が $α$ の上の直線上を動き，無限の彼方に遠ざかるとき，直線 OP は，図 9-9 の（平面 $Z=0$ にふくまれる）直線 L に，かぎりなく近づいてゆく。

　いま，$α$ 上の点 P と，直線 OP を「同一視」する。点と直線の同一視とは無茶なと，不快に思う方がおられるかも知れないが，ここが発想の転換である。

　射影平面とは，原点 O をとおる直線全体の集合 **P** のことであると考える。**P** の各「点」は，O を通る直線のことである。「無限遠点」とは，平面 $Z=0$ にぞくする，（O をとおる）直線のことである。

　P 上の「直線」とは，O をとおる，ひとつの平面にぞくする，（O をと

おる）直線全体である．その意味で，P 上の「直線」と，O をとおる平面が同一視される．とくに，「無限遠直線」$l_∞$ と，平面 $Z=0$ が同一視される．

このように，次元をひとつあげることによって，射影平面が「見える」ようになる．

それだけではない．これによって，射影平面に，斉次座標とよぶ一種の座標を入れることができる．

P の「点」すなわち，O をとおる直線は，その方向比で決まる．いいかえると，$(X, Y, Z$ のどれかはゼロでない）連比 $(X : Y : Z)$ で決まる．この連比を，この「点」の**斉次座標**とよぶ．連比なので，たとえば

$$(1 : 2 : 3),\ (2 : 4 : 6),\ (-1 : -2 : -3)$$

は全て，同じ点の斉次座標である：

$$(1 : 2 : 3)=(2 : 4 : 6)=(-1 : -2 : -3).$$

ふつうの平面の場合，ふつうの座標をもちいて，たとえば，点 $(3, 2)$ とよぶように，射影平面の場合も斉次座標をもちいて，たとえば，点 $(1 : 2 : 3)$ とよぶ．

図 9-9 の平面 $α$ 上の，ふつうの座標 (x, y) と，斉次座標 $(X : Y : Z)$ の関係は，（点 P と直線 OP を同一視するのであるから）

$$x=\frac{X}{Z},\ \ y=\frac{Y}{Z}$$

である．それゆえ，点 $(X : Y : Z)=(1 : 2 : 3)$ は，$α$ 上の点 $(x, y)=(1/3,\ 2/3)$ にほかならない．

無限遠点の斉次座標は $(X : Y : 0)$ の形をしている．たとえば，x-軸方向の無限遠点は，$(X : Y : Z)=(1 : 0 : 0)$ であり，y-軸方向の無限遠点は，$(X : Y : Z)=(0 : 1 : 0)$ である．

我々は，さらに発想の転換をして，**射影平面**とは，$(X, Y, Z$ のどれかはゼロでない）連比 $(X : Y : Z)$ 全体の集合であると考えることもできる．本によっては，いきなり，このように射影平面を定義して，びっくりさせる流儀もある．

放物線

$$C : x^2-y=0 \tag{1}$$

（図 9 -10）において，$x=X/Z$，$y=Y/Z$ とおいて代入し，分母を払うと，方程式

$$X^2 - YZ = 0 \qquad (1)'$$

をえる．(1)$'$ の左辺は，斉次 2 次式である．

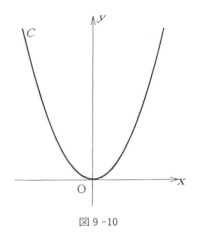

図 9 -10

この方程式(1)$'$ は，射影平面 **P** の部分集合を定義している．じっさい，方程式(1)$'$ をみたす，どれかはゼロでない数 X, Y, Z をとると，ゼロでないどんな数 a に対しても

$$(aX)^2-(aY)(aZ)=a^2(X^2-YZ)=0$$

となるからである．この部分集合を $\widehat{C}$ とおく．$\widehat{C}$ は，(1)の放物線 C と，無限遠点 $(0:1:0)$ の和集合

$$\widehat{C}=C\cup\{(0:1:0)\} \qquad (2)$$

である．じっさい，(1)$'$ において，$Z=0$ とおけば，$X^2=0$ すなわち $X=0$ がえられ，

$$\widehat{C}\cap l_\infty=\{(0:1:0)\}$$

となる．一方，(1)$'$ において $Z\neq0$ とすれば，(1)$'$ を Z^2 でわって，$x^2-y=0$ がえられるので，

$$\widehat{C}\cap a=C$$

（a はふつうの (x,y)-平面）となる．両者をあわせると(2)がえられる．

同様に，双曲線

$$C:\frac{x^2}{a^2}-\frac{y^2}{b^2}-1=0 \qquad (3)$$

（図 9 -11）において，$x=X/Z$，$y=Y/Z$ とおいて分母を払うと，方程式

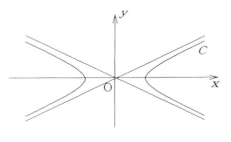

図 9 -11

$$\frac{X^2}{a^2} - \frac{Y^2}{b^2} - Z^2 = 0 \tag{3}'$$

をえる．この方程式は，P の部分集合 $\widehat{C}$ を定義する．

$$\widehat{C} = C \cup \{(a:b:0),\ (a:-b:0)\} \tag{4}$$

である．ここにあ
らわれた2個の無
限遠点 $(a:b:0)$
と $(a:-b:0)$
は，(3)の双曲線 C
の漸近線（図9-11
参照）の方向の無
限遠点である．

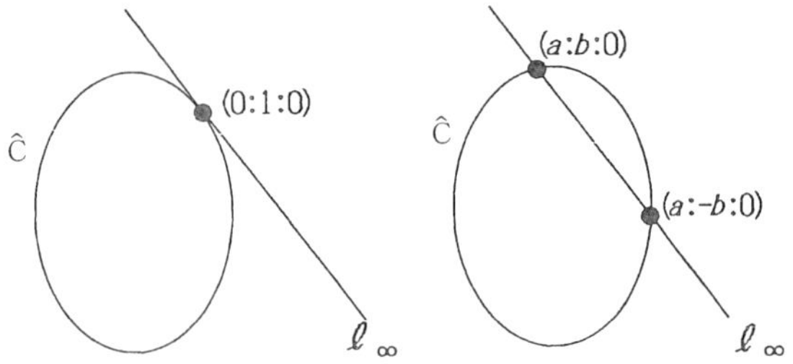

　(2)の場合，$\widehat{C}$ は

図9-12

C に無限遠点が1個つけ加わったものとなり，(4)の場合は，2個つけ加
わったものとなる．この違いは，次のように説明される：射影平面上で
考えると，放物線(1)は，無限遠直線 l_∞ と，1点 $(0:1:0)$ で**接している**
が，双曲線(3)は，l_∞ と，2点 $(a:b:0)$, $(a:-b:0)$ で**交わっている**（図
9-12）．

　一般に，n 次多項式 $f(x,y)$ に対し，方程式

$$f(x,y) = 0$$

であたえられる集合 C を，**n 次代数曲線**または略して **n 次曲線**とよぶ．
$x = X/Z$, $y = Y/Z$ とおいて分母を払うと，方程式

$$F(X, Y, Z) = 0$$

がえられる．左辺は斉次 n 次多項式である．この方程式は，射影平面の
部分集合 $\widehat{C}$ を定義する．$\widehat{C}$ は，もとの C と，いくつかの無限遠点の和集
合である．つけ加わる無限遠点は，C 上の動点 P が無限の彼方に遠ざか
るとき，極限方向の無限遠点である（図9-10と図9-11参照）．C と $\widehat{C}$ を
同一視することもある．

　逆に，斉次 n 次多項式 $F(X, Y, Z)$ があたえられたとき，射影平面の
部分集合

$$\widehat{C} : F(X, Y, Z) = 0$$

を，***n* 次代数曲線**または略して***n* 次曲線**とよぶ．F に Z をふくまない項
があるときは，$f(x, y)=F(x, y, 1)$ とおけば，これは n 次多項式であり，
（ふつうの）n 次曲線

$$C : f(x, y)=0$$

がえられる．

　とくに，1 次曲線は，射影平面内の直線に他ならない．無限遠直線 Z
$=0$ 以外の直線は，ふつうの直線に，その方向の無限遠点をつけ加えた
ものである．

　円錐曲線は，2 次曲線に他ならない．

問 9.1　2 次曲線 $XY-Z^2=0$ は，ふつうの平面上の，どのような円錐
曲線に，どのような無限遠点をつけ加えたものか．

4．エルランゲン・プログラム　再論

　クラインは，有名なエルランゲン・プログラムで，いろいろな幾何学
を群で統制することを提唱した．

　それによれば，「ユークリッド幾何学とは，合同変換群で不変な性質を
研究する幾何学である．」と言える．―― と前章でのべたが，実際にユー
クリッド幾何学でハバをきかせているのは，相似である．相似に関する
命題が沢山あらわれる．また，たとえば円を描くとき，半径 5 cm の円を
描こうと，10 cm の円を描こうと，どっちでもよく，図形全体を拡大した
り縮小したり，自在に考えている．そのため，「ユークリッド幾何学と
は，相似変換群で不変な性質を研究する幾何学である．」と言い直した方
がよいかも知れない．エルランゲン・プログラム（の日本語訳）を読み
直しても，この点は，（私には）はっきりしない．

　2 次元の**合同変換**とは，（前にものべたように）

$$\begin{pmatrix} x' \\ y' \end{pmatrix}=A\begin{pmatrix} x \\ y \end{pmatrix}+\begin{pmatrix} a \\ b \end{pmatrix} \tag{5}$$

（A は 2 次直交行列，a, b は定数）であたえられる変換 $(x, y) \longmapsto$
(x', y') である．その全体は，写像の合成に関して群をなす．この群を合

同変換群とよぶ.

相似変換とは，上の直交変換の形を少しかえた

$$\begin{pmatrix} x' \\ y' \end{pmatrix} = cA\begin{pmatrix} x \\ y \end{pmatrix} + \begin{pmatrix} a \\ b \end{pmatrix} \tag{6}$$

（A は 2 次直交行列，a, b は定数，c は正定数）であたえられる変換 $(x, y) \longmapsto (x', y')$ である．その全体のなす群を，**相似変換群**とよぶ.

変換(5)や(6)は特別な形をしているが，より一般に

$$\begin{pmatrix} x' \\ y' \end{pmatrix} = A\begin{pmatrix} x \\ y \end{pmatrix} + \begin{pmatrix} a \\ b \end{pmatrix} \tag{7}$$

（A は 2 次正則行列（行列式がゼロでない正方行列），a, b は定数）であたえられる変換 $(x, y) \longmapsto (x', y')$ が考えられる．この変換を**アファイン変換**とよぶ．その全体のなす群を，**アファイン変換群**とよぶ.

エルランゲン・プログラムによれば，「**アファイン幾何学**とは，アファイン変換群で不変な性質を研究する幾何学である.」といえる.

たとえば，定理 9.1 はユークリッド幾何学の定理であり，定理 9.2 はアファイン幾何学の定理である.

前章で，射影変換を，図 9-8 のような射影を有限個合成したものと定義した．斉次座標をもちいると，よりすっきりと，次のように定義できる.

$$\begin{pmatrix} X' \\ Y' \\ Z' \end{pmatrix} = A\begin{pmatrix} X \\ Y \\ Z \end{pmatrix} \tag{8}$$

（A は 3 次正則行列）であたえられる，射影平面における変換

$$\hat{A} : (X : Y : Z) \longmapsto (X' : Y' : Z')$$

を，**射影変換**とよぶ．その全体のなす群を，**射影変換群**とよぶ.

「**射影幾何学**とは，射影変換群で不変な性質を研究する幾何学である.」

たとえば，定理 9.3 は射影幾何学の定理である.

射影平面において，無限遠点，無限遠直線は，特別なものでなく，便宜的なものである．射影平面のどの場所も，射影変換で互いにうつりうるので，「平等」である.

問 9.2　(8)において，写像 $A \longmapsto \widehat{A}$ は，GL$(3, \boldsymbol{R})$ から G 上への準同型写像であり，その核は，aE (a はゼロでない数，E は 3 次単位行列)の全体であることを示せ．

問 9.3　射影変換は，n 次曲線を n 次曲線にうつすことを示せ．

問 9.4　アファイン変換は，射影変換のうちで，無限遠直線 l_∞ を l_∞ にうつす変換とみなしうることを示せ．

リフレッシュ　コーナー

　円錐曲線は，いろいろ面白い性質を持っている．次の問題も，そのひとつである．

問 9.5　放物線 C 外の点 P から C へ 2 本の接線をひき，接点を Q，R とする．P をとおり放物線の軸に平行な直線と，直線 QR の交点を M，C との交点を T とする．このとき，次を示せ：(イ)M は QR の中点である．(ロ)T での C への接線は，QR と平行である．(ハ)T は PM の中点である（図 9–13）．

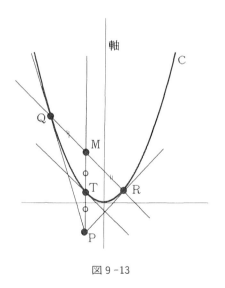

図 9–13

　じつは，(ロ)は，定理 9.3 の特別の場合である．実際，QR 上の点 S を，QR 方向の無限遠点とすればよい．射影平面のどの場所も「平等」なので，この場合も当然定理 9.3 がなりたつ．―― そうではありますが，あ

えて直接的証明をあたえて下さ
い．

　もちろん，座標をもちいた計
算でできる．しかし私の趣味は，
なるべく計算をやりたくない方
である．次の2ヒントをちらつ
かせつつ，自分の趣味を読者に
押しつける：

(i)放物線は，焦点 F と準線 *l* か
ら等距離にある点 Q の軌跡で
ある．

(ii)Q での *C* への接線は，図9-
14において，角 FQN を2等分
する（パラボラアンテナの原理）．

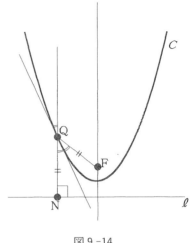

図9-14

　なお，問9.5 の性質をもちいることにより，アルキメデス(！)は，図9
-13において，弦 $\overline{\mathrm{QR}}$ と弧 $\overparen{\mathrm{QR}}$ で囲まれた部分の面積が，三角形 QRT の
面積の4/3倍であることを証明している（高木貞治，解析概論，岩波書
店を参照）．

第10章　複素数平面と複素数球面

1．複素数平面

　虚数は不思議な数である．本当に存在する数なのであろうか．二乗してマイナスになる数など，あるハズがない．そう思って存在を否定する人々も多い．

　19世紀始めにおいては，数学の専門家の間でも，同様な意見の人々が多かった．そのような時代に青年ガウスがあらわれ，複素数を平面で表示し，その応用を鮮やかに行なった．こうして虚数が次第に実在のものと認められるようになったのである．

　実数と虚数を合わせて複素数とよぶ．複素数は

$$2+3i, \quad -6+\sqrt{2}\,i, \quad \frac{-1+\sqrt{3}\,i}{2}$$

のように，一般に

　　$a+bi$　（a, b は実数，$i=\sqrt{-1}$ は
　　　　　　虚数単位）

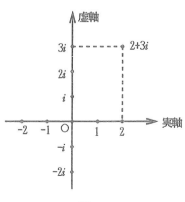

であらわされる．そこで，複素数 a $+bi$ と，平面上の点 (a, b) とを**同一視**して，平面上の点を複素数と考える．こう考えた平面を**複素数平面**とよぶ（図10‐1）．

　図10‐1において,原点はゼロである．横軸に実数が並んでいる．これ

図10‐1

を**実軸**とよぶ.（これがふつうの数直線である.）縦軸に純虚数が並んでいる．これを**虚軸**とよぶ.

　ふたつの複素数の和は，点を位置ベクトルとみなしたときの和と同じである（図10-2）．差も同様である.

　複素数 $\alpha = a + bi$ の**絶対値**，$|\alpha|$，とは，0 から α までの距離である．すなわち

$$|\alpha| = \sqrt{a^2 + b^2}.$$

　また，α の**偏角**，$\arg(\alpha)$，とは，位置ベクトル α と実軸のなす角である（図10-3）．$\arg(\alpha) = \theta$ とおくと，

$$a = |\alpha|\cos\theta, \quad b = |\alpha|\sin\theta$$

ゆえ，

$$\alpha = |\alpha|(\cos\theta + i\sin\theta)$$

と書ける．これを複素数 α の**極表示**とよぶ.

$$\beta = |\beta|(\cos\varphi + i\sin\varphi)$$

を他の複素数 β の極表示とするとき，（加法定理より）

$$\alpha\beta = |\alpha||\beta|(\cos\theta + i\sin\theta)(\cos\varphi + i\sin\varphi)$$
$$= |\alpha||\beta|(\cos(\theta + \varphi) + i\sin(\theta + \varphi))$$

となる．右辺は，複素数 $\alpha\beta$ の極表示をあらわす．ゆえに

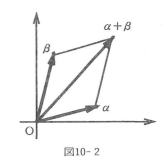

図10-2

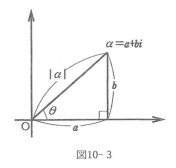

図10-3

命題 10.1 　$|\alpha\beta| = |\alpha||\beta|$, $\arg(\alpha\beta) = \arg(\alpha) + \arg(\beta)$.

　同様に

命題 10.2 　（$\beta \neq 0$ のとき）$|\alpha/\beta| = |\alpha|/|\beta|$, $\arg(\alpha/\beta) = \arg(\alpha) - \arg(\beta)$.

　数直線（すなわち実数全体）を $\boldsymbol{R}$ であらわしたように，複素数平面（す

なわち複素数全体）を C で
あらわす．複素数平面 C に
おいて，0 中心，半径 1 の円
を**単位円**とよぶ．

　　$\cos\theta + i\sin\theta$
は，単位円上，偏角 θ の複
素数である（図10-4）．命
題 10.1, 2 より（図10-4 参
照）

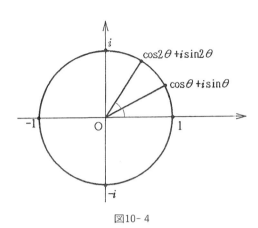

図10-4

命題3（ド・モアブルの公
式）　n を整数とするとき

$$(\cos\theta + i\sin\theta)^n = \cos n\theta + i\sin n\theta.$$

　さて，方程式

$$x^3 = 1, \quad x^4 = 1, \quad x^6 = 1$$

の解を複素数平面上で図示すると，単位円上にあって，それぞれ，正
3，4，6角形の頂点をなしている（図10-5）．

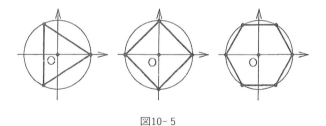

図10-5

　一般に，方程式

$$x^n = 1$$

の解は，単位円上にあって，（1から始まる）正 n 角形の n 個の頂点をな
す．解を極表示すると

$$x = \cos\frac{2k\pi}{n} + i\sin\frac{2k\pi}{n} \quad (k = 0, 1, \cdots, n-1)$$

である.

　この解釈を用いて，当時19歳のガウスは，正17角形の（定規とコンパスによる）作図法を発見し，ギリシャ以来の伝統を打破した.

注意　ガウスのこの発見は，彼の深遠な整数論研究の副産物である.その理論によれば，$p=2^m+1$，$(m=2^k)$ の形の数 p が素数ならば，正 p 角形は作図可能である.

2. 複素数平面の相似変換

　数直線 $\boldsymbol{R}$（または，ある区間）上を自由に動く数を変数とよび，x であらわしたように，複素数平面 $\boldsymbol{C}$（または，$\boldsymbol{C}$ のある領域）上を自由に動く複素数を，**複素変数**とよび，z であらわす.

　複素変数 z に，その 2 倍 $2z$ を対応させる写像

$$z \longmapsto 2z$$

を考える．これは，位置ベクトル z に，その 2 倍を対応させる，**0 を中心とする相似変換**である（図10-6）.

　写像

$$z \longmapsto 3z, \quad z \longmapsto \frac{1}{2}z$$

なども，同様に 0 を中心とする相似変換である.

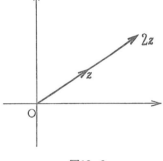

図10-6

　一方，複素変数 z に iz を対応させる写像

$$z \longmapsto iz$$

を考えると，これは（命題 10.1 より）位置ベクトル z に，それを90°回転させたベクトル iz を対応させる**回転**である（図10-7）.

　一般に，θ を固定された実数とするとき，写像

$$z \longmapsto (\cos\theta + i\sin\theta)z$$

は角 θ の回転である.

　α を固定された複素数，

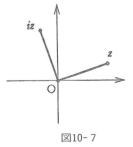

図10-7

$$\alpha = |\alpha|(\cos\theta + i\sin\theta)$$

をその極表示とすれば，写像

$$z \longmapsto \alpha z = |\alpha|(\cos\theta + i\sin\theta)z$$

は，回転した後，0 を中心とする相似変
換をほどこしたものである．(順序が逆
でもよい．)

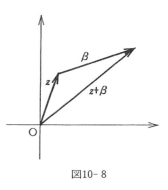

　　また β を固定された複素数とする
とき，写像

$$z \longmapsto z + \beta$$

は，平行移動である（図10-8）．

図10- 8

　　これらを合わせると，写像

$$z \longmapsto \alpha z + \beta$$

(α, β は固定された複素数) は，一般の相似変換をあらわすことがわか
る．

　　ただし，この相似変換は，裏返
しを含んでいない．

　　複素数 $\alpha = a + bi$ に対し

$$\bar{\alpha} = a - bi$$

を α の**共役（きょうやく）複素数**
とよぶ（図10-9）．

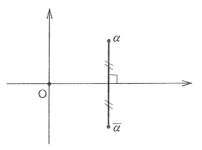

図10- 9

問 10.1　次 を 示 せ：(イ)　$\overline{\alpha\beta} =$
$\bar{\alpha}\,\bar{\beta}$，(ロ)　$\alpha\bar{\alpha} = |\alpha|^2$.

　　複素変数 z にその共役複素数を対応させる写像

$$z \longmapsto \bar{z}$$

は，実軸を軸とする裏返しである．
　　さらに，(θ を固定された実数とするとき) 写像

$$z \longmapsto (\cos\theta + i\sin\theta)\bar{z}$$

は，0 をとおる，ある直線を軸とする裏返しである．

問 10.2 このことを示せ．

以上を合わせると，ふたつの写像

$$z \longmapsto \alpha z + \beta$$
$$z \longmapsto \alpha \bar{z} + \beta$$

（α, β は固定された複素数）は，もっとも一般の相似変換をあらわす．前者は裏返しを含まない相似変換で，後者は裏返しを含む相似変換である．

相似変換全体は，写像の合成に関し群をなす．これを**相似変換群**とよぶ．（クラインによれば）ユークリッド幾何学とは，相似変換で不変な図形の性質を研究する幾何学である．

平面ユークリッド幾何学の命題を，複素数と複素数平面を用いて証明することが出来る．一例として次の命題を証明してみよう．

命 題 三角形 △ABC の辺 AB，AC を一辺として，外側に正方形 ABDE，ACFG を作る．このとき，BG と CE は長さが等しく直交している．さらに，BG と CE と DF は 1 点で交わり，DF は BG の $\sqrt{2}$ 倍である（図10-10）．

証 明 A を複素数平面の 0 とし，B を β，C を γ とおく．このとき，G は，

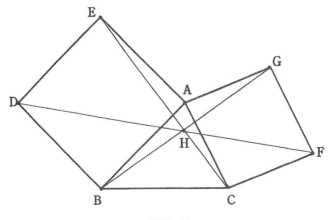

図10-10

A 中心に C を 90°回転した点ゆえ，$i\gamma$ である．同様に，E は $-i\beta$ である．さて，

$$\overrightarrow{BG}=\overrightarrow{BA}+\overrightarrow{AG}=-\beta+i\gamma,$$
$$\overrightarrow{CE}=\overrightarrow{CA}+\overrightarrow{AE}=-\gamma-i\beta$$

ゆえ，$\overrightarrow{CE}=-\gamma-i\beta=i(-\beta+i\gamma)=i\overrightarrow{BG}$

となる．それゆえ，BG と CE は長さが等しく直交している．

　BG と CE の交点を H とする（図10-10参照）．角 $\angle EHB$ が 90°ゆえ，5 点 A, E, D, B, H は（AD と BE の交点を中心とする）円周上にある．ゆえに

$$\angle DHE=\angle DAE=45°.$$

同様に

$$\angle CHF=45°.$$

ゆえに，D, H, F は一直線上にある．

　さて，写像

$$z\longmapsto(1+i)z,$$
$$z\longmapsto(1-i)z$$

は，0 中心にそれぞれ，45°，$-45°$回転したあと，$\sqrt{2}$ 倍拡大する変換である．

$$\begin{aligned}\overrightarrow{DF}&=\overrightarrow{DA}+\overrightarrow{AF}\\&=-\overrightarrow{AD}+\overrightarrow{AF}\\&=-(1-i)\beta+(1+i)\gamma\\&=(1-i)(-\beta+i\gamma)\\&=(1-i)\overrightarrow{BG}.\end{aligned}$$

それゆえ，$\overrightarrow{DF}$ は $\overrightarrow{BG}$ を $-45°$回転したあと，0 中心に $\sqrt{2}$ 倍拡大したものである．

証明終

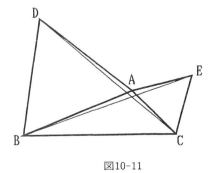

図10-11

問 10.3　三角形 $\triangle ABC$ の辺 AB, AC を一辺として，外側に正三角形 ABD と ACE を作る．このと

き BE と CD は長さが等しく，60°の角をなすことを，複素数を用いて示せ（図10-11）．

3．一次分数変換

今度は，新しいタイプの写像

$$\varphi : z \longmapsto \frac{1}{z} \tag{1}$$

を考えよう．ただし，z は 0 でないとする．$z = x + yi$ とおくと

$$\frac{1}{z} = \frac{1}{x + yi} = \frac{x - yi}{x^2 + y^2}$$

ゆえ，φ はふつうの平面から，それ自身への写像

$$\varphi : (x, y) \longmapsto \left(\frac{x}{x^2 + y^2},\ -\frac{y}{x^2 + y^2} \right) \tag{2}$$

と同一視出来る．(2)の式はややこしいが，調べてみると，水平線と垂直線が φ によって，図10-12のような，直交する円族に写される．

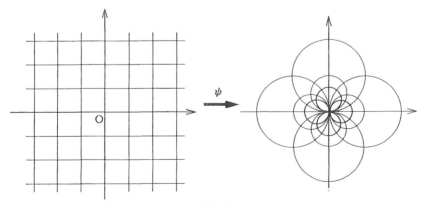

図10-12

注意　2曲線の間の**角**とは，交点での接線間の角のこととする．90°のとき，**直交す**ると言う．

さらに調べると，次のことがわかる：

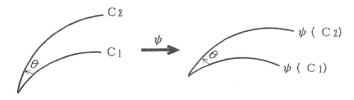

図10-13

(イ)　φ は，（直線を半径無限大の円と考えて）円を円に写す．

(ロ)　φ は等角である．すなわち，2曲線間の角を θ とするとき，φ による像曲線間の角も（向きも込めて）θ である（図10-13）．

　一般に，$\alpha, \beta, \gamma, \delta$ を $\alpha\delta \neq \beta\gamma$ である固定された複素数とするとき，写像

$$\psi : z \longmapsto \frac{\alpha z + \beta}{\gamma z + \delta} \tag{3}$$

を，**一次分数変換**とよぶ．

　$\gamma = 0$ ならば，ψ は

$$z \longmapsto \left(\frac{\alpha}{\delta}\right)z + \left(\frac{\beta}{\delta}\right)$$

となり，上に述べた（裏返しを含まない）相似変換に他ならない．

　$\gamma \neq 0$ ならば

$$\frac{\alpha z + \beta}{\gamma z + \delta} = \frac{\varepsilon}{z + (\delta/\gamma)} + \left(\frac{\alpha}{\gamma}\right)$$

$(\varepsilon = (\beta\gamma - \alpha\delta)/\gamma^2)$ と書けるので，ψ は写像として，相似変換のいくつかと(1)の φ の合成となる．

　従って，一次分数変換 ψ は，φ と同様に，上述の(イ)と(ロ)の性質を持っている．

　ふたつの一次分数変換を合成すると，やはり一次分数変換である：

$$\eta : z \longmapsto \frac{\alpha' z + \beta'}{\gamma' z + \delta'}$$

と(3)の ψ を合成すると

$$(\eta \cdot \phi)(z) = \eta(\phi(z)) = \frac{\alpha'\left(\dfrac{\alpha z + \beta}{\gamma z + \gamma}\right) + \beta'}{\gamma'\left(\dfrac{\alpha z + \beta}{\gamma z + \delta}\right) + \delta'}$$

$$= \frac{(\alpha \alpha' + \beta' \gamma)z + (\alpha' \beta + \beta' \delta)}{(\gamma' \alpha + \delta' \gamma)z + (\gamma' \beta + \delta' \delta)} \tag{4}$$

　一次分数変換全体 G は群をなす：単位元は恒等変換 $z \longmapsto z$ であり，(3)の ϕ の逆変換は

$$\phi^{-1} : z \longmapsto \frac{\delta z - \beta}{-\gamma z + \alpha}$$

である．この群を**一次分数変換群**とよぶ．

　(3)の一次分数変換 ϕ の表示において，$\alpha, \beta, \gamma, \delta$ を $\rho\alpha, \rho\beta, \rho\gamma, \rho\delta$（$\rho$ は 0 でない複素数）にかえても同じ一次分数変換 ϕ をあらわす．

　一次分数変換の合成(4)は，行列の積を思い出させる．複素数を成分とする行列，**複素行列**，を考え，それらの和，差，積を，実数を成分とする行列と同様に定義する．複素正方行列に対し，行列式も同様に定義する．行列式が 0 でない複素正方行列を**正則行列**とよぶ．正則行列とは，逆行列を持つ行列に他ならない．n 次複素正則行列全体 $GL(n, \boldsymbol{C})$ は，行列の積に関して群をなす．これを **n 次複素一般線形変換群**とよぶ．

$$\begin{pmatrix} \alpha' & \beta' \\ \gamma' & \delta' \end{pmatrix}\begin{pmatrix} \alpha & \beta \\ \gamma & \delta \end{pmatrix} = \begin{pmatrix} \alpha'\alpha + \beta'\gamma & \alpha'\beta + \beta'\delta \\ \gamma'\alpha + \delta'\gamma & \gamma'\beta + \delta'\delta \end{pmatrix}$$

である．これと(4)を比べると，写像

$$F : \begin{pmatrix} \alpha & \beta \\ \gamma & \delta \end{pmatrix} \longmapsto \phi \quad (\phi は(3)の\phi)$$

は，2次複素一般線形変換群から一次分数変換群への準同型写像であることがわかる：

$$F : GL(2, \boldsymbol{C}) \longmapsto G$$

　しかも，これは上への写像，すなわち像が G 全体，であり，F の核，$\mathrm{Ker}(F)$ は次で与えられる：

$$\mathrm{Ker}(F) = \left\{ \begin{pmatrix} \rho & 0 \\ 0 & \rho \end{pmatrix} \,\middle|\, \rho は 0 でない複素数 \right\}$$

問 10.4　$\mathrm{Ker}(F)$ がこの形であることを示せ.

4. 複素数球面

(1)の一次分数変換

$$\varphi : z \longmapsto \frac{1}{z}$$

は, C から C への写像でなく, C から 0 をぬいた領域から C への写像と考えられる. (3)の ψ の場合も, $\gamma \neq 0$ のときは, C から $-\delta/\gamma$ をぬかねばならない. このように, いつも例外の点を考えるのは, わずらわしいことである.

(1)の φ において, $|z|$ を限りなく大きくすると, $|\varphi(z)|$ は限りなく小さくなる. 逆に $|z|$ を限りなく小さくすると, $|\varphi(z)|$ は限りなく大きくなる.

いま, C にぞくしていない**無限遠点** ∞ を想定して, C につけ加えたものを $\widehat{C}$ と書き, **複素数球面**とよぶ.

$$\widehat{C} = C \cup \{\infty\}.$$

(1)において

$$\varphi(\infty) = 0, \quad \varphi(0) = \infty$$

と定義をつけ加えてやれば, φ は $\widehat{C}$ から $\widehat{C}$ への 1 対 1 写像となる. 同様に(3)において, $\gamma = 0$ のときは

$$\psi(\infty) = \infty.$$

$\gamma \neq 0$ のときは

$$\psi(\infty) = \frac{\alpha}{\gamma}, \quad \psi\left(-\frac{\delta}{\gamma}\right) = \infty$$

と定義をつけ加えてやれば, φ は $\widehat{C}$ から $\widehat{C}$ への 1 対 1 写像となる.

$\widehat{C}$ は実際, 球面とみなしうる: 複素数平面 C を, (X, Y, Z)-空間の中におき, 方程式 $Z = 0$ で与えられるものとする. さらに, 実軸,

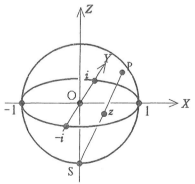

図10-14

虚軸がそれぞれ X-軸，Y-軸と一致し，単位も一致するものとする（図10-14）．原点 O を中心に半径 1 の球面を考えよう．球面の南極 S＝(0, 0, −1) を中心に**極射影**を考える．すなわち，球面上の（S 以外の）点 P と C の点 z と，S が一直線上にあるとき，写像

$$\Phi : \mathrm{P} \longmapsto z$$

を考える．これは，球面から S をのぞいた残りから，C への 1 対 1 双連続写像（連続で逆写像も連続）である．さらに Φ は，一次分数変換の性質　(イ)（円を円に写す）と(ロ)（等角である）と同様の性質をみたす．

注意　球面上の円とは，球面と平面の交わりである．

問10.5　P＝(X, Y, Z)，$z=x+yi$，$\Phi(\mathrm{P})=z$ のとき，(X, Y, Z) と (x, y) の関係を式で書け．

いま，
$$\Phi(S)=\infty$$
とおくと，Φ は球面から $\widehat{C}$ への 1 対 1 写像である．Φ でもって，球面と $\widehat{C}$ を**同一視**し，$\widehat{C}$ を複素数球面とよぶ．

このように考えると，(3)の一次分数変換 ψ は，$\widehat{C}$ から $\widehat{C}$ への 1 対 1 双連続写像で，(イ)，(ロ)の性質を持つ．

一次分数変換群 G を，複素数球面 $\widehat{C}$ の**自己同型群**ともよび，$\mathrm{Aut}(\widehat{C})$ とも書く．

 リフレッシュ　コーナー

幾何学の祖と言われるターレス（B.C.624 ? -B.C.546 ?）の門人であったピタゴラス（B.C.572-B.C.492）は，多くの学徒を集め，ピタゴラス学派を作った．彼もしくは彼の学派の発見とされる，直角三角形に関するピタゴラスの定理は，幾何学の基本定理とよんでもよいほど重要である

（図10-15）．彼等は，正方形の一辺と対角線の長さの比 $\sqrt{2}$ が，分数で書けないことを知って震撼し，門外不出の秘密とした．無理数も人々に受け入れられるには，長い年月を必要としたのである．

ピタゴラスの定理の証明法は数多くあるが，私の知っている最も簡単なものは，次のとおりである．

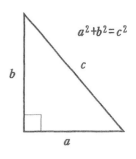

図10-15

一辺 $a+b$ の正方形を2個並べておく．無論，これらは合同である．図10-16のように，これらの内部に区切りを入れると，斜線部の直角三角形は，全て合同である．両方の正方形から，これらをポンポンポンポンと取り除く．合同なものから合同なものを取り除けば，残りの図形の面積は等しい．これで証明が出来た．

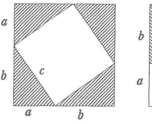 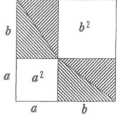

図10-16

問 10.6　直角三角形の各辺を直径とする半円を，図10-17のように描く．このとき，斜線部のふたつの三ケ月の面積の和が，もとの直角三角形の面積に等しいことを示せ．

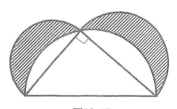

図10-17

116

第11章　天使と悪魔の幾何学

1. 万華鏡（カレイドスコープ）

　鏡を見ると，いつも不思議な気持におそわれる。右と左が入れ替わった奇妙な世界。昔から鏡は人々の好奇心をかりたて，いろいろな物語に登場した。2枚の鏡を向い合わせに立てて，その間に入ると，自分の前姿と後姿が交互に限りなく彼方に連なって写り，しだいにぼやけて消えてゆく。何と不思議な光景であろうか。遊園地の鏡の部屋に入ると，そこはさながら夢魔の世界である。私のかよわい理性は吹き飛び，冷や汗が止めどなく流れてくる。

　子供の頃に買ってもらった万華鏡（kaleidoscope）は，すばらしい玩具だった。筒をのぞくと，美しいくり返し模様があらわれ，クルクル回すと，模様が次々と変化してゆく。何時間もあかずにながめつづけ，母が心配した程だった。

　万華鏡の内部構造は，わりあい簡単である。3枚の鏡を正三角柱に組み合わせ，上面にガラス，底面にうすい紙を張って，中に色紙の切れはしをいくつか入れただけである。

　この構造を2次元的に見てみよう。いま，正三角形△ABCがある。各辺BC，CA，ABを2次元の鏡と思い，△ABCの各辺に関する鏡映（直線に

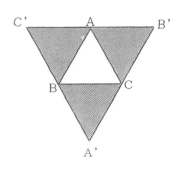

図11-1

関する裏返し）を考える（図11-
1）．鏡映は図形を裏返しにする．
裏返しになった各正三角形に斜線
をほどこしておく．図11-1で，今
度は，辺 A′B，A′C などに関する
鏡映をとる（図11-2）．裏返しの
裏返しなので，今度は表になる．
それらは斜線をほどこさず，白い
ままとする．この操作をくり返す．

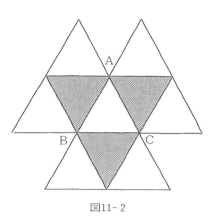

図11-2

　そうすると，平面全体が，**正三
角形の市松模様**で，きれい
にタイル張りされる（図11
-3）．

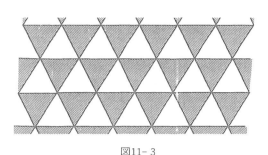

図11-3

　もとの正三角形△ ABC
の内部に図形（万華鏡の場
合，色紙の切れはしのいく
つか）があれば，それは次々
と鏡映されて，図11-3の各
三角形の内部に写され，平面全体に拡がって見える．万華鏡をのぞくと，
それが見えるのである．

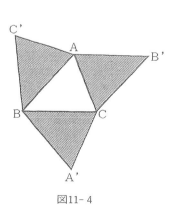

図11-4

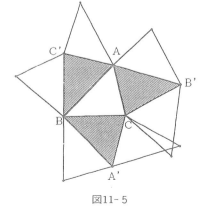

図11-5

　さて，図11-1～図11-3のような操作を，他の三角形でやってみよう。

　与えられた三角形△ABC の各辺 BC, CA, AB に関する鏡映を考える（図11-4）。図11-4 で，さらに，辺 A′B, A′C などに関する鏡映をとる（図11-5）。この操作をくり返す。

　図11-5 ですでに，鏡映の三角形が（ずれて）重なり合っている。したがって，この操作を限りなく続けてゆくと，三角形がゴチャゴチャに入り乱れて，図11-3 に対応する図は，とうてい描けない。（そんな万華鏡はのぞきたくない。）

　図11-3 において，平面が市松模様にタイル張りされたのは，もとの三角形が正三角形という特別な形だからである。しかし，他にこのようなことが起きないだろうか。別の形の三角形で，図11-1～図11-3 の操作で，平面を市松模様にタイル張り出来ないだろうか。

　いま，△ABC でそのようなことが出来たとする。辺 AC に関する△ABC の鏡映△AB′C を考える（図11-6）。次に辺 AB′ に関する △AB′C の鏡映△AB′C′ を作る（図11-7）。次に AC′ に関する △AB′C′ の鏡映△AB″C′ を作る（図11-8）。このように，あくまでも A を固定しつつ鏡映を作ってゆく

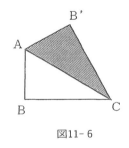

図11-6

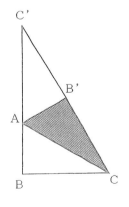

図11-7

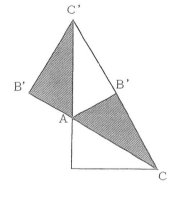

図11-8

と，最後に頂点 A の周りをひと回りする．

　そのとき，条件により，ひと回りした最
後の段階で，もとの三角形に，ぴったりと
戻らねばならない（図11-9）．

　次々と鏡映される三角形の頂点 A の角
は，つねに等しい．しかも白と斜線の三角
形が交互にあらわれるので，（頂点 A の回
りの）三角形の総数は偶数である．これを
$2a$ とおく．$\angle$BAC を α とおくと，（頂点 A
の回りをひと回りしたので）

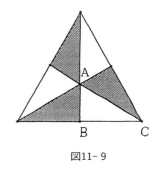

図11-9

$$2a\alpha = 360°$$

すなわち

$$\alpha = \frac{180°}{a}$$

となる．$\alpha < 180°$ ゆえ，a は 2 以上の自然数である．

　全く同様に，$\beta = \angle$ABC，$\gamma = \angle$ACB も，2 以上の自然数 b, c を用い
て次のように書ける：

$$\beta = \frac{180°}{b}, \quad \gamma = \frac{180°}{c}.$$

　これらを加えると

$$\frac{180°}{a} + \frac{180°}{b} + \frac{180°}{c} = \alpha + \beta + \gamma = 180°$$

となり

$$\frac{1}{a} + \frac{1}{b} + \frac{1}{c} = 1 \tag{1}$$

となる．

　この等式をみたす 2 以上の自然数 a, b, c の組は，非常に少ない．実
際，いま便宜上

$$a \geqq b \geqq c$$

とすると，

$$1 = \frac{1}{a} + \frac{1}{b} + \frac{1}{c} \leqq \frac{1}{c} + \frac{1}{c} + \frac{1}{c} = \frac{3}{c}$$

となり，$c \leqq 3$ となる．すなわち $c=2$ または $c=3$ である．

$c=3$ のときは

$$\frac{2}{3} = \frac{1}{a} + \frac{1}{b} \leqq \frac{2}{b}$$

となり，$b \leqq 3$ となる．$b \geqq c=3$ ゆえ，$b=3$ となる．このとき $a=3$ となる．

$c=2$ のときは

$$\frac{1}{2} = \frac{1}{a} + \frac{1}{b} \leqq \frac{2}{b}$$

となり，$b \leqq 4$ となる．$b=4$ のときは $a=4$．$b=3$ のときは $a=6$．$b=2$ のときは，a は存在しない．

	a	b	c	形
(イ)	3	3	3	正三角形
(ロ)	4	4	2	直角二等辺三角形
(ハ)	6	3	2	定規形

表11-1

かくて，表11-1 がえられる．表11-1で(ハ)の定規形とは，30°，60°，90° の三角形のことである．

逆に，これら3種の三角形を用いて，図11-1〜図11-3の操作を行なうと，平面が三角形の市松模様に，きれいにタイル張りされる（図11-10）．

私は見たことがないが，(ロ)や(ハ)の型の万華鏡も，あるに違いない．

 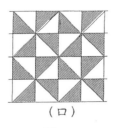 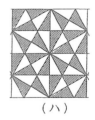

（イ）　　　　　　（ロ）　　　　　　（ハ）

図11-10

2．球面上で

人間の感性の優れた点のひとつに，連想力がある．数学理論も，しばしば連想によって発展する．知性のみに依存しているように見える数学

が，実は感性に支えられているのである．

　さて，上で考察した平面上の事を，今度は球面上で考えてみよう．これも連想の一種と言える．

　球面上で直線に相当するものは，大円である．成田からニューヨークへの最短航路は，ハワイ，サンフランシスコの方でなく，ずっと北のアラスカ上空を飛ぶ航路である．それが成田とニューヨークを結ぶ大円である．

　大円とは，球と球の中心をとおる平面との交わりの曲線である．この平面に関する鏡映を，球面からそれ自身への写像と考え，これを，**この大円に関する鏡映**とよぶ（図11-11）．

　球面上で，大円の作る三角形（**球面三角形**）△ABC を考える（図11-12）．**角**$\alpha = \angle$BAC とは，頂点 A における辺 AB，辺 AC の接線間の角と定義する．

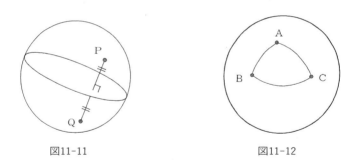

図11-11　　　　　　　　　　　図11-12

$$\beta = \angle ABC, \quad \gamma = \angle ACB$$

も同様である．このとき，平面三角形と違い，不等式

$$\alpha + \beta + \gamma > 180° \tag{2}$$

が成り立つ．

問 11.1　(2) を示せ．

　さて，前と同様のことを，この球面三角形で考える．すなわち，辺

BC，CA，AB に関する△ABC の鏡映を考
え，それらに斜線をほどこす（図11-13）．さ
らに鏡映をとる．これをくり返す．この操作
によって球面が，球面三角形による市松模様
タイル張りされるための，もとの球面三角形
△ABC のみたすべき条件は何か．

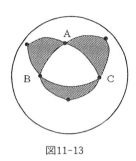

図11-13

　前と全く同様の考察によって，α, β, γ は

$$\alpha = \frac{180°}{a}, \quad \beta = \frac{180°}{b}, \quad \gamma = \frac{180°}{c} \qquad (3)$$

と書かれねばならないことがわかる．ここで，
a, b, c は2
以上の自然数である．(3) を (2) に代入すると

$$\frac{1}{a} + \frac{1}{b} + \frac{1}{c} > 1 \qquad (4)$$

を得る．

　(4) をみたす2以上の自然数 a, b, c の組も，簡単
に決定出来る．$a \geqq b \geqq c$ とすると，答は表11- 2で与
えられる．(表11- 2(イ)の a は，2以上の任意の自然
数．)

	a	b	c
(イ)	a	2	2
(ロ)	3	3	2
(ハ)	4	3	2
(ニ)	5	3	2

表11-2

問 11.2　このことを示せ．

　逆に，a, b, c を表2の(イ)〜(ニ)のどれかの組とすれば，(3) の角を持つ球
面三角形を用いて，球面が市松模様にタイル張りされる（図11-14）．

　球面三角形を用いた万華鏡をぜひのぞいてみたい．その作り方は，ど
うやるのだろうか．

注意　これについては（また，他種の万華鏡についても），つぎの本が参考
になる：

　　　　谷 克彦『美しい幾何学』，技術評論社，2019.

　図11-15の(ロ)，(ハ)，(ニ)は，正多面体の各面を，中心（重心）をとおる直
線で分割（重心細分）したものである．それを風船のようにふくらまし
たものが，図11-14の(ロ)，(ハ)，(ニ)である．

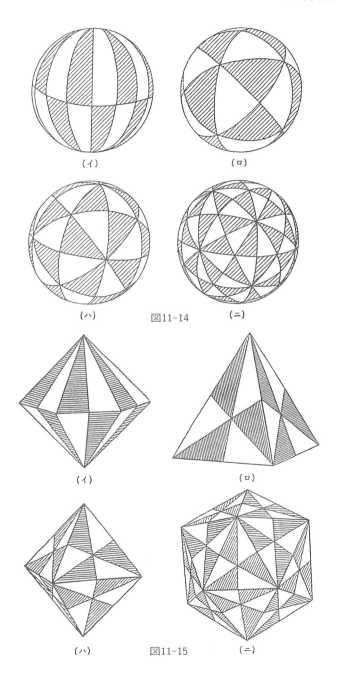

(イ)   (ロ)

(ハ)   図11-14   (ニ)

(イ)   (ロ)

(ハ)   図11-15   (ニ)

3．別世界で

　さらに連想はつづく．(1) と (4) をながめていると，もうひとつの不等式

$$\frac{1}{a}+\frac{1}{b}+\frac{1}{c}<1 \tag{5}$$

に気がつく．これをみたす 2 以上の自然数 a, b, c の組は，無限にある．たとえば

$$(a, b, c)=(7,3,2),\ (5,4,2),\ (4,3,3),\ \cdots.$$

　(1) は，三角形による平面の市松模様タイル張りに関連し，(4) は，球面三角形による球面の市松模様タイル張りに関連した．

　それでは (5) はどうか．(5) に対応する市松模様タイル張りは，存在しないだろうか．

　実は存在する．それは，**非ユークリッド平面**（別名 **双曲平面**）とよばれる別世界に存在する．別世界なのに，どうやって観察するのか？　さいわいなことに，この別世界のモデル（理論的に同等なもの）が我々のユークリッドの世界に存在する．いくつかのモデル中，ここではポアンカレのモデルを用いて観察しよう．

　いま，原点中心，半径 1 の円 Γ（ガンマ）の内部 D を考える．この D が，つまりモデルである．以下，別世界と D とをあたかも同じものとみなしつつ話をすすめる．

　この世界において，直線に相当するものは，直径かまたは，Γ と直交する円の D 内の部分である円弧である（図11-16）．（2 曲線間の**角**とは，交点での接線間の角のことである．90° のとき**直交する**と言う．）

　図11-16において，点 A, B 間の「**距離**」（この世界の距離）$d(\mathrm{A}, \mathrm{B})$ は，

$$d(\mathrm{A}, \mathrm{B})=\log\frac{\mathrm{AD/BD}}{\mathrm{AC/BC}}$$

で定義される．log の中味は，4 点 A, B, C, D に関する**非調和比**とよばれる．いまの場合，この値は 1 以上ゆえ，log をとると，0 以上である．

　図11-16で，点 A が C に近づくとき，または B が D に近づくとき，

$d(\mathrm{A, B})$ は限りなく大きくなる．すなわち，$\boldsymbol{D}$ の境界 $\varGamma$ は，$\boldsymbol{D}$ の住民にとって，決してたどりつけない無限の彼方である．

この世界における**角**とは，円弧間の角と定義する．

図11-16において，円弧 CD に関する**鏡映**とは，円弧 CD を含む円に関する**反転**のことである．反転については，次節で説明するとして，今は話をつづけよう．円弧でなく直径の場合は，この直径を含む直線に関する鏡映を，この直径に関する鏡映とよぶ．

鏡映によって，この世界の「距離」は変わらず，角は逆向きに等しくなる．

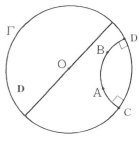

図11-16

さて，$\boldsymbol{D}$ において，$\varGamma$ と直交する円弧(特別の場合として直径)の作る三角形（**円弧三角形**）△ABC を考える（図11-17）．

$\alpha = \angle \mathrm{BAC}$, $\beta = \angle \mathrm{ABC}$, $\gamma = \angle \mathrm{ACB}$ は，この場合，次式をみたす：

$$\alpha + \beta + \gamma < 180° \qquad (6)$$

前の同様のことを，この円弧三角形で考える．すなわち，辺 BC，CA，AB に関するこの円弧三角形の鏡映を考えそれらに斜

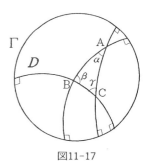

図11-17

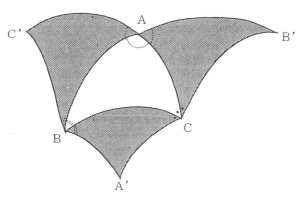

図11-18

線をほどこす（図11-18）。さらに鏡映をとる。これをくり返す。この操作によって、D が円弧三角形による市松模様タイル張りされるための、もとの円弧三角形△ABC のみたすべき条件は、前と同様に

$$\alpha = \frac{180°}{a}, \quad \beta = \frac{180°}{b}, \quad \gamma = \frac{180°}{c} \tag{7}$$

と書かれることである。ここに、a, b, c は2以上の自然数である。(7) を (6) に代入すると

$$\frac{1}{a} + \frac{1}{b} + \frac{1}{c} < 1$$

すなわち (5) が得られる。

逆に、a, b, c が (5) をみたす2以上の自然数ならば、(7) の角 α, β, γ を持つ円弧三角形で D が市松模様タイル張りされることが証明出来る。（証明はむずかしい。）

図11-19は、$(a, b, c) = (7, 3, 2)$ の場合の例である。

図11-19

エッシャーの代表作とされる天使と悪魔の絵は、D 内で、円弧三角形による市松模様タイル張りを下地に描いている（図11-20）。

この場合、悪魔が天使の鏡映（！）となっている。一人の天使の翼の先と足元の回りの天使の数をかぞえることにより、$(a, b, c) = (4, 4, 3)$ であることがわかる。

D がポアンカレによる非ユークリッド幾何学のモ

図11-20

デルである．非ユークリッド世界では，
我々のユークリッド世界の**平行線公理**
『平面上において，直線 *l* とその上にな
い点 P が与えられたとき，P をとおり *l*
と平行な直線が唯一本存在する』が成り
立たず，代りに『**D** において，「直線」*l*
とその上にない点 P が与えられたとき，
P をとおり，*l* と平行な「直線」は無限に
存在する』が成立している（図11-21）.

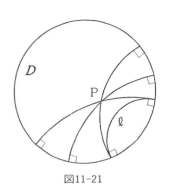

図11-21

　D での「直線」とは，*Γ* に直交する円
弧のことであり，ふたつの「直線」が「平行」とは，それらが **D** 内で交
わらないことを意味する．

　非ユークリッド幾何学は，ガウス（未発表），ロバチェフスキー及びボ
ヤイの発見とされるが，発見後も長い間，その正当性に疑いがもたれ，
論争の種になった．ところが，ベルトラミ，クラインそしてポアンカレ
によって相次いで非ユークリッド幾何学のモデルがユークリッド空間内
に発見されるに及んで，その正当性を疑い得なくなった．すなわち，非
ユークリッド幾何学は，ユークリッド幾何学を盾にして，己れの正当性
を守ったのである．

4．反転

　平面上に，半径 *r* の円 *Λ*（ラムダ）が与えら
れているとする．平面上の点 P と Q は，(イ) 円
の中心 O と P と Q が一直線上にあり，(ロ)
$OP \cdot OQ = r^2$ をみたすとき，**円 *Λ* に関して，互
いに反転の位置にある**と言う（図11-22）．また，
写像

$$\varphi : P \longmapsto Q, \ (Q \longmapsto P)$$

を，**この円に関する反転**とよぶ．ただし，円の
中心 O に対応する点は，平面上にない．*φ*（ファ

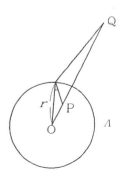

図11-22

イ）は次の性質を持つ：

(イ) 反等角である．すなわち，（交点での）2曲線間の角と，φによる像
曲線間の角とが，逆向きに等しい．

(ロ) 円を円に写す．（ただし，直線も円の特別な場合とみなす．）

リフレッシュ　コーナー

　平面図形に関する問題を，直線に関する鏡映を用いて解くと，一種の
快感をおぼえる．実は，このコーナーにも，この種の問題をすでにいく
つか出した．

　さて，次の問題は，この種の問題の中でも極めつきと言うべきである．

問題　鋭角三角形△ABCの辺BC，CA，AB上に，それぞれ動点P，
Q，Rがあるとき，PQ＋QR＋RPを最小とする点P,Q,Rの位置を求め
よ（図11-23）．

答を先にのべると，頂点A,B,Cから対辺に下した垂線の足を，それぞれ
D,E,Fとするとき，P＝D，Q＝E，R＝F が，この問題の答である（図
11-24）．

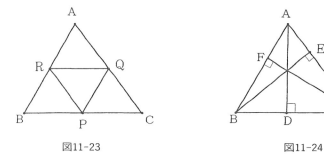

図11-23　　　　　　　　　　　　　図11-24

問 11.3　△ABC の垂心は，△DEF の内心であることを示せ．

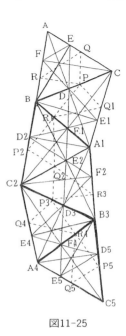

19世紀ドイツの数学者シュワルツによる，上問題の解法は，我々をアッと言わせる：

図11-25のように，△ABC を辺 AB に関して鏡映し，△A_1BC とする．さらに辺 A_1B に関する鏡映をとり，△A_1BC_2 とする．以下，くり返して，合計 5 回の鏡映をとって，図11-25を作る．

（問 11.3 により）E, D, F_1, E_2, D_3, F_4, E_5 は一直線上にある．そして

$$EE_5 = 2(DE + EF + FD).$$

また，AC と A_4C_5 が平行ゆえ

$$EE_5 = QQ_5.$$

また，折れ線は直線より長いので

$$QQ_5 \leqq QP + PR_1 + R_1Q_2 + Q_2P_3 + P_3R_4 + R_4Q_5$$
$$= 2(PQ + QR + RP).$$

図11-25

これらを合わせると，

$$DE + EF + FD \leqq PQ + QR + RP$$

が得られる．等号は，P＝D，Q＝E，R＝F のときに限る．

図の出典

図11-14—H. Coxeter：*Regular complex polytopes*, Cambridge Univ. Press, 1974.

図11-15—G. Sansone and J. Gerretsen：*Lectures on the theory of a complex variable*, Wolters-Noordhoff Publishing Groningen, 1969.

図11-19—W. Magnus：*Noneuclidean tesselations and their groups*, Academic Press, 1974.

図11-20—M.C. エッシャー展，大丸ミュージアム梅田，大丸梅田，1992，の宣伝ポスター

第12章　　複素数球面の回転

1.　複素数平面，複素数球面における鏡映

　前章では，平面，球面，円板の市松模様タイル張りに関連して，鏡映がいろいろ用いられた．ここでは，複素数平面及び複素数球面を用いて，鏡映を式であらわしてみよう．（この章の話は，数式が多いような気がする．）

　平面上の点 (x, y) と複素数 $z = x + yi$ $(i = \sqrt{-1})$ を同一視することにより，平面を複素数全体の集合 C と同一視し，これを**複素数平面**とよぶ．

　$z = x + yi$ に，その**共役複素数** $\bar{z} = x - yi$ を対応させる写像は，**実軸**（実数全体の集合 R）を軸とする裏返し，すなわち**鏡映**である（図12-1）．

　虚軸（純虚数全体の集合）を軸とする鏡映は，z に $-x + yi$ を対応させる写像である．

　$-x + yi = -(x - yi) = -\bar{z}$ ゆえ，これは，実軸を軸とする鏡映をおこなったのち，0中心に180°回転したものと同じである（図12-1）．

　一般に，0をとおる直線

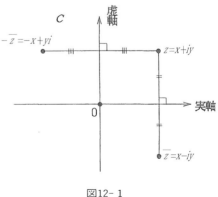

図12-1

に関する鏡映は，実軸を軸とする鏡映をおこなったのち，0中心に，ある角度，回転したものと同じである．式で書くと，

$$z \longmapsto (\cos\theta + i\sin\theta)\bar{z} \qquad (\theta\text{は実数の定数})$$

さらに一般の直線を軸とする鏡映は

$$z \longmapsto (\cos\theta + i\sin\theta)\bar{z} + (a+bi)$$

$(\theta, a, b$ は実数の定数) と書ける．

　次に，複素数平面 **C** に，**無限遠点∞** を想定して，つけ加え，**複素数球面** $\widehat{C}$ を考える：$\widehat{C} = C \cup \{\infty\}$. $\widehat{C}$ を眼で見るには，(第10章で説明したように) 次のようにする：複素数平面 **C** を (X, Y, Z)-空間内の平面 $Z=0$ と一致させるようにおき，

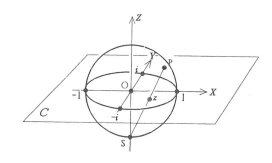

図12-2

0と原点を一致させ，X-軸と実軸，Y-軸と虚軸を一致させ，長さの単位も一致させる (図12-2)．原点中心，半径1の球面上の点Pと，南極 S$=(0, 0, -1)$ を結ぶ直線が **C** と交わる点を z とするとき，写像

$$\varPhi : \mathrm{P} \longmapsto z$$

を，(南極S中心の)**極射影**とよぶ．この写像は，球面からSをのぞいた残りの集合から **C** への1対1対応である．

　$\varPhi$(ファイ)を式であらわそう．P$=(X, Y, Z)$, $\varPhi(\mathrm{P})=z=x+yi$ の関係は，

$$x = \frac{X}{1+Z}, \quad y = \frac{Y}{1+Z}, \quad z = \frac{X+Yi}{1+Z}$$

$$X = \frac{2x}{1+x^2+y^2}, \quad Y = \frac{2y}{1+x^2+y^2}, \quad Z = \frac{1-x^2-y^2}{1+x^2+y^2} \qquad (1)$$

である (問 10.5 参照)．

　$\varPhi$ は，次の2性質をもつ：(イ)円を円にうつす．(ロ)等角である．

ただし，球
面上の円とは，
球面と平面の
交わりを意味
する．複素数
平面上の直線
も,円の特別な
場合とみなし
ている．また

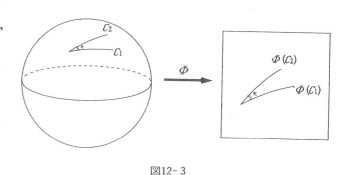

図12-3

(ロ) において，

2 曲線間の交点での**角**とは， その点での接線間の角を意味し， **等角**と
は,その角と， 像曲線間の角とが， 向きも込めて等しいことを意味する
（図 12-3）．

　(ロ)は， 幾何学的考察で証明出来るが， ここでは省略して，(イ)を計算で
示そう．平面の方程式を

$$aX + bY + cZ = d \tag{2}$$

とおく．この平面と球面との交わりを Φ でうつすと，(1) より，円の方程
式

$$(c + d)(x^2 + y^2) - 2ax - 2by + d - c = 0 \tag{3}$$

がえられる．$(c + d = 0$ のときは直線の方程式である．それは平面 (2) が
南極 S をとおる条件に他ならない．) 逆に (3) から (2) がえられる．

　さて，球面上の点 P が南極 S に限りなく近づくと，$\Phi(\mathrm{P}) = z$ の**絶対値**

$$|z| = \sqrt{x^2 + y^2}$$

は， 限りなく大きくなる．そこで $\Phi(\mathrm{S}) = \infty$ とおくことにより， Φ は，
この球面から $\widehat{C}$ への 1 対 1 対応を与える．Φ を用いて， この球面と $\widehat{C}$
とを同一視し， $\widehat{C}$ を**複素数球面**とよぶのである．

　空間内で， 原点をとおる直線と球面とは， 2 点で交わる．これら 2 点
を， 互いに**対極点**であると言う．たとえば， 地球を球と考えると， 日本
の対極点は， ブラジル沖だそうである．（日本は点か！）

　南極 S と北極 N $= (0, 0, 1)$ は対極点である．$\widehat{C}$ の方で考えると， ∞ と
0 が対極点となる．一般に，

命題 12.1　0 でない複素数 z の球面 $\widehat{C}$ における対極点は，$-\dfrac{1}{\bar{z}}$ である．

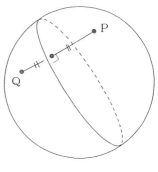

問 12.1　(1) を用いて，命題 12.1 を示せ．また，図12-2 を用いて，命題 12.1 を幾何学的に示せ．

　空間内で，原点をとおる平面
$$aX + bY + cZ = 0 \qquad (4)$$
と，球面の交わりを**大円**とよぶ．Φ でうつすと，その方程式は，(3) より，
$$c(x^2 + y^2) - 2ax - 2by - c = 0 \qquad (5)$$
である．

図12-4

　空間において，平面 (4) に関する鏡映を，球面からそれ自身への写像とみたとき，（平面 (4) と球面の交わりの）**大円に関する鏡映**とよぶ（図12-4）．

　この鏡映を，$\widehat{C}$ の写像とみて，
$$z = x + yi \longmapsto w$$
とする．z と w の関係は，(1) を用いて計算すると，次式で与えられる：
$$w = \frac{(a^2 + b^2 + c^2)z + (a + bi)\{c(x^2 + y^2) - 2ax - 2by - c\}}{a^2 + b^2 + c^2 + c\{c(x^2 + y^2) - 2ax - 2by - c\}} \qquad (6)$$

問 12.2　(6) を示せ．

　次に，平面上に，半径 r の円 Γ が与えられているとする．平面上の点 P と Q が，この円に関して，**互いに反転の位置にある**とは，(イ) 円の中心 O と P と Q が一直線上にあり，(ロ) $\mathrm{OP} \cdot \mathrm{OQ} = r^2$ をみたすことである（図12-5）．写像

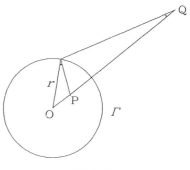

図12-5

$$\mu : \mathrm{P} \longmapsto \mathrm{Q}$$
$$(\mathrm{Q} \longmapsto \mathrm{P})$$

を，この円に関する**反転**
とよぶ．ただし，円の中
心 O に対応する点は，こ
の平面上にはない．

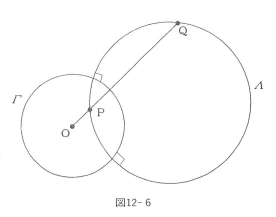

命題 12.2　反転 μ（ミュ
ー）は，次の性質を持つ．
(イ)μ は円を円にうつす．
(ロ)Λ を Γ と直交してい
る円とすれば，μ は Λ を

図12-6

Λ にうつし，Λ の内部を Λ の内部にうつす（図12-6）．(ハ)反等角であ
る．

　この命題の(イ)では，直線も円の特別な場合と考えている．(ロ)で**直交し
ている**とは，交点での角が 90° という意味である．(ハ)で，**反等角**とは，2
曲線間の角と，像曲線間の角とが，逆向きに等しいことを意味する．

　(イ)と(ロ)は，幾何学的考察より示されるが，それは省略して，(ハ)を示そ
う．図12-6の点 P，Q は互いに反転の位置にある．（逆に，互いに反転
の位置にある2点をとおる円は，Γ と直交する．）P をとおる2曲線の代
りに，P において同じ接
線を持つ，図12-6の円
Λ と，やはり P，Q をと
おる，もうひとつの円 Λ'
とを用いてもよい（図12
-7）．図12-7において，
P と Q での Λ と Λ' の
間の角は，逆向きに等し
いことが見てとれる．こ
れで(ハ)が示された．

　さて，平面を複素数平面

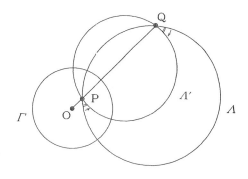

図12-7

C とする.

命題 12.3　単位円（0中心，半径 1 の円）に関する反転 ν（ニュー）は，次で与えられる：

$$\nu : z \longmapsto w = \nu(z) = \frac{1}{\bar{z}} \tag{7}$$

証明　反転の定義より，次が成り立つ：

$$|z||\nu(z)| = 1, \ \arg\nu(z) = \arg z.$$

（$\arg z$ は，複素数 z の**偏角**すなわち，ベクトル $\vec{0z}$ と実軸（の正の向き）との間の角をあらわす.）　一方

$$\left|\frac{1}{z}\right| = \frac{1}{|z|}, \ \arg\left(\frac{1}{z}\right) = -\arg z$$

である. ゆえに，$\nu(z)$ は $1/z$ の共役複素数である.

証明終

　命題 12.3 を一般化すると，

命題 12.4　z_o 中心，半径 r の円に関する反転 μ は，次式で与えられる：

$$\mu : z \longmapsto w = \mu(z) = \frac{r^2}{\bar{z} - \bar{z_o}} + z_o \tag{8}$$

問 12.3　命題 12.4 を示せ.

　単位円を Λ とし，その内部（単位円板）を D とする. Λ と直交する円 Γ と Λ の交点を C と D とする（図12-8）.

　前章で，我々は円板 D を，非ユークリッド平面のモデルと考えた. この

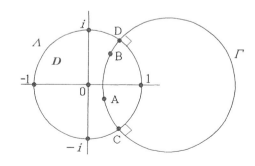

図12-8

世界 D での「直線」は，図12-8の円 $\varGamma$ の D にぞくする部分，すなわち円弧 $\overset{\frown}{\mathrm{CD}}$ である．（$\varLambda$ の直径も，D での「直線」である．）図12-8の2点 A, B間の「距離」$d(\mathrm{A}, \mathrm{B})$ は次式で定義される：

$$d(\mathrm{A}, \mathrm{B}) = \log \frac{\mathrm{AD}/\mathrm{BD}}{\mathrm{AC}/\mathrm{BC}} \tag{9}$$

この定義のもとで（前章で，説明したように）D は非ユークリッド平面のモデルとなる．

図12-8において，円 $\varGamma$ に関する反転は，D を D にうつす．（命題 12.2 の(ロ)．）これを D から D への写像とみて，この世界 D の，円弧 $\overset{\frown}{\mathrm{CD}}$ に関する**鏡映**とよぶ．

2. 一次分数変換（再論）

$\alpha, \beta, \gamma, \delta$ を $\alpha\delta \neq \beta\gamma$ をみたす複素数の定数として，複素数球面 $\widehat{C}$ からそれ自身への写像

$$\varphi : z \longmapsto \frac{\alpha z + \beta}{\gamma z + \delta} \tag{10}$$

を，**一次分数変換**とよぶ．ただし，$\gamma = 0$ のときは，$\varphi(\infty) = \infty$ と定義し，$\gamma \neq 0$ のときは，

$$\varphi(\infty) = \frac{\alpha}{\gamma}, \quad \varphi\left(-\frac{\delta}{\gamma}\right) = \infty$$

と定義する．φ は $\widehat{C}$ から $\widehat{C}$ への1対1双連続写像（連続で逆写像も連続）である．さらに

命題 12.5 一次分数変換は，(イ)円を円にうつし(ロ)等角である．（直線も円の特別な場合と考える．）

証明 (10)の一次分数変換 φ は，

$$\varphi(z) = \frac{\varepsilon}{z + (\delta/\gamma)} + \frac{\alpha}{\gamma}, \quad \left(\varepsilon = \frac{\alpha\delta - \beta\gamma}{\gamma^2}\right)$$

と書けるので，φ は次の (11), (12) の形の一次分数変換のいくつかの合成写像となるため，(11) と (12) について，(イ)，(ロ) を示せばよい：

$$z \longmapsto \alpha z + \beta \tag{11}$$

$$z \longmapsto \frac{1}{z} \tag{12}$$

(11) は（前に説明したように）複素数平面 C の（裏返しを含まない）相似変換をあらわす．それゆえ，性質(イ)，(ロ)をみたす．

(12) は，合成写像 $\nu \cdot \eta$ とみなせる．ここに

$$\nu : z \longmapsto \frac{1}{\bar{z}}, \quad \eta : z \longmapsto \bar{z}.$$

ν は (7) の反転ゆえ，円を円にうつし反等角である．η は実軸を軸とする裏返しなので，円を円にうつし反等角である．ゆえに合成写像 $\nu \cdot \eta$ は(イ)，(ロ)をみたす．

証明終

実は，性質(ロ)のみが一次分数変換を特徴づける．すなわち（複素関数の理論を用いるので）証明は省略するが，次の命題がなりたつ：

命題 12.6　$\widehat{C}$ から $\widehat{C}$ への 1 対 1 双連続等角写像は一次分数変換である．

一次分数変換全体の集合 $\mathrm{Aut}(\widehat{C})$ は，写像の合成のもとで群をなす．これを**一次分数変換群，または $\widehat{C}$ の自己同型群**とよぶ．

反転 (8) と一次分数変換の合成は，一般に次の形に書ける：

$$z \longmapsto \frac{\alpha \bar{z} + \beta}{\gamma \bar{z} + \delta} \tag{13}$$

これは，(10) の φ と η の合成写像 $\varphi \cdot \eta$ とみなせる．ただし，η は実軸を軸とする裏返しである：

$$\eta : z \longmapsto \bar{z} \tag{14}$$

(10) と (13) の写像全体の集合 G は，写像の合成に関して群をなす．G は $\mathrm{Aut}(\widehat{C})$ を正規部分群として含み，$\mathrm{Aut}(\widehat{C})$ による左(右)剰余類分解は

$$G = \mathrm{Aut}(\widehat{C}) + \mathrm{Aut}(\widehat{C})\eta \tag{15}$$

となる．ここに η は (14) の変換である．

次の命題も，証明は省略する：

命題 12.7　単位円板 D を D にうつす一次分数変換は，次の形をしている：

$$\varphi : z \longmapsto (\cos\theta + i\sin\theta)\frac{z-\alpha}{1-\bar{\alpha}z}$$

（ここに，θ は実数，α は $|\alpha|<1$ をみたす複素数）

　このような φ 全体 $\mathrm{Aut}(D)$ は，$\mathrm{Aut}(\hat{C})$ の部分群をなす．これを D の**自己同型群**とよぶ．

　D から D への1対1双連続写像で，(9) の「距離」を変えないものを，D の**等長変換**とよぶ．等長変換は D の「直線」を「直線」にうつし，角を変えない．（等角か反等角．）等長変換全体の集合 $G(D)$ は，写像の合成のもとで群をなし，$\mathrm{Aut}(D)$ を正規部分群としてふくみ，(15) と同様の，左（右）剰余類分解をもつ：

$$G(D) = \mathrm{Aut}(D) + \mathrm{Aut}(D)\eta \tag{16}$$

　さて，(10) の一次分数変換 φ の**不動点**とは，$\varphi(\lambda)=\lambda$ となる $\hat{C}$ の点 λ のことである．それは方程式

$$\varphi(\lambda) = \frac{\alpha\lambda+\beta}{\gamma\lambda+\delta} = \lambda$$

の根である．分母を払って移項すると，

$$\gamma\lambda^2 + (\delta-\alpha)\lambda - \beta = 0$$

となる．したがって(イ)$\gamma \neq 0$, 判別式 $D=(\delta-\alpha)^2+4\beta\gamma \neq 0$ ならば，不動点が2個．(ロ)$\gamma \neq 0$, $D=0$ ならば，不動点は1個．

　なお，$\gamma=0$ のときは，∞ が不動点（のひとつ）となる．

3. $SU(2)$ と $SO(3)$

　複素数を成分とする n 次の正則行列（行列式がゼロでない n 次正方行列）全体 $GL(n, C)$ は，行列の積に関して群をなす．これを**n 次一般線形変換群**とよぶ．その中で，行列式が1のもの全体 $SL(n, C)$ は部分群をなす．これを**n 次特殊線形変換群**とよぶ．

　行列 A に対し，A^* を A の転置行列 ${}^tA$ （対角線で折り返した行列）

の各成分を，その共役複素数でおきかえた行列とする．A^* を A の**共役転置行列**とよぶ．

$A^*=A$ となる正方行列 A を**エルミート行列**とよぶ．また，$A^*=A^{-1}$ となる正則行列 A を**ユニタリー行列**とよぶ．これらは共に重要な行列である．

n 次のユニタリー行列全体 $U(n)$ は，$GL(n, \boldsymbol{C})$ の部分群をなす．これを**n 次ユニタリー群**とよぶ．$U(n)$ の中で，行列式が 1 のもの全体 $SU(n)$ は，$U(n)$ の部分群をなす．これを**n 次特殊ユニタリー群**とよぶ：

$$SU(n)=U(n)\cap SL(n, \boldsymbol{C}).$$

命題 12.8 $SU(2)$ の行列は，次の形をしている：

$$A=\begin{pmatrix} \alpha & \beta \\ -\bar{\beta} & \bar{\alpha} \end{pmatrix} \tag{17}$$

ここに，α, β は $|\alpha|^2+|\beta|^2=1$ をみたす複素数．

問 12.4 命題 12.8 を示せ．

$GL(2, \boldsymbol{C})$ の行列

$$\begin{pmatrix} \alpha & \beta \\ \gamma & \delta \end{pmatrix}$$

に対し，(10) の一次分数変換を対応させる写像 F は，$GL(2, \boldsymbol{C})$ から $\mathrm{Aut}(\widehat{\boldsymbol{C}})$ への準同型写像である．これは，上への写像，すなわち像が $\mathrm{Aut}(\widehat{\boldsymbol{C}})$ 全体である．F の**核**，$\mathrm{Ker}(F)$，は

$$\mathrm{Ker}(F)=\left\{\begin{pmatrix} \rho & 0 \\ 0 & \rho \end{pmatrix} \,\middle|\, \rho \text{ (ロー) は 0 でない複素数}\right\}$$

である．

とくに，(17) の $SU(2)$ の行列 A の F による像 $F(A)=\varphi$ は，どのような一次分数変換であろうか．

$$\varphi(z)=\frac{\alpha z+\beta}{-\bar{\beta} z+\bar{\alpha}}, \quad (|\alpha|^2+|\beta|^2=1)$$

このφの不動点は，次の方程式の根λである：

$$\overline{\beta}\lambda^2+(\alpha-\overline{\alpha})\lambda+\beta=0 \qquad (18)$$

$\beta\neq0$ とする．判別式

$$D=(\alpha-\overline{\alpha})^2-4\beta\overline{\beta}$$

は，($\alpha-\overline{\alpha}$ が純虚数ゆえ）負の実数となる．ゆえに，$\sqrt{D}$ は純虚数である．(18) の 2 根は

$$\lambda_1=\frac{(\overline{\alpha}-\alpha)+\sqrt{D}}{2\overline{\beta}}, \quad \lambda_2=\frac{(\overline{\alpha}-\alpha)-\sqrt{D}}{2\overline{\beta}}.$$

これより $$\lambda_1\overline{\lambda}_2=-1$$

がえられる．($\beta=0$ の場合も考えに入れると）命題 12.1 より，φ の不動点は，$\widehat{C}$ の対極点であることがわかる．

さて，$\varphi=F(A)$ は，球面 $\widehat{C}$ の対極点 λ_1, λ_2 を動かさず，λ_1 と λ_2 の両方をとおる球面上の円，すなわち大円を，やはり，λ_1 と λ_2 の両方をとおる大円にうつす．しかも φ は等角写像なので，結局

命題 12.9 A が $SU(2)$ の行列ならば，$\varphi=F(A)$ は，不動点 λ_1 と λ_2 を結ぶ直線を軸とする球面 $\widehat{C}$ の回転である（図12- 9）．

逆に，

命題 12.10 球面 $\widehat{C}$ の回転は，ある $SU(2)$ の行列 A をもちいて，$\varphi=F(A)$ と書くことが出来る．

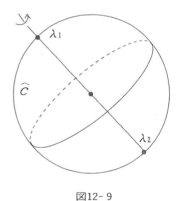

図12- 9

命題 12.10 の略証（細かい点は省いた証明）を与えよう．φ を，対極点 λ_1, λ_2 を結ぶ直線を軸とする球面 $\widehat{C}$ の回転とする．回転角を θ とする．回転は等角写像ゆえ，（命題 12.6 より）φ は一次分数変換である．$w=\varphi(z)$ とおくと，z と w の関係が次で書ける．

$$\frac{w-\lambda_1}{w-\lambda_2}=(\cos\theta+i\sin\theta)\frac{z-\lambda_1}{z-\lambda_2} \tag{19}$$

なぜなら，一次分数変換 ξ（クシイ）と ζ（ゼータ）を

$$\xi(z)=\frac{z-\lambda_1}{z-\lambda_2},\quad \zeta(z)=(\cos\theta+i\sin\theta)z$$

で定義すると，

$$\varphi=\xi^{-1}\cdot\zeta\cdot\xi$$

となるからである．

　南極中心の極射影 Φ をもちいて $\Phi(a,b,c)=\lambda_1$ となる図12-2の球面上の点 (a,b,c) をとる．$\Phi(-a,-b,-c)=\lambda_2$ ゆえ，(1) より

$$\lambda_1=\frac{a+bi}{1+c},\quad \lambda_2=\frac{-(a+bi)}{1-c} \tag{20}$$

となる．そこで

$$\varepsilon=\cos\left(\frac{\theta}{2}\right)+i\sin\left(\frac{\theta}{2}\right),$$

$$\alpha=\cos\left(\frac{\theta}{2}\right)+ic\sin\left(\frac{\theta}{2}\right),$$

$$\beta=b\sin\left(\frac{\theta}{2}\right)-ia\sin\left(\frac{\theta}{2}\right) \tag{21}$$

とおけば

$$|\alpha|^2+|\beta|^2=1,\quad \cos\theta+i\sin\theta=\frac{\varepsilon}{\bar\varepsilon}$$

が成り立つ．(21) を用いて，(19) を書きかえると

$$w=\frac{\alpha z+\beta}{-\bar\beta z+\bar\alpha}\quad (|\alpha|^2+|\beta|^2=1) \tag{22}$$

がえられる．$(1-c^2=(a+bi)(a-bi)$ に注意.$)$

$$A=\begin{pmatrix}\alpha & \beta\\ -\bar\beta & \bar\alpha\end{pmatrix}$$

は $SU(2)$ の行列である．

注意　(20), (21) のようにおくと，回転 (19) が (22) のように書けた．(22) を**ケーリーの公式**とよぶ．

　球面 $\widehat{C}$ の回転は，３次元空間 $\mathbf{R}^3$ の（原点をとおる直線を軸とする）回転とも考えられ，その全体 $SO(3)$ は群をなす．これを（３次の）**回転群**とよぶが，それは，行列式が１の３次直交行列全体の群，**３次特殊直交群**，に他ならない．以上のことを合わせると，

定理 12.1　$GL(2, \widehat{C})$ から $\mathrm{Aut}(C)$ への準同型写像 F を $SU(2)$ からの準同型写像とみるとき，像は $SO(3)$ で，核は $\{E, -E\}$ である（E は２次単位行列）：

$$F : SU(2) \longrightarrow SO(3), \quad \mathrm{Ker} = \{E, -E\}.$$

 リフレッシュ　コーナー：疑念が黒雲の如く

前章の話の中で，エッシャーの代表作「天使と悪魔」の絵（図12-10）

図12-10

が，円板 **D** に直交する円弧からなる円弧三角形による，**D** の三角形市松模様タイル張りを下地に描いていると言った．その際，天使の鏡映が悪魔（↗）と説明した．

　その後，この絵をつらつらながめているうちに，奇妙な点に気づいた．所々に，天使と悪魔の後向きの姿が混っている！　これは一体，どうしたことであろうか．3 次元的鏡映が混入しているのだろうか．いくらながめても，謎は深まるばかりである．炯眼な読者のどなたかに，ぜひ説明して頂きたい．

　天使の迷惑そうな表情に比べ，悪魔の笑いが気になる……．

注　「天使と悪魔」の正式名称は「円の極限IV（天国と地獄）」だそうである．

第13章　　基本群

1．平面領域の基本群

　テレビゲームの RPG（ロールプレイングゲーム）は，最初が特に楽しい．これからどんな大冒険が待ちかまえているのかと，胸がワクワクする．

　図13-1のような，海，湖，洞穴，町などからなる地を旅する幼い主人公は，まだ経験値が少ないので，船で海や湖には乗り出せず，ましてや恐しいモンスターが生息するダンジョン（地下迷宮）の入り口である洞穴には入れない．彼の行けない海，湖，洞穴を除いた残りの部分 Ω を**領域**とよぶ．

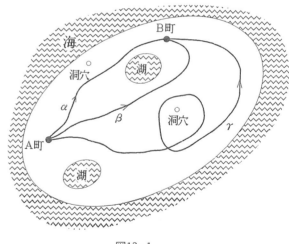

図13-1

　幼い主人公がA町を出発してB町に至る道すじは，図13-1の α，β，γ など，いろいろ考えられる．

図13-2 のふたつの道 γ と γ' のように，（出発点Aと終点Bは固定したまま）片方を連続的に変形してもう一方に移りうるとき，互いに**ホモトープ**であると言う．

$$\gamma \sim \gamma'$$

であらわす．ただし，変形途中で，湖や洞穴にぶつからないものとする．

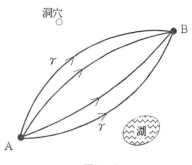

図13-2

図13-1の α と β，β と γ，γ と α は，いずれも互いにホモトープでない．変形途中で，どうしても湖か洞穴にぶつかってしまうからである．

図13-3のような，湖も洞穴もない領域（胸は少しもワクワクしない）では，あらゆる道が互いにホモトープである．このような領域を**単連結**であると言う．

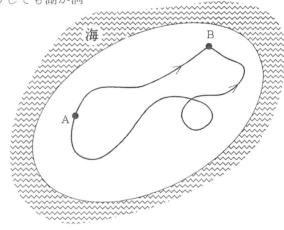

図13-3

互いにホモトープな道を同じ仲間と考え，その仲間全体のあつまり（同値類）を，**ホモトピー類**とよぶ．道 γ のぞくするホモトピー類を $[\gamma]$ であらわす．

以上では，出発点がA町，終点がB町と決まっている道の話である．図13-4の道 α に対し，B町を

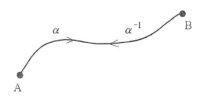

図13-4

出発して，道 α の逆の道すじをたどって A 町に至る道を α^{-1} であらわす．このとき，あきらかに次が成り立つ：

　$\alpha \sim \beta$　ならば
$\alpha^{-1} \sim \beta^{-1}$　　　(1)
また，α が A 町から B 町への道，β が B 町から C 町への道とするとき，それらをそのままつなげた，A 町から C 町への道を α と β の積とよび，$\alpha\beta$ であらわす（図13-5）．このとき，次が成り立つ：
$\alpha \sim \alpha'$, $\beta \sim \beta'$ ならば
$\alpha\beta \sim \alpha'\beta'$　　(2)
（図13-6）．

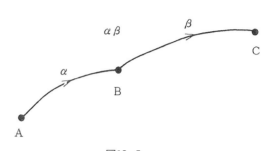

図13-5

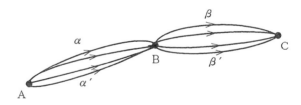

図13-6

　もし，道 α の終点と道 β の始点が一致しないときは，積 $\alpha\beta$ は**定義されない**．

　出発点と終点が一致する道を**ループ**とよぶ（図13-7）．主人公が幼いうちは，その旅はループが多い．A 町を始点及び終点とするループ同士は，必ず積が定義出来る．

○ 洞穴

図13-7

ループ α のぞくするホモトピー類 $[\alpha]$ と，ループ β のぞくするホモトピー類 $[\beta]$ との積を，ホモトピー類

$$[\alpha][\beta]=[\alpha\beta]$$

で定義する．（2）より，この定義は**正当**である．（英語で well defined.
矛盾なく定義されていると言う意味である．）また，$[\alpha]$ の**逆元**を

$$[\alpha]^{-1}=[\alpha^{-1}]$$

で定義する．（1）より，この定義も正当である．

結合律

$$([\alpha][\beta])[\gamma]=[\alpha]([\beta][\gamma])$$

が成り立つのは，$(\alpha\beta)\gamma=\alpha(\beta\gamma)$ が成
り立つことより当然である．

1点Aだけから成る「ループ」を1
で記すと，$[1]$ は，連続的に変形して1
点Aに縮みうるループ γ のホモトピ
ー類である（図13-8）．

Ω における A町を始点及び終点と
するループのホモトピー類全体の集合

図13-8

$$\pi_1(\Omega, \mathrm{A})$$

は，以上の積，逆元，単位元 $[1]$ のもとで群をなす．これを，点Aを**基点**
とする Ω の**基本群**とよぶ．

他の町，たとえばB町を基点とする基本群 $\pi_1(\Omega,\ \mathrm{B})$ も当然考えられ
る．しかし，$\pi_1(\Omega,\ \mathrm{A})$ と $\pi_1(\Omega,\ \mathrm{B})$ とは，群として同型である．

じっさい，AからBへの道 γ
をひとつとり固定する．Bを始
点及び終点とするループ β に
対し

$$\alpha=\gamma\beta\gamma^{-1}$$

は，Aを始点及び終点とするル
ープである（図13-9）．

対応　　$[\beta] \longmapsto [\alpha]$

は，$\pi_1(\Omega, \mathrm{B})$ から $\pi_1(\Omega, \mathrm{A})$ へ
の，群としての同型写像を与え
る．

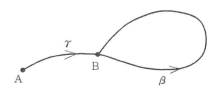

図13-9

問 13.1 この対応が同型写像であることを示せ.

$\pi_1(\Omega, \mathrm{A})$ と $\pi_1(\Omega, \mathrm{B})$ は,抽象的な群としては,同じなので,これらを,時には,同一視して,Ω の基本群とよび,単に $\pi_1(\Omega)$ と記したりする.

基本群は,どんな領域に対しても定義される.Ω が単連結のときは,$\pi_1(\Omega, \mathrm{A})$ が単位元のみよりなる.逆も成り立つ.それでは,図13-1の Ω の場合,$\pi_1(\Omega, \mathrm{A})$ はどのような群であろうか.それを述べる準備として,まず,図13-1の Ω より,はるかに簡単な形の領域の基本群を決定しよう.

(i) まず最初の領域 Ω として,平面全体から1点をぬいたものとする.この点を原点 $\mathrm{O}=(0,0)$ としてよい.基点として,$\mathrm{A}=(1,0)$ とする.原点中心,半径1の円を a とする.a には,反時計回りの向きをつけておく.a はAを始点及び終点とするループである(図13-10).

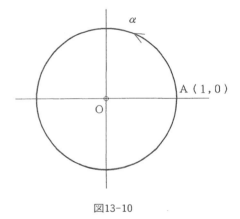

図13-10

ホモトピー類　$a=[\alpha]$
は,$\pi_1(\Omega, \mathrm{A})$ の元である.

$$a^2=[\alpha^2],\quad a^3=[\alpha^3],\quad \cdots\cdots$$
$$a^{-1}=[\alpha^{-1}],\quad a^{-2}=[\alpha^{-2}]=[\alpha^{-1}\alpha^{-1}],\quad \cdots\cdots$$

も全て $\pi_1(\Omega, \mathrm{A})$ の元である.

Aを始点及び終点とする Ω 内の任意のループは(厳密にやるとむずかしいが)直観的にわかるように,原点を反時計回りに(または時計回りに)m 回,回っているとすると,a^m(または a^{-m})とホモトープである(図13-11).

したがって, この場合,
基本群 $\pi(\Omega, A)$ は, a の巾
(べき) 全体からなる無限
巡回群である:

$$\pi_1(\Omega, A) = \{a^m \mid m = 0,$$
$$\pm 1, \pm 2, \cdots\}$$
$$= \{1, a, a^{-1}, a^2,$$
$$a^{-2}, \cdots\}.$$

右辺の無限巡回群を $\langle a \rangle$
であらわす:

$$\pi_1(\Omega, A) = \langle a \rangle.$$

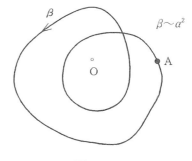

図13-11

(ii) 次に, 領域 Ω として,
平面全体から 2 点 P, Q を
ぬいたものとする. 基点 A
を始点及び終点とするルー
プ α, β を図13-12のように
とる.

$$a = [\alpha], \quad b = [\beta]$$

とおくと, これらをいろい
ろかけたものは, 全て
$\pi_1(\Omega, A)$ の元である:

$$1, \quad a, \quad b, \quad a^{-1}, \quad b^{-1},$$
$$a^2, \quad ab, \quad ba, \quad b^2, \quad ab^{-1},$$

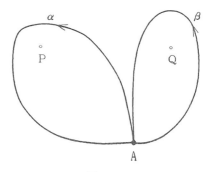

図13-12

$b^{-1}a, \quad a^{-1}b, \quad ba^{-1}, \quad a^{-2}, \quad a^{-1}b^{-1}, \quad b^{-1}a^{-1}, \quad b^{-2}, \quad a^3, \quad a^2b, \quad aba, \quad ba^2, \cdots$
しかも, これらは全て異なる $\pi_1(\Omega, A)$ の元である.

$\pi_1(\Omega, A)$ は, これら $a, \ b, \ a^{-1}, \ b^{-1}$ を自由にかけた積全体からなる.
このような群を, **2 文字** a, b **から生成された自由群**とよび $\langle a, b \rangle$ と記
す:

$$\pi_1(\Omega, A) = \langle a, b \rangle.$$

自由群 $\langle a, b \rangle$ は, $a, \ b, \ a^{-1}, \ b^{-1}$ を何個か一列に並べた, いわば重複
順列全体からなるとみなせる. ただし, それら全てが異なるのではなく,

等しいものもある. たとえば,

$$abaa^{-1}b$$

は, $(aa^{-1}=1$ ゆえ$)$ $abb=ab^2$ 等しく, また, たとえば,

$$ab^{-1}ab^{-1}ba^{-1}bb$$

は, $(b^{-1}b=1,\ aa^{-1}=1$ ゆえ$)$ ab に等しい, など.

しかし, これらは$\langle a,b\rangle$が群である故, 当然の約束である. 自由群は, このような当然のもの以外, a, b間に何の関係もない群である.

$\pi_1(\Omega, \mathrm{A})$ が今の場合, 2文字から生成される自由群であることを示すのはむずかしいので, ここでは省略する. (例えば, 加藤十吉著「位相幾何学」, 裳華房, 1988, を参照されたい.)

(iii) 領域 Ω として, 平面全体から n 個の点 $\mathrm{P}_1, \cdots, \mathrm{P}_n$ をぬいたものとする. 基点 A を始点及び終点とするループ $\alpha_1, \cdots, \alpha_n$ を図13-13 のようにとる. (α_1 は, A を出発して P_1 の近くの点 Q までゆき, 次に P_1 の回りを, 半時計回りに1回まわって Q にもどり, さいごに Q から元きた道をたどって A にもどるループをあらわす. このようなループを, P_1 の回りのメリデアンとよぶ. 他の α_j も同様.)

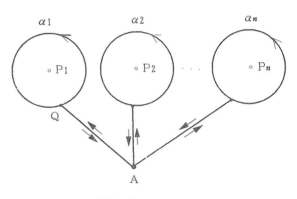

図13-13

$$a_1=[\alpha_1],\ \cdots\cdots,\ a_n=[\alpha_n]$$

は, $\pi_1(\Omega, \mathrm{A})$ の元であり, $\pi_1(\Omega, \mathrm{A})$ は, これら n 文字から生成される自由群である:

$$\pi_1(\Omega, \mathrm{A})=\langle a_1, \cdots, a_n\rangle$$

($a_1, \cdots, a_n$ の間には, 何の関係もない.)

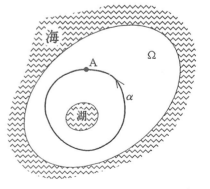

図13-14

(iv)　今度は, 領域 Ω として, 図13-14のような島から湖をひとつぬいた領域とする. ループ α を図13-14のようにとり, $a=[\alpha]$ とおけば,

$$\pi_1(\Omega, \mathrm{A})=\langle a\rangle \qquad （無限巡回群）$$

である.

(v)　さて, 図13-1にもどり, 図13-1の領域を Ω とする. 図13-15のようなループ（メリデアン）α_1, $\alpha_2, \alpha_3, \alpha_4$ を考え $a_1=[\alpha_1]$, $a_2=[\alpha_2]$, $a_3=[\alpha_3]$, $a_4=[\alpha_4]$ とおけば, $\pi_1(\Omega, \mathrm{A})$ は, これら4文字 a_1, a_2, a_3, a_4 から生成される自由群である：

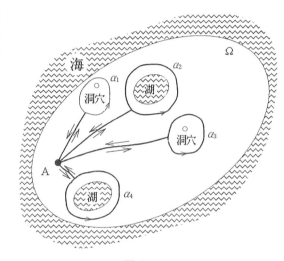

図13-15

$$\pi_1(\Omega, \mathrm{A})=\langle a_1, a_2, a_3, a_4\rangle.$$

2.　曲面の基本群

　基本群は, 平面の領域だけでなく, いろいろな図形に対しても同様に定義される. ループのホモトピー類や, その積の定義は, 全く同様である.

　今, 空間内に, 図13-16のような曲面 T（1人乗り用浮き袋, **トーラス**とよばれる）を考える. トーラスは空間内の曲面であって, 表面のみを考

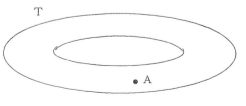

図13-16

えている．（ドーナツとしての中味は考えず，空洞と思う．）A を T の 1
点とし，A を基点とする基本群 $\pi_1(T, A)$ を決定しよう．

　図13-17の 2 ループを，
それぞれ α, β とおき，そ
れらのぞくするホモトピ
ー類を

　　$a = [\alpha], \quad b = [\beta]$

とおく．このとき，a と b
の間には，次の関係がある：

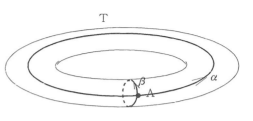

図13-17

　　　　　　$ab = ba$　　　　（交換可能）　　　　　　　　　　　　　　(3)

　これを見るには，次のよ
うに考えるとわかりやすい．
α と β にそってトーラス
を切り開くと，図13-18のよ
うな長方形ができる．（逆
に，図13-18の辺 AB と辺
DC を張り合わせ，次に辺
AD と辺 BC を張り合わせ
ると，図13-17のトーラスが
できる．）ループ

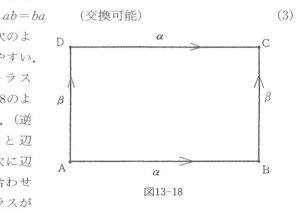

図13-18

　　　　　　$\alpha\beta\alpha^{-1}\beta^{-1}$

は，図13-18の方でみると，長方形の「ヘリ」

　　　ABCDA

になる．図13-18の方でみれ
ば，このループが連続的に
変形して 1 点 A に縮みう
るのはあきらかである（図
13-19）．ゆえに

　　$aba^{-1}b^{-1} = 1$.

すなわち　$ab = ba$.

　基本群 $\pi_1(T, A)$ は 2 文

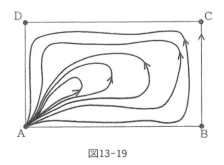

図13-19

字 a, b で生成され，関係式は，(3) のみである．（それを示すのは，やさしくない．）このことを

$$\pi_1(T, \mathrm{A}) = \langle a, b \mid ab = ba \rangle$$

と表現する．右辺は，a, b が生成元であって，$ab = ba$ が，**基本関係式**（または**生成関係式**ともよぶ）である群をあらわす．

a と b とが交換可能ゆえ，この群は，

$$a^m b^n \qquad (m, n = 0, \pm, \pm 2, \cdots)$$

の全体よりなる．これは，a, b より生成された**自由アーベル群**ともよぶ．

蛇足　ところで，トーラス世界で RPG をやったらどんな風になるのだろうか──と思ったら，実は現実にそのようなゲームが存在する．有名な RPG「ドラゴンクエスト」がそうである．成長した主人公が船で北へ北へと真っ直ぐ北をめざすと，いつの間にか，同じ経度の南に船があらわれる．西へ西へと航海しても同じことである．つまり，この世界の地図は，図13-18のようになっている．（辺 AB と辺 DC，辺 AD と辺 BC が同じもの．）図13-18であらわされる，言わば**平らなトーラス世界**を人々に説明するのは，むずかしいことであるが，「ドラゴンクエスト」を遊んでいる子供達は，何の苦もなく理解するであろう．

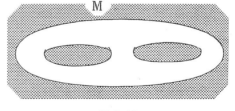

図13-20

今度は，空間内に図13-20のような曲面 M（2人乗り用浮き袋）を考える．図13-21のように 4 個のループ $\alpha_1, \beta_1, \alpha_2, \beta_2$ を考える．

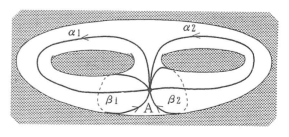

図13-21

$$a_1=[\alpha_1], \quad b_1=[\beta_1], \quad a_2=[\alpha_2], \quad b_2=[\beta_2]$$

とおけば，これらの間には

$$a_1b_1a_1^{-1}b_1^{-1}a_2b_2a_2^{-1}b_2^{-1}=1 \tag{4}$$

と言う関係があり，しかもこれが $\pi_1(M, \mathrm{A})$ の基本関係式である：

$$\pi_1(\mathrm{M}, \mathrm{A})=\langle a_1, b_1, a_2, b_2 \mid a_1b_1a_1^{-1}b_1^{-1}a_2b_2a_2^{-1}b_2^{-1}=1\rangle$$

関係式 (4) は，トー
ラスの場合と同様に，
$\alpha_1, \beta_1, \alpha_2, \beta_2$ にそって
M を切り開くと，図13
-22 のような 8 角形が
えられ，そのへりにそ
って 1 周したものが
$\alpha_1\beta_1\alpha_1^{-1}\beta_1^{-1}\alpha_2\beta_2\alpha_2^{-1}\beta_2^{-1}$
であることに注意すれ
ば得られる.

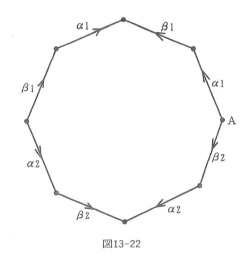

図13-22

一般に，g 人用浮き
袋である曲面を，**示性
数 g の可符号閉曲面**
とよぶ(図13-23). (可
符号とは，裏表の区別
出来ると言う意味であ
る.) $g=2$ の場合と同
様に
$\pi_1(\mathrm{M}, \mathrm{A})=\langle a_1, b_1,$
$\cdots, a_g, b_g \mid a_1b_1a_1^{-1}b_1^{-1}$
$\cdots a_gb_ga_g^{-1}b_g^{-1}=1\rangle$
である.

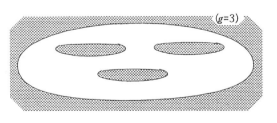

図13-23

なお，球面が $g=0$ の場合で，この場合 M は，あきらかに単連結で，
$\pi_1(M, \mathrm{A})$ は単位元のみよりなる（図13-24）.

可符号でない（すなわち裏表の区別出来ない）閉曲面の系列もある.
以前出てきた射影平面や，（シビンのような……）**クラインの壺**（図13-

25）などである．これらは３次
元空間内には存在し得ず，４次
元空間内の閉曲面である．ちな
みに，射影平面の基本群は，ふ
たつの元からなる巡回群

$\{1, a\}$　　　（ただし　$a^2 = 1$）

である．この群は上記の記号で

$\langle a \mid a^2 = 1 \rangle$

とあらわすことができる．また，
クラインの壺の基本群は，

$\langle a, b \mid a^2 b^2 = 1 \rangle$

であらわすことができる．（こち
らは無限群である．）

　以上の基本群に関する正確な
記述と証明は，やはり，前述の
加藤十吉氏の著書をみられたい．

注意　基本群は，20世紀初め，ポア
ンカレによって発見された．図形の
位相的性質（連続的に変形しても変
わらない性質）を表現する重要な群である.

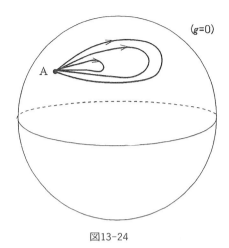

図13-24

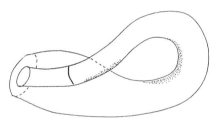

図13-25

 リフレッシュ　コーナー

　図13-26のような細長い長方形の紙の一端を裏返しにして，もう一端の
表にのり付けすると，有名な**メービウスの帯**が得られる（図13-27）．こ
れは（ヘリのある）裏表の区別出来ない曲面の最初の例である．

問 13.2　図13-28の
ように，線分 AB の
中点（2等分点）M
から出発して，ハサ
ミでメービウスの帯
を真横に切ってゆき
一周すると，どのような図形
が得られるか．

図13-26

　この問題を観察と思考のみ
で解ける人は，本当にすごい
人である．私は手も足も出な
い．ましてや

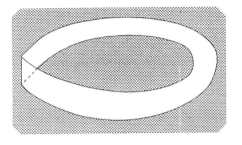

図13-27

問 13.3　問 13.2 の 2 等分点
の代りに，3 等分点 P, Q から
同時に出発して，ハサミで真
横に切ってゆくと，最終的に
どのような図形が得られるか．

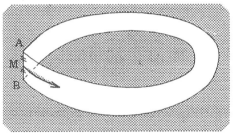

図13-28

は，全くのお手上げである．
実験してみる他ない．4 等分
点，5 等分点，…となると，
そこはもはや，戦慄の世界である．

第14章　　被覆写像

1．被覆写像

　はじめに，いくつかの用語を定義しよう．平面上の点の集合 W が**開集合**とは，W の各点 Q に対し，Q 中心の円板（円の内部）があって，それが W に含まれることである．たとえば，正方形の内部は開集合である．しかし，辺や頂点がつけ加わると開集合でなくなる．開集合 W が**領域**であるとは，W が**連結**なこと，すなわち W の任意の 2 点が W 内の道で結べることである．

たとえば，正方形の内部は領域である．しかし，図14- 1 のような，ふたつの正方形の内部を合わせた開集合は領域でない．こ

図14- 1

の場合，それぞれの正方形の内部を，この開集合の**連結成分**とよぶ．平面上の点 P の**近傍**とは，P を含む領域のことである．（この定義は漠然としているが，以下を読めば，その使い方がわかる．）

　以上の用語は，平面上の点の集合のみならず，曲面や高次元集合についても（少し定義が変わるが）使われる．

　さて，図14- 2 のように，ふたつの同心円にはさまれた領域を，**円環領**

域とよぶ. 中心を原点に
おけば, 座標で

$$R < \sqrt{x^2 + y^2} < R'$$

(R, R' は, それぞれ小
円, 大円の半径) と書け
る. 複素平面 **C** 上で考え
ると, この不等式は

$$R < |z| < R',$$
$$(z = x + yi, i = \sqrt{-1})$$

と書ける.

　円環領域 $X : 1 < |z|$
< 2 から, 円環領域
$Y : 1 < |w| < 4$

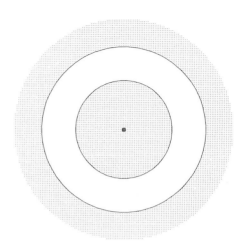

図14-2

への写像 $\qquad\qquad f : z \longmapsto w = z^2 \qquad\qquad$ (1)

を考えよう. この写像は, 上への連続写像で, Y の各点 w に対し, $f(z)$
$= w$ となる X の点 z が2点 (z と $-z$) ある. すなわち, 2対1写像であ
る. しかも, X 全体でなく, X の小部分からの写像とみると, 1対1双
連続 (連続で逆写像も連続) である (図14-3). たとえば, f は X の開
部分集合

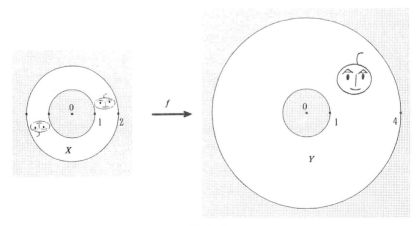

図14-3

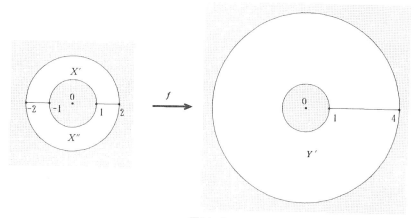

図14-4

$$X' : 1 < |z| < 2, \quad y > 0, \qquad (z = x + yi)$$
$$X'' : 1 < |z| < 2, \quad y < 0,$$

のそれぞれから，Y のほぼ全体にあたる

$$Y' : 1 < |w| < 4, \ \arg(w) \neq 0$$

（$\arg(w)$ は w の偏角）への，1対1双連続写像である（図14-4）．(1) の f は，被覆写像の一例である．一般に，

定義1　ふたつの領域（または曲面，または高次元集合）X, Y に対し，X から Y の上への連続写像

$$f : X \longrightarrow Y$$

が**被覆写像**であるとは，次の条件(イ)，(ロ)をみたすことである：(イ)　f は局所的に1対1双連続，すなわち，X の各点 P に対し，P の近傍 U と，Q$=f$(P) の近傍 W がそれぞれ X, Y に存在して，f は U から W への1対1双連続写像になる．(ロ)Y の各点 Q に対し，次の条件をみたす Q の近傍 W が

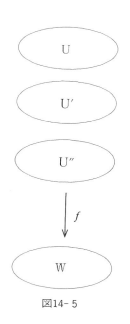

図14-5

存在する：f は，W の逆像 $f^{-1}(W)$ の各連結成分 U から W 上への1対

1双連続写像である（図14-5）.

注意 (ロ)は(イ)から出てくることではないのか，と思う読者がいるかも知れないが，そうはいかない．(1)の f の定義域 $X:1<|z|<2$ から1点，たとえば $z=3/2$，をぬいたものを改めて X とおいても，f は(イ)をみたすが，(ロ)をみたさない．

(1)の f は，2対1写像である．この数2を，この被覆写像の**写像度**とよび，$\deg f$ であらわす：$\deg f=2$.

(1)の被覆写像は，次のように一般化される．円環領域

$$X:1<|z|<2,$$
$$Y:1<|w|<2^n$$

に対し，写像 　　$f:X\longrightarrow Y$ 　　　　　　　　　　　　　　(2)

を， 　　　　　　　　$f(z)=w=z^n$

で定義すれば，これは被覆写像で，$\deg f=n$ である．

次の例を考えよう．z を複素数の変数（**複素変数**）とする多項式

$$f(z)=z^2-2z$$

を考える．これを複素数平面（z-平面）**C** から，複素数平面（w-平面）**C** への写像と考える：

$$f:\mathbf{C}\longrightarrow\mathbf{C},\quad f(z)=w=z^2-2z.$$

これは上への連続写像である．じっさい，与えられた w に対して，$f(z)=w$ となる z は，2次方程式

$$z^2-2z-w=0$$

の2根 　　　　　　　　$z=1\pm\sqrt{1+w}$

である．2根あるので，f は2対1写像であるが，しかし，その「2対1」がくずれる所がある．すなわち，2次方程式が重根を持つ時，言いかえると判別式がゼロになる時である：$z=1$，$w=-1$. そこで，これらの点を **C** からぬいて

$$X=\mathbf{C}-\{1\},\quad Y=\mathbf{C}-\{-1\}$$

とおけば， 　　　　　　　　$f:X\longrightarrow Y$ 　　　　　　　　　　(3)

は $\deg f=2$ の被覆写像となる．

(3) の f が被覆写像であることを示すには，定義1の(イ), (ロ)を示さねば

ならないが，ここでは(イ)のみ示そう．

$$z = x + yi, \quad w = u + vi$$

とおけば，

$$u = x^2 - y^2 - 2x, \quad v = 2xy - 2y$$

であるゆえ，$w = f(z)$ は写像

$$f : (x, y) \longmapsto (u, v) = (x^2 - y^2 - 2x, 2xy - 2y)$$

とみれる．（f の連続性は，これからわかる．）f の**ヤコビアン**を考える：

$$\begin{vmatrix} \dfrac{\partial u}{\partial x} & \dfrac{\partial u}{\partial y} \\[2mm] \dfrac{\partial v}{\partial x} & \dfrac{\partial v}{\partial y} \end{vmatrix} = \begin{vmatrix} 2x - 2 & -2y \\ 2y & 2x - 2 \end{vmatrix} = 4(x-1)^2 + 4y^2.$$

これがゼロになるのは，（x, y が実数ゆえ）$x = 1$，$y = 0$ にかぎる．つまり，$z = 1$ にかぎる．$X = \mathbf{C} - \{1\}$ では，f のヤコビアンはゼロにならないので，（微積分の）**逆写像定理**より，f は局所的に 1 対 1 双連続である．

問 14.1 (3) の f に対し，定義 1 の(ロ)を示せ．

次の例を考えよう．多項式

$$w = f(z) = z^3 - 3z$$

を，z-平面から w-平面への写像とみるとき，これは上への連続写像である．3 次方程式

$$z^3 - 3z - w = 0$$

は，3 根を持つので，3 対 1 写像である．3 対 1 がくずれるのは，重根を持つ所，すなわち判別式がゼロの所である．3 次方程式

$$X^3 - pX + q = 0$$

の判別式は（後の章で議論するが）

$$D = -4p^3 - 27q^2$$

で与えられる．上の多項式の場合は

$$D = 4 \times 27 - 27w^2$$

ゆえ，重根は $w = \pm 2$ のときに起こる．

$w = 2$ のとき，方程式

$$z^3 - 3z - 2 = 0$$

は，$z = -1$ を重根，$z = 2$ を単根とする．

$w = -2$ のとき，方程式

$$z^3 - 3z + 2 = 0$$

は，$z = 1$ を重根，$z = -2$ を単根とする．

なお，判別式を使わなくても，重根となる z を求めることができる．それは $w = f(z) = z^3 - 3z$ を，ふつうのように「微分」して

$$f'(z) = 3z^2 - 3$$

を求めて，$f'(z) = 0$ の根，すなわち $z = \pm 1$ を求めればよい．（図14-6 参照．図14-6 では z, w を実変数としている．）

結局，$f^{-1}(2) = \{-1, 2\}$，
$f^{-1}(-2) = \{1, -2\}$ となり，
$X = \mathbf{C} - \{-1, 2, 1, -2\}$，
$Y = \mathbf{C} - \{2, -2\}$
とおけば，

$$f : X \longrightarrow Y \qquad (4)$$

は，$\deg f = 3$ の被覆写像である．

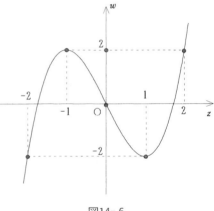

図14-6

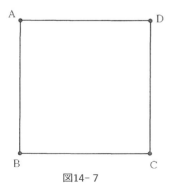

図14-7

図14-8

問 14.2 （4）の f が被覆写像なことを示せ．

写像度が有限でなく無限の被覆写像も沢山ある．次に，そのような被覆写像の一例をのべよう．

図14- 7の正方形 ABCD において，辺 AD と辺 BC をくっつけると，円筒ができる（図14- 8）．この円筒をギューッと曲げて，両端の円をくっつけると，1人用浮き袋 T ができる（図14- 9）．これを**トーラス**とよぶ．

平面全体を，いま，X とおく．X から T への被覆写像

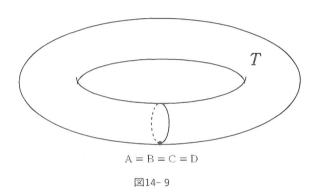

A ＝ B ＝ C ＝ D

図14- 9

$$f : X \longrightarrow T \tag{5}$$

を構成しよう．いま，便宜上，図14- 7の正方形は，一辺の長さが1で
   B＝(0, 0),
   C＝(1, 0),
   A＝(0, 1),
   D＝(1, 1)
とする．写像 f は，平面 X 上の点 (x, y) を (x', y') にうつすと定義する：

$$f(x, y) = (x', y').$$

ただし，$0 \leqq x' < 1$，$0 \leqq y' < 1$ で $x - x'$ は整数，$y - y'$ は整数とする．点 (x', y') を T と点と考える．

この写像 f が被覆写像であることを示すのは，ここでは省略する．（読

者自ら試みられたい.)こ
の f の deg f は無限大
である.実際,図14-9 の
点 A(＝B＝C＝D) の原
像 f^{-1}(A) は,座標が整
数である点全体からなる
(図14-10).図14-10の
f^{-1}(A) のような点集合
を**正方格子**とよび,その
各点を**格子点**とよぶ.T
の他の点の原像も正方格
子をなす.図14- 7 の正方
形内に描かれた図形の f
による原像は,図14-11の
ように,くり返し文様に
なっている.

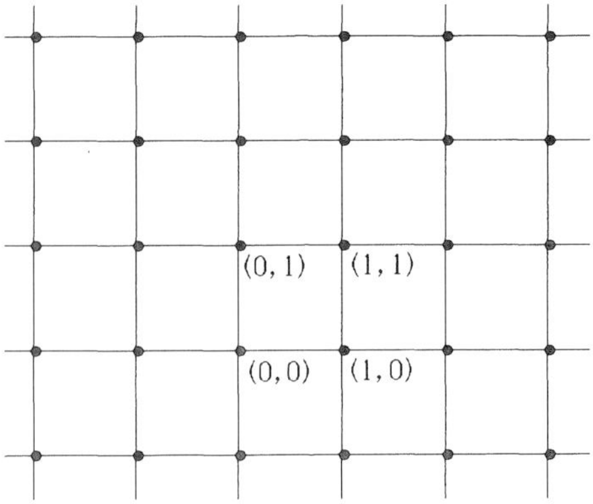

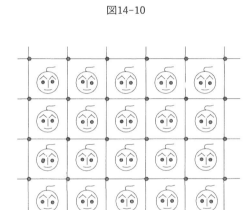

図14-10

2. 被覆写像の同型と
自己同型群

ふたつの被覆写像

$$f : X \longrightarrow Y,$$
$$g : X' \longrightarrow Y$$

図14-11

に対し,$f = g \circ \varphi$(合成写像)をみたす X から X' 上への 1 対 1 双連続写
像 φ が存在するとき,f と g は**同型**であると言い,φ を f から g への**同
型写像**とよぶ.

たとえば,$z = -3$ を中心とする円環領域

$$X' : 1 < |z+3| < 2$$

(図14-12)から,円環領域 $Y : 1 < |w| < 4$ への被覆写像

$$g : z \longmapsto w = (z+3)^2$$

は,(1) の被覆写像 f と同型である.実際,

$$\varphi(z) = z - 3$$

とおくと，φ は $X:1<|z|$ <2 から X' 上への1対1 双連続写像で，$g\circ\varphi=f$ を みたしている．すなわち， φ は f から g への同型写 像である．

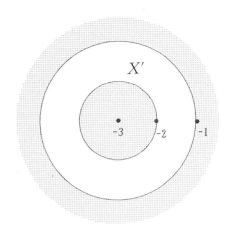

図14-12

さて，被覆写像

$$f:X \longrightarrow Y$$

の**自己同型写像**とは，f か ら f への同型写像のこと である．f の自己同型全体 の集合 $\mathrm{Aut}(f)$ は，写像の 合成に関して群をなす．これを f の**自己同型群**とよぶ．

たとえば，f を (1) の被覆写像とするとき

$$\varphi:z \longmapsto -z \tag{6}$$

は，f の自己同型写像である．この例の場合，

$$\mathrm{Aut}(f)=\{1,\varphi\} \tag{7}$$

（1 は恒等写像）となっている．

(7) を示すため，いま，ψ を $\mathrm{Aut}(f)$ の元とする．X の点 $3/2$ は，ψ に よって $3/2$ か $-3/2$ に写される．なぜなら

$$f\circ\psi\left(\frac{3}{2}\right)=f\left(\frac{3}{2}\right)=\frac{9}{4} \quad \text{すなわち} \quad \psi\left(\frac{3}{2}\right)^2=\frac{9}{4}$$

だからである．

$\psi(3/2)=3/2$ とする．このとき $\psi=1$ （恒等写像）を示そう．

定義 1 の(ロ)より，$Q=9/4$ の近傍 W が存在し，f は，$f^{-1}(W)$ の連結成 分 U_1 と U_2 のそれぞれから W 上への1対1双連続写像になっている． 点 $3/2$ は U_1 の，$-3/2$ は U_2 の点とする（図14-13）．

$$f:U_1 \longrightarrow W, \quad f:U_2 \longrightarrow W, \quad \psi:U_1 \longrightarrow X$$

と考えると，$f\circ\psi=f$ より，ψ は U_1 上で

$$\psi=f^{-1}\circ f=1, \quad \text{かまたは} \quad \psi=f^{-1}\circ f:U_1 \longrightarrow U_2$$

のいずれかである．後者がおきるとすると，U_1 上で

$$\psi(z)=-z$$

でなければならないが，$\psi(3/2)=3/2$ ゆえ，後者はおきない．すなわち，ψ は U_1 上で 1（恒等写像）である．

　ψ が X 全体では 1 でないとする．$\psi(z_0) \neq z_0$ となる点 z_0 を X からとる．このとき $\psi(z_0) = -z_0$ となっている．

　点 3/2 を始点とし，z_0 を終点とする X 内の道 γ を考える（図14-14）．3/2 の近傍 U_1 上では $\psi=1$ で，点 z_0 で $\psi(z_0) = -z_0$ ゆえ，次の条件をみたす γ 上の点 z' が存在する：γ 上，3/2 から z' までの部分では，つねに $\psi=1$ であるが，z' をこえると，それが言えない．

　すなわち，z' を

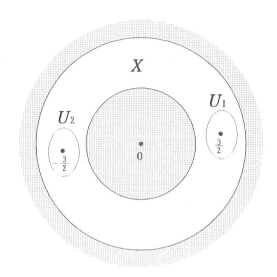

図14-13

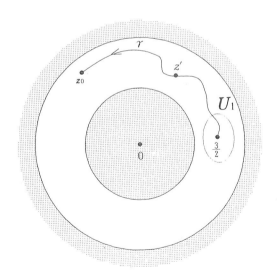

図14-14

こえたどんな近くにも，γ 上の点，$z_1, z_2, \cdots\cdots$ が存在して

$$\psi(z_1) = -z_1, \quad \psi(z_2) = -z_2, \quad \cdots\cdots$$

となる．点列 $z_1, z_2, \cdots\cdots$ は，z' に**収束する**と仮定してよい．（この意味は，

$$|z_n - z'| \longrightarrow 0 \qquad (n \longrightarrow \infty)$$

と言うことである．）ψ の連続性から

$$\psi(z') = -z'.$$

一方，γ 上 z' をこえない方からの点列を同様に考えると

$$\psi(z') = z'$$

となり，両者は矛盾である．結局，X 上で $\psi = 1$ である．

$\psi(3/2) = -3/2$ のときは，(6) の φ を用いて，合成 $\varphi \circ \psi$ を考えると，これは $3/2$ を $3/2$ にうつす f の自己同型写像なので，上の議論より $\varphi \circ \psi = 1$．ゆえに

$$\psi = \varphi^{-1} = \varphi$$

となる．かくて (7) が示された．

(2) の被覆写像 f の場合は

$$\mathrm{Aut}(f) = \{1, \varphi, \varphi^2, \cdots, \varphi^{n-1}\} \tag{8}$$

である．ここに

$$\varphi : z \longmapsto \zeta z, \qquad \left(\zeta = \cos\frac{2\pi}{n} + i\sin\frac{2\pi}{n}\right).$$

(3) の被覆写像 f の場合は

$$\mathrm{Aut}(f) = \{1, \varphi\} \tag{9}$$

である．ここに

$$\varphi : z \longmapsto 2 - z.$$

(4) の被覆写像 f の場合は

$$\mathrm{Aut}(f) = \{1\} \tag{10}$$

である．(10) の証明には，複素変数の関数の理論を用いるので，ここでは省略する．

(5) の被覆写像 f の場合は，自己同型群は無限群

$$\mathrm{Aut}(f) = \{\varphi_{m,n} \mid m, n \text{ は整数}\} \tag{11}$$

である．ここに

$$\varphi_{m,n}(x, y) = (x + m, y + n).$$

3. ガロア的被覆写像

$$f : X \longrightarrow Y$$

を被覆写像とする。Y の点 Q をとり，固定する。X の点 P と P$'$ を Q の原像 $f^{-1}(Q)$ の 2 点とする。(7) を示した議論を少し修正した議論によって，次を示すことが出来る：

命題 14.1　$\varphi(P) = P'$ となる f の自己同型 φ は，存在しても高々ひとつである。（存在しないこともある。）

定義 2　$f^{-1}(Q)$ のどんな 2 点 P, P$'$ に対しても $\varphi(P) = P'$ となる f の自己同型 φ が存在するとき，f を**ガロア的被覆写像**とよぶ。f がガロア的のとき，$\mathrm{Aut}(f)$ を f の**ガロア群**とよぶ。

　$\deg f$ が有限の場合
$$f^{-1}(Q) = \{P_1, P_2, \cdots, P_n\}, \quad (n = \deg f)$$
とおくと，命題 14.1 より，P_1 を各 P_j にうつす f の自己同型は高々ひとつなので

命題 14.2　$\deg f$ が有限のときは，$\mathrm{Aut}(f)$ は有限群で，その位数（元の個数）$\#\mathrm{Aut}(f)$ は，不等式
$$\# \mathrm{Aut}(f) \leq \deg f$$
をみたす。ここで等号が成り立つための必要十分条件は，f がガロア的であることである。

　((7), (8), (9) より)　(1), (2), (3) の被覆写像 f はガロア的である。しかし，((10) より)　(4) の f はガロア的でない。
　なお，(5) の f は，(11) より，ガロア的である。
　被覆写像と（前章で，論じた）基本群とは深い関係があるが，それは次章にのべよう。

リフレッシュ　コーナー

　これこれの条件をみたす点の描く曲線（軌跡）を求めよと言う問題を**軌跡問題**とよぶ．「軌跡問題が解けたら奇跡だ」と言う，どうしようもないダジャレがあったが，実際は，証明問題や作図問題よりやさしい．

問 14.3　楕円のふたつの焦点のうちのひとつを F とする．楕円上を動点 P が動いてゆくとき，(イ) F と P の中点 Q の軌跡を求めよ．(ロ)楕円への P での接線に F から下した垂線の足 R の軌跡をもとめよ（図14-15）．

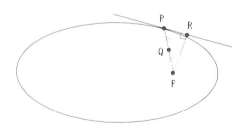

図14-15

第15章　ガロア理論の幾何的モデル

1. 道の持ち上げ

　前々章では基本群について論じ，前章では被覆写像について論じた．この章は，これらが結びつく話である．これらの結びつき方は，方程式のガロア理論とよく似ていて，いわばガロア理論の幾何的モデルと言える．

　前章で，基本例として取り上げたが,複素数平面上の円環領域 $D : 1 <|z|<2$ から円環領域 $E : 1<|w|<4$ への写像

$$f : z \longmapsto w = z^2 \tag{1}$$

は，2対1の被覆写像である(図15-1).**被覆写像**または略して**被覆**の定義は，前章を参照されたい．

　E の点 $w=2$ の，f による**原像**（$f(z)=2$ となる点 z）は，D の2点 $z=\sqrt{2}$, $z=-\sqrt{2}$ である．$\sqrt{2}$ と $-\sqrt{2}$ のように，f によって同じ点にうつされる点同士を，（f に関して）**共役**（きょうやく）であると言う．点 w $=2$ を出発点とする E 内の曲線

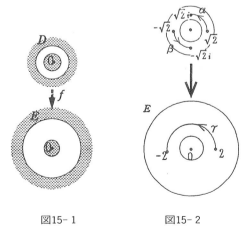

図15-1　　　　　図15-2

$$\gamma : t \longmapsto w = 2(\cos t + i\sin t), \qquad (0 \leq t \leq \pi)$$

に対し，それぞれ $z=\sqrt{2}$ および $z=-\sqrt{2}$ を出発点とする D 内の曲線

$$\alpha : t \longmapsto z = \sqrt{2}(\cos t + i\sin t), \qquad \left(0 \leq t \leq \frac{\pi}{2}\right)$$

$$\beta : t \longmapsto z = -\sqrt{2}(\cos t + i\sin t), \qquad \left(0 \leq t < \frac{\pi}{2}\right)$$

は，γ の f による原像（$f(\alpha)=\gamma$, $f(\beta)=\gamma$ となる曲線）である（図15-2）．α と β を γ の**持ち上げ**とよび，互いに**共役**な道とよぶ．

図15-3のように，γ と γ' が E 内で**ホモトープ**（端点は固定したまま連続的に変形して一方から他方へ移り得る，記号で $\gamma \sim \gamma'$）のとき，それらの持ち上げ α と α'，β と β' はホモトープである：$\alpha \sim \alpha'$, $\beta \sim \beta'$.

図15-2，図15-3の状況は，一般の被覆で成立することである（証明は，第13章で引用した加藤氏の本を参照）：

定理 15.1 $f : X \longrightarrow Y$ を被覆写像とし，X の点 P と Y の点 Q を $f(\mathrm{P})=\mathrm{Q}$ となるものとする．このとき，Q を始点とするいかなる道 γ に対しても，P を始点とする道 α で $f(\alpha)=\gamma$ となるものが，ただひとつ存在する．（この道 α を，（P を始点とする，f による）γ の**持ち上げ**とよぶ．）

定理 15.2 $f : X \longrightarrow Y$ を被覆写像とし，X の

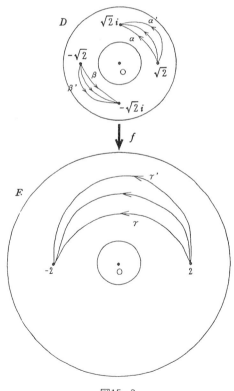

図15-3

点 P と Y の点 Q を $f(\mathrm{P})=\mathrm{Q}$ となるものとする．このとき，Q を始点とする道 γ と γ' がホモトープならば，P を始点とするそれらの持ち上げ α と α' は（終点が一致し）ホモトープである．

　一般に，$f : X \longrightarrow Y$ を連続写像とするとき，X 内のループ（閉曲線）α の像 $f(\alpha)$ は，あきらかに Y 内のループである（図15-4）．

　しかし，とくに $f : X \longrightarrow Y$ が被覆写像の場合，Y 内のループの持ち上げは，必ずしもループでない．たとえば，$f : D \longrightarrow E$ が（1）の被覆写像の場合，E のループ

$$\gamma : t \longmapsto w = 2(\cos t + i \sin t), \quad (0 \le t \le 2\pi) \tag{2}$$

の持ち上げは，ふたつの道

$$
\begin{aligned}
\alpha &: t \longmapsto z = \sqrt{2}(\cos t + i \sin t), \quad (0 \le t \le \pi) \quad 、\\
\beta &: t \longmapsto z = -\sqrt{2}(\cos t + i \sin t), \quad (0 \le t \le \pi)
\end{aligned}
\tag{3}
$$

で，どちらもループでない（図15-5）．

　また，γ が Y 内のループのとき，その持ち上げのうち，あるものはループで，他のものはループでないことがある．たとえば，前章に出てきた被覆写像の例

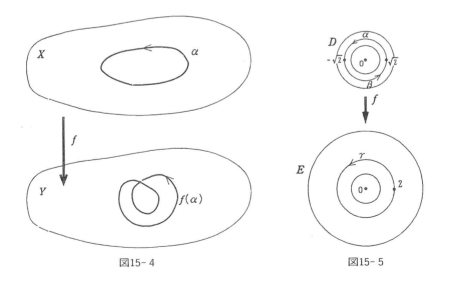

図15-4　　　　　　　　　　　　　図15-5

$$f : X = \boldsymbol{C} - \{2,\ -1,$$
$$-2,\ 1)\} \longrightarrow Y = \boldsymbol{C}$$
$$-\{2, -2\},$$

$$f(z) = w = z^3 - 3z \qquad (4)$$

を考えると, 点 $w = 2$ 中心の
小円 (向きは反時計回り) を
γ とすると, その持ち上げは,
点 $z = 2$ を反時計回りに一周
するループ α と, 点 $z = -1$
の近く道 (ループでない) β, β'
のみっつよりなる (図15-6).
(この辺のきちんとした議論
には, 複素関数の理論が必要
となる.)

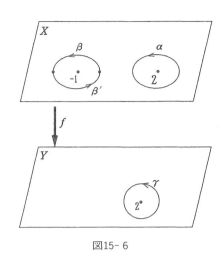

図15-6

命題 15.1 $f : X \longrightarrow Y$ を被覆写像とする. f がガロア被覆である
ための必要十分条件は, 各ループと共役な道がすべてループであること
である.

ただし, f が**ガロア被覆**とは, 前章で定義したように, Y の点 Q を固
定したとき, $f^{-1}(Q)$ の任意の 2 点 P, P' に対し, $\varphi(P) = P'$ となる f の**自
己同型** φ ($f \cdot \varphi = f$ をみたす X から X への 1 対 1 双連続写像 φ) が存
在することである. (φ は存在しても高々 1 個である.) 命題 15.1 の証明
は補足 8 参照. (1) の f はガロア被覆で, (4) の f はガロア被覆でない.

なお, 被覆写像 f の自己同型全体 $\mathrm{Aut}(f)$ は写像の合成のもとで群を
なす. これを f の**自己同型群**とよぶ. とくに f がガロア被覆のときは,
$\mathrm{Aut}(f)$ を f の**ガロア群**とよぶ. (1) の f の場合は

$$\mathrm{Aut}(f) = \{1, \varphi\} \qquad (5)$$

(1 は恒等写像, $\varphi(z) = -z$) である. また, (4) の f の場合は

$$\mathrm{Aut}(f) = \{1\}$$

である.

2. 被覆写像と基本群

　D を平面上の領域とする. D
内のふたつの道 α と β は, α の
終点と β の始点が一致すると
き, α と β をそのままつなげた
道を $\alpha\beta$ と書き, α と β の積と
よぶ (図15-7). あきらかに α
$\sim\alpha'$, $\beta\sim\beta'$ ならば $\alpha\beta\sim\alpha'\beta'$
である (図15-8). それゆえ,
α のぞくするホモトピー類を
$[\alpha]$ と書くとき,
$[\alpha]$ と $[\beta]$ の積 $[\alpha][\beta]$ を

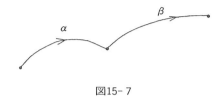

図15-7

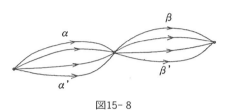

図15-8

$$[\alpha][\beta]=[\alpha\beta]$$

と定義してよい.

　さて, P_0 を D の1点とし固定する. 前々章で議論したように, P_0 を
始点, 終点とするループのホモトピー類全体の集合 $\pi_1(D, P_0)$ は, ホモト
ピー類の積のもとで群をなす. これを P_0 を基点とする D の**基本群**とよ
ぶ.

　基本群は, 平面上の領域のみならず, 空間内の曲面や, 高次元図形に
対しても同様に定義される.

　さて,

$$f : X \longrightarrow Y$$

を連続写像とする. X の点 P_0, Y の点 Q_0 を $f(P_0)=Q_0$ となるようと
り, 固定する. これらを**基点**とよぶ. このとき, f は X とその基点 P_0 の
対 (X, P_0) から, Y とその基点 Q_0 の対 (Y, Q_0) への写像であると言い,

$$f : (X, P_0) \longrightarrow (Y, Q_0)$$

と書く. (以下, このような対についての連続写像, とくに**被覆写像**を考
える.)

　P_0 を始点, 終点とするループ α を X 内に考える. α を f で Y に移す

と，その像 $f(\alpha)=\beta$ は，Q_0 を始点，終点とする Y 内のループである（図 15-4 参照）．また，あきらかに $\alpha\sim\alpha'$ ならば $f(\alpha)\sim f(\alpha')$ ゆえ，α のぞくするホモトピー類 $[\alpha]$ の f による像を

$$f_*([\alpha])=[f(\alpha)]$$

で定義してよい．このとき

命題15.2 連続写像 $f:(X,P_0)\longrightarrow(Y,Q_0)$ に対し
$$f_*:\pi_1(X,P_0)\longrightarrow\pi_1(Y,Q_0)$$
は準同型写像である．

証明 $f_*([\alpha][\beta])=f_*([\alpha\beta])=[f(\alpha\beta)]$
$\qquad\quad=[f(\alpha)f(\beta)]=[f(\alpha)][f(\beta)]=f_*([\alpha])f_*([\beta]).$ 証明終

とくに

命題 15.3 $f:(X,P_0)\longrightarrow(Y,Q_0)$ が被覆写像のとき
$$f_*:\pi_1(X,P_0)\longrightarrow\pi_1(Y,Q_0)$$
は，中への 1 対 1 写像である．言いかえると，f_* の核 $\mathrm{Ker}(f_*)$ は単位元のみよりなる．

証明 Q_0 1 点よりなるループ ε の，P_0 を始点とする持ち上げは，P_0 1 点よりなるループ δ である．さて，$[\alpha]$ を $\mathrm{Ker}(f_*)$ の元とすると，$f_*([\alpha])=[f(\alpha)]=1$ ゆえ，$f(\alpha)$ $\sim\varepsilon$．定理 15.2 より $\alpha\sim\delta$ である．すなわち $[\alpha]=1$.   証明終

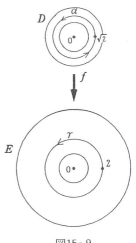

図15-9

この命題より，$f:(X,P_0)\longrightarrow(Y,$ $Q_0)$ が被覆写像のとき，$\pi_1(X,P_0)$ は，$\pi_1(Y,Q_0)$ の部分群 $f_*(\pi_1(X,P_0))$ と（f_* によって）同型である．そのため，時々，

$\pi_1(X, \mathrm{P_0})$ と $f_*(\pi_1(X, \mathrm{P_0}))$ を同一視して，$\pi_1(X, \mathrm{P_0})$ を $\pi_1(Y, \mathrm{Q_0})$ の部分群とみなすことがある．

(1) の f においては，それぞれ D, E 内のループ

$$\alpha : t \longmapsto z = \sqrt{2}(\cos t + i\sin t),\ (0 \leqq t \leqq 2\pi)$$
$$\gamma : t \longmapsto w = 2(\cos t + i\sin t),\ (0 \leqq t \leqq 2\pi)$$

（図15-9）をとり，$[\alpha] = a$, $[\gamma] = c$ とおくと

$$\pi_1(D, \sqrt{2}) = \langle a \rangle = \{1, a, a^{-1}, a^2, a^{-2}, \cdots\}$$
$$\pi_1(E, 2) = \langle c \rangle = \{1, c, c^{-1}, c^2, c^{-2}, \cdots\} \tag{6}$$

（$\langle a \rangle$ は a で生成される無限巡回群）であり

$$f_*(a) = c^2$$

である．したがって

$$f_*(\pi_1(D, \sqrt{2})) = \langle c^2 \rangle = \{1, c^2, c^{-2}, c^4, c^{-4}, \cdots\} \tag{7}$$

は，$\pi_1(E, 2)$ の部分群である．これは正規部分群である．

(4) の f においては

$X = \boldsymbol{C} - \{2, -1, -2, 1\}$, $Y = \boldsymbol{C} - \{2, -2\}$ の基点を，それぞれ $z = 0$, $w = 0$ とし，図15-10 のような X 内

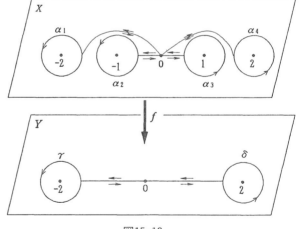

図15-10

の（メリディアンとよばれる）ループ α_1, α_2, α_3, α_4 及び Y 内のループ γ, δ をとり，$[\alpha_1] = a_1$, $[\alpha_2] = a_2$, $[\alpha_3] = a_3$, $[\alpha_4] = a_4$, $[\gamma] = c$, $[\delta] = d$ とおくと

$$\pi_1(X, 0) = \langle a_1, a_2, a_3, a_4 \rangle$$
$$\pi_1(Y, 0) = \langle c, d \rangle$$

($\langle a_1, a_2, a_3, a_4 \rangle$ は a_1, a_2, a_3, a_4 で生成される自由群，$\langle c, d \rangle$ も同様) となり

$$f_*(a_1) = dcd^{-1}, \quad f_*(a_2) = d^2,$$
$$f_*(a_3) = c^2, \quad f_*(a_4) = c^{-1}dc, \tag{8}$$

となっている．（この理由は，読者自ら，考えられたい．）

$$f_*(\pi_1(X, 0)) = \langle dcd^{-1}, d^2, c^2, c^{-1}dc \rangle$$

は，（f_* によって）$\pi_1(X, 0)$ と同型である $\pi_1(Y, 0)$ の部分群である．これは正規部分群でない．

注意　この例のように，4元で生成される自由群が2元で生成される自由群の部分群となるのは，自由アーベル群の場合には起らない（意外な）ことである．

上の2例でみるように，次の命題がなりたつ（証明は補足8参照）：

命題 15.4　被覆写像 $f: (X, \mathrm{P}_0) \longrightarrow (Y, \mathrm{Q}_0)$ がガロア被覆であるための必要十分条件は，$f_*(\pi_1(X, \mathrm{P}_0))$ が $\pi_1(Y, \mathrm{Q}_0)$ の正規部分群となることである．

さて　　$f: (X, \mathrm{P}_0) \longrightarrow (Y, \mathrm{Q}_0)$
をガロア被覆とする．$[\gamma]$ を $\pi_1(Y, \mathrm{Q}_0)$ から任意にとる．P_0 を始点とする γ の持ち上げを α とし，その終点を P とする．$\gamma \sim \gamma'$ ならば，P_0 を始点とする γ' の持ち上げ α' も，定理2より，終点が P で $\alpha \sim \alpha'$ である（図15-11）．すなわち点 P は，γ のとり方によらず，そのホモトピー類 $[\gamma]$ にのみ依存する．f がガロア被覆なので，点 P_0 を P にうつす f の自己同型 φ がただひとつ存在する：$\varphi(\mathrm{P}_0) = $ P．写像

$$\Phi: [\gamma] \longmapsto \varphi \tag{9}$$

を考える．

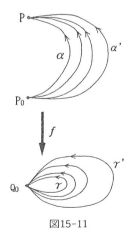

図15-11

定理 15.3　$f:(X,\ \mathrm{P_0}) \longrightarrow (Y,\ \mathrm{Q_0})$ をガロア被覆とする.
このとき (9) で定義した写像

$$\Phi:\pi_1(Y,\mathrm{Q_0}) \longrightarrow \mathrm{Aut}(f) \qquad\qquad (10)$$

は，上への準同型写像で，$\mathrm{Ker}(\Phi)=f_*(\pi_1(X,\mathrm{P_0}))$ である.

(1) の f の場合は

$$\Phi:\pi_1(E,2)=\langle\gamma\rangle \longrightarrow \mathrm{Aut}(f)=\{1,\varphi\}$$

$$\Phi:c=[\gamma] \longmapsto \varphi$$

である（γ は (2) の γ，φ は (5) の φ）．Φ の核は

$\mathrm{Ker}(\Phi)=\langle c^2\rangle=\{1,c^2,c^{-2},c^4,c^{-4},\cdots\}=f_*(\pi_1(\mathrm{D},\sqrt{2}))$（(7) 参照）とな
り，定理 15.3 の主張に合致している.
（命題 15.1, 15.4, 定理 15.3 の証明は**補足 8** で与える.）

3. 普遍被覆

$(Y,\mathrm{Q_0})$ のふたつの被覆

$$f:(X,\mathrm{P_0}) \longrightarrow (Y,\mathrm{Q_0})$$

$$f':(X',\mathrm{P_0}') \longrightarrow (Y,\mathrm{Q_0})$$

において，f から f' への**写像** ψ とは，$(X,\mathrm{P_0})$ から $(X',\mathrm{P_0}')$ への連続写
像で，$f'\psi=f$ をみたす ψ のことである．この場合，(f と f' が被覆写像
なので) ψ 自身が被覆写像である．とくに ψ が 1 対 1 双連続写像のとき
は，ψ を**同型写像**とよぶ.

命題 15.5　f から f' への写像は，存在しても高々ひとつである.

証明　ψ と ψ' を f から f' への写像とする．ψ も ψ' も局所的には，$f'^{-1}f$
と書けるので

$$U=\{\mathrm{P}\in X \mid \psi(\mathrm{P})=\psi'(\mathrm{P})\}$$

は X の開集合である．$\mathrm{P_0}\in U$ ゆえ，U は空集合でない.
一方，U の点の点列で，U の境界点 P に収束するものを考えると，ψ と

ψ' の連続性より, P でも $\phi(\mathrm{P})=\psi'(\mathrm{P})$ となる. これは $U=X$ を意味する.   証明終

f から f' への写像があるとき, $f \geqq f'$ または $f' \leqq f$ と記す. あきらかに

$$f \geqq f', \quad f' \geqq f'' \quad \text{ならば} \quad f \geqq f''$$

である.

f から f' への同型写像があるとき, $f \cong f'$ と記す. これは同値関係である.

問 15.1　$f \geqq f', \ f' \geqq f$ ならば $f \cong f'$ であることを示せ.

さて, (Y, Q_0) のいろいろな被覆の中で最も重要な被覆は, 次のようなものである:

定義　(Y, Q_0) の被覆 $f : (X, \mathrm{P}_0) \longrightarrow (Y, \mathrm{Q}_0)$ において, X が単連結のとき f を**普遍被覆写像**または略して**普遍被覆**とよぶ.

X が**単連結**とは, $\pi_1(X, \mathrm{P}_0)=\{1\}$ となることである. $\{1\}$ は, いかなる群の正規部分群でもあるので, 命題 15.4 より, 普遍被覆はガロア被覆である. そして定理 15.3 より

命題 15.6　$f : (X, \mathrm{P}_0) \longrightarrow$ (Y, Q_0) が普遍被覆ならば (10) の準同型写像 $\Phi : \pi_1(Y, \mathrm{Q}_0)$ $\longrightarrow \mathrm{Aut}(f)$ は, 同型写像である. すなわち, Y の基本群は $\mathrm{Aut}(f)$ と同型である.

前章に出てきた例の中に, 普遍被覆となっているものがあ

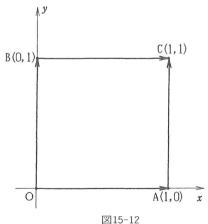

図15-12

る：図15-12の 正 方 形
OACB において，辺 OA
と辺 BC をこの向きに同
一視し，辺 OB と辺 AC
をこの向きに同一視する
と，トーラス T が生ず
る（図15-13）．X を平面
とし，

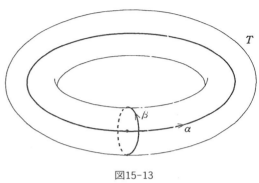

図15-13

$$f:(X, 0) \longrightarrow (T, 0) \tag{11}$$

を　　　　　　　　　　$f(x, y) = (x', y')$

（$0 \leq x' < 1$, $0 \leq y' < 1$, $x - x'$ と $y - y'$ は整数）で定義すると，f は普遍被
覆である．

$$\pi_1(T, 0) = \langle a, b \mid ab = ba \rangle = \{a^m b^n \mid m, n \text{ は整数}\}$$

（$a = [\alpha]$, $b = [\beta]$ は，図15-13のループのホモトピー類）

$$\mathrm{Aut}(f) = \{\varphi_{m,n} \mid m, n \text{ は整数}\}$$

（ただし $\varphi_{m,n} : (x, y) \longmapsto (x+m, y+n)$）

は共に自由アーベル群であり，命題 15.6 の同型写像 Φ は

$$\Phi : a^m b^n \longmapsto \varphi_{m,n}$$

であたえられる．

定理 15.4 (Y, Q_0) の普遍被覆 $f:(X, P_0) \longrightarrow (Y, Q_0)$ は必ず存在
する．しかも，同型をのぞき，ただひとつ存在する．(Y, Q_0) の任意の被
覆 $f':(X', P_0') \longrightarrow (Y, Q_0)$ に対し，$f \geq f'$ がなりたつ．すなわち，
普遍被覆は，「最大の」被覆である．

略証 (Y, Q_0) の普遍被覆は，次のように抽象的に作られる：X を Q_0 を
始点とする道（ループとは限らない）のホモトピー類全体の集合

$$X = \{[\gamma] \mid \gamma \text{ は } Q_0 \text{ を始点とする道}\}$$

とおく．X にてきとうな空間構造を入れる．（この意味は，位相構造を入
れると言うことだが，気にしないでほしい．）P_0 を Q_0 1 点からなる道の

ホモトピー類とする. $f : (X, \mathrm{P}_0) \longrightarrow (Y, \mathrm{Q}_0)$
を, $[\gamma]$ に γ の終点を対応させるものとする. こう定義すると, f は普遍被覆となる.

次に,

$$f : (X, \mathrm{P}_0) \longrightarrow (Y, \mathrm{Q}_0)$$

を普遍被覆とし,

$$f' : (X', \mathrm{P}_0') \longrightarrow (Y, \mathrm{Q}_0)$$

を他の被覆とする. P を X の任意の点とし, α を P_0 と P を結ぶ道とする. $\gamma = f(\alpha)$ は, Y 内の Q_0 を始点とする道である. α' を, P_0' を始点とする γ の f' による持ち上げとし, P' をその終点とする（図15-14）. X が単連結なので, 定理 15.2 より, P' は道 α のとり方によらず, P できまる. そこで写像

$$\psi : \mathrm{P} \longmapsto \mathrm{P}'$$

を考えると, これは $f'\psi = f$ をみたすので f から f' への写像となり $f \geqq f'$ である.

最後に, さらに f' も普遍被覆ならば, $f \geqq f'$, $f' \geqq f$ ゆえ, （問 15.1 より）$f \cong f'$ となる. すなわち, 普遍被覆は同型をのぞき, ただひとつ存在する. **証明終**

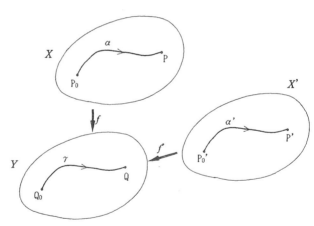

図15-14

普遍被覆は最大の被覆で, 他の被覆は, いわば中間にある. その状況は図15-15であらわされる.

図15-15において, （命題 15.3 より）

$$
\begin{array}{ccc}
(X, \mathrm{P}_0) & \cdots\cdots\cdots\cdots\cdots & \{1\} \\
\downarrow & & \downarrow \psi_* \\
(X', \mathrm{P}_0') & \cdots\cdots\cdots\cdots\cdots & H = \pi_1(X', \mathrm{P}_0') \\
\downarrow f' & & \downarrow f_*' \\
(Y, \mathrm{Q}_0) & \cdots\cdots\cdots\cdots\cdots & \pi_1(Y, \mathrm{Q}_0)
\end{array}
$$

図15-15

$\pi_1(X', \mathrm{P_0}')$ は，$\pi_1(Y, \mathrm{Q_0})$ の部分群 H とみなしうる．そこで H を $H(f')$ と書き，f' に $H = H(f')$ を対応させると

定理 15.5 (普遍被覆におけるガロア対応)　$(Y, \mathrm{Q_0})$ の被覆 $f' : (X', \mathrm{P_0}')$ $\longrightarrow (Y,\ \mathrm{Q_0})$ の同型類の集合と，$\pi_1(Y, \mathrm{Q_0})$ の部分群 H の集合とは，対応

$$f' \longmapsto H = H(f') = \pi_1(X', \mathrm{P_0}')$$

でもって 1 対 1 対応する．この対応は，大小関係と包含関係を逆にする．すなわち $f' \geqq f''$ ならば $H(f') \subset H(f'')$ である．さらに(定理 15.3 より)f' がガロア被覆のとき，そのときのみ，$H(f')$ は $\pi_1(Y,\ \mathrm{Q_0})$ の正規部分群であり，上への準同型 $\varPhi : \pi_1(Y, \mathrm{Q_0}) \longrightarrow \mathrm{Aut}(f')$ の核は $\mathrm{H}(f')$ である．

(11) の例では，$\pi_1(T, 0)$ $\cong \mathrm{Aut}(f)$ は，図15-16の正方格子と同一視される．図15-16において,ななめに走る**部分格子**に，$\pi_1(T, 0)$ の部分群が対応し，この部分群に対応する（ガロア）被覆

$f' : (X', \mathrm{O}') \longrightarrow (T, \mathrm{O})$
が考えられる．この X' も（平行四辺形の向い側の辺を同一視した）トーラスである．

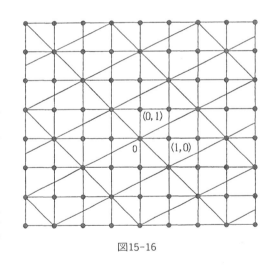

図15-16

定理 15.5 と同様の定理が，一般のガロア被覆でも成立する：

定理 15.6 (ガロア被覆におけるガロア対応)　$f : (X, \mathrm{P_0}) \longrightarrow (Y, \mathrm{Q_0})$ をガロア被覆とする．このとき，$f \geqq f'$ となる被覆 $f' : (X', \mathrm{P_0}') \longrightarrow$ $(Y, \mathrm{Q_0})$ の同型類の集合と，ガロア群 $\mathrm{Aut}(f)$ の部分群 H の集合との間

に，大小関係と包含関係を逆にする 1 対 1 対応 $f' \longmapsto H = H(f')$ が存在する．f' がガロア被覆のとき，そのときのみ $H(f')$ は $\mathrm{Aut}(f)$ の正規部分群となり，上への準同型 $\Phi : \mathrm{Aut}(f) \longrightarrow \mathrm{Aut}(f')$ があって，その核が $H(f')$ である．

$H = H(f')$ は次のように作られる．f から f' への写像 ψ をとり

$$H(f') = \mathrm{Aut}(\psi) = \{\varphi \in \mathrm{Aut}(f) \mid \psi\varphi = \psi\}$$

と定義する．さらに，$H(f') = \mathrm{Aut}(\psi)$ が $\mathrm{Aut}(f)$ の正規部分群のときは，$\mathrm{Aut}(f)$ の各元 φ に対し

$$\psi\varphi = \varphi'\psi$$

となる $\mathrm{Aut}(f')$ の元 φ' がただひとつ存在することが示される．対応

$$\Phi : \varphi \longmapsto \varphi'$$

が定理の条件をみたす．

　ガロア理論の基本定理は，上の定理 15.5 及び定理 15.6 と，よく似ている．定理 15.5 及び定理 15.6 は，ガロア理論の基本定理の幾何学版または幾何的モデルと言える．

　なお，定理 15.5 も定理 15.6 も，基点を考えた対 (Y, Q_0) の被覆に関する定理である．基点を考えず，単に Y の被覆について同様の定理を述べることも出来るが，それは少し複雑になるので省略する．

 リフレッシュ　コーナー

　図15-17のように，1 本のグルグルねじれた輪が空間内にあるとき，これを**結び目（ノット）**とよぶ．いろいろ複雑な結び目が考えられるが，図15-17の結び目は，最も簡単な結び目で，**クローバーノット**とよばれる．結び目は，数学における三大予想のひとつ，ポアンカレ予想（他のふたつは，フェルマー予想（近年，ワイルズが解

図15-17

決)とリーマン予想）に深く関連しているので，盛んに研究されている．

　空間内で，結び目が（自身と交わることなく）連続的に変形して他の結び目に移るとき，これらを**同値**と言う．どのような結び目が同値か同値でないか判定することは，結び目理論の重要問題のひとつである．

問 15.2 クローバーノットは，図15-18の結び目と同値なことを示せ．

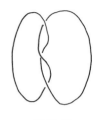

図15-18

　実は，（幾何大好き人間であるにもかかわらず）私はこの手の問題が苦手である．（出題者は当然スラスラ解けるだろうと思うのは，入試問題同様，誤解である．）直観がさっぱり働かない．頭の中で図形が動いてくれない．（そう言えば，碁も将棋も大好きなのに，すごく弱い．）読者はいかがであろうか．

　なお，（3次元）空間からクローバーノットをぬいた残りの集合 X の基本群は

$$\pi_1(X, P_0) \cong \langle a, b \mid aba = bab \rangle$$

であることが知られている（$aba = bab$ が基本関係式）．

注意 ポアンカレ予想は，ペレルマンにより（サーストンの幾何化予想を解くことにより）2003年に解かれた．詳細は

小島定吉 他『解決ポアンカレ予想』，

数学セミナー増刊，日本評論社，2007

を参照されたい．

第16章　悲劇と夢と―方程式をめぐって

1．三次方程式を解こう

　この章は，幾何学から離れて，方程式を論じよう．

　2次方程式の解法は，遠くバビロニアの昔に知られていたが，3次方程式，4次方程式は，16世紀イタリアルネサンスの時代にようやく解かれた．

　3次方程式の解法を具体例で示そう．

例1　$x^3-6x^2+11x-6=0$．

　$x=1$ がこの方程式の根であることは，見て分かるから，因数定理より，左辺の多項式が $x-1$ で割り切れて

$$x^3-6x^2+11x-6=(x-1)(x^2-5x+6)=(x-1)(x-2)(x-3).$$

$$\therefore\quad x=1,\ 2,\ 3.$$

注意　もし，整数係数で最高次の係数が1の方程式に，有理根（有理数の根）があれば，それは整数根で，しかも，定数項の約数である．例1の方程式で言えば，そのような根は，±1，±2，±3，±6 のどれかである．代入して計算すれば，根は $x=1,\ 2,\ 3$ と知れる．

例2　$x^3+x-2=0$．

　あきらかに $x=1$ がこの方程式の根であるから，因数定理より

$$x^3 + x - 2 = (x-1)(x^2 + x + 2)$$

$$\therefore \quad x = 1, \ \frac{-1 + \sqrt{7}i}{2} \quad (i = \sqrt{-1})$$

例3 $x^3 - 6x^2 + 13x - 11 = 0.$ \hfill (1)

$x = \pm 1, \ \pm 11$ を代入しても，左辺の多項式はゼロにならない．この多項式は，（有理係数では）因数分解出来ない．これを，**有理数体上既約で**あると言う．

既約と言う場合，どの数の範囲で既約かが問題になる．たとえば

$$x^2 - 2 = (x - \sqrt{2})(x + \sqrt{2})$$

は，有理数体上で既約だが，$\sqrt{2}$ と言う数も入れた範囲では，既約でない（可約である）．

さて，(1) の方程式を解く第1歩は，**2次の項を消す**ことである．2次方程式の根の公式を導くときに用いた，1次の項を消すテクニックを思い出す：

$$x^2 + ax + b = \left(x + \frac{a}{2}\right)^2 + \left(b - \frac{a^2}{4}\right) = y^2 + \left(b - \frac{a^2}{4}\right) \quad \left(y = x + \frac{a}{2}\right).$$

(1) で，$x - 2 = y, \ x = y + 2$ とおけば，

$$x^3 - 6x^2 + 13x - 11 = y^3 + y - 1$$

となる．そこで，

$$y^3 + y - 1 = 0 \hfill (2)$$

を解けばよい．

(2) を解くため，イタリアルネサンスの人々が考え出したテクニックがすごい．なぜこのような飛躍した発想が生まれたのであろうか．

u, v を新しい変数とし，$y = u + v$ とおいて (2) に代入する：

$$(u + v)^3 + (u + v) - 1 = 0.$$

$$\therefore \quad u^3 + v^3 + 3uv(u + v) + (u + v) - 1 = 0.$$

$$\therefore \quad (u^3 + v^3 - 1) + (3uv + 1)(u + v) = 0.$$

ここで $3uv + 1 = 0$ と仮定する．

$$\begin{cases} u^3 + v^3 = 1 \\ 3uv + 1 = 0 \end{cases} \qquad \therefore \quad \begin{cases} u^3 + v^3 = 1 \\ u^3 v^3 = -\dfrac{1}{27} \end{cases}$$

根と係数の関係から，u^3 と v^3 は，2次方程式

$$z^2 - z - \frac{1}{27} = 0$$

の2根である．これを解いて

$$u^3 = \frac{1}{2} + \sqrt{\frac{1}{4} + \frac{1}{27}}, \quad v^3 = \frac{1}{2} - \sqrt{\frac{1}{4} + \frac{1}{27}}.$$

$$\therefore \quad u = \sqrt[3]{\frac{1}{2} + \sqrt{\frac{1}{4} + \frac{1}{27}}}, \quad v = \sqrt[3]{\frac{1}{2} - \sqrt{\frac{1}{4} + \frac{1}{27}}}.$$

これらは実数（u が正数，v は負数）であり，$3uv + 1 = 0$ をみたしている．したがって

$$y = u + v = \sqrt[3]{\frac{1}{2} + \sqrt{\frac{1}{4} + \frac{1}{27}}} + \sqrt[3]{\frac{1}{2} - \sqrt{\frac{1}{4} + \frac{1}{27}}}$$

が，方程式 (2) の実根である．

　このように実根が求まったが，他の2根はどうなっているのか．それらは，グラフを見ればわかるように，虚根である．それらは，上の u, v を用いて

$$\omega u + \omega^2 v, \quad \omega^2 u + \omega v$$

$\left(\omega \text{ は } 1 \text{ の立方根，} \omega^3 = 1, \ \omega = \dfrac{-1 + \sqrt{3}i}{2}\right)$ とあらわされる．$((\omega u)(\omega^2 v)$ $= uv = -1/3$ などに注意.)

　(1)の3根は，これら3根に，それぞれ2を加えたものである．

　今の議論は一般に成り立ち，文字式で表現すると，3次方程式の解の公式が得られる．これが**カルダノの公式**である：

$$x^3 + ax^2 + bx + c = 0 \tag{3}$$

において，$y = x + \dfrac{a}{3}, \ x = y - \dfrac{a}{3}$ とおくと

$$y^3 + py + q = 0. \tag{4}$$

ただし　$p = -\dfrac{1}{3}(a^2 - 3b), \ q = \dfrac{1}{27}(2a^3 - 9ab + 27c)$．

(4)を上と同様に解くと，

$$u = \sqrt[3]{-\frac{q}{2} + \sqrt{\left(\frac{q}{2}\right)^2 + \left(\frac{p}{3}\right)^3}}, \quad v = \sqrt[3]{-\frac{q}{2} - \sqrt{\left(\frac{q}{2}\right)^2 + \left(\frac{p}{3}\right)^3}},$$

$$y = u + v, \quad \omega u + \omega^2 v, \quad \omega^2 u + \omega v,$$

$$x = y - \frac{a}{3}. \tag{5}$$

問 16.1 $x^3 + 3x^2 + 6x + 5 = 0$ を解け.

注意 カルダノの公式 (5) の実用性は疑わしい. なぜなら, 例2の方程式 $x^3 + x - 2 = 0$ に, カルダノの公式を適用して実根を求めると

$$x = \sqrt[3]{\sqrt{\frac{28}{27}} + 1} - \sqrt[3]{\sqrt{\frac{28}{27}} - 1}$$

となる. ところがこれは, 1でなければならない. このゴタゴタした式が1をあらわすと想像出来るだろうか. 次のような入試問題はいかがであろう. (こんな問題でも, 入試問題にすると, 必ず, アッとおどろくようなエレガントな解答が出てくる.)

問 16.2 $\sqrt[3]{\sqrt{\frac{28}{27}} + 1} - \sqrt[3]{\sqrt{\frac{28}{27}} - 1} = 1$ を示せ.

　上記, カルダノの公式を発見したのは, タルタリアである. タルタリア (1500?-1557) は, 12才の時, フランス軍が町に侵入して来た際, サーベルで口を切られ, 言葉が不自由であった. 独学で数学を研究し, 家庭教師と賞金稼ぎで生計をたてていた. 賞金稼ぎと言っても殺し屋でなく, 数学の難問を出し合って解き合う公開討論で勝って賞金を得ることである. 彼は3次方程式の解法を苦心の末に発見し, これを秘密の武器に, 連戦連勝していた.

　カルダノ (1501-1576) は, ミラノに在住し, 賭博師兼医師兼ボローニア大学教授と言う怪しい人物だった. 彼は, 甘言を弄し公表しない事を条件に, タルタリアから3次方程式の解法を聞き出した. そして, それを彼の著書に掲載した. (そのため, (5) はカルダノの公式と呼ばれるようになった.) タルタリアは激怒し, 公開討論を申し込んだ. カルダノはかなうはずのない闘いをさけようとしたが, 幸運なことに, 彼にはフェラーリと言う非常にすぐれた弟子がいた. フェラーリはその時, 4次方程式の解法を発見していた. そのフェラーリがカルダノの代りに公開討

論に出た．結果は，タルタリアの無残な負けとなり，タルタリアは失意
のうちに亡くなった．——と数学史の本に書いてある．これだとカルダ
ノは非常な悪人のようだが，ファン・デア・ヴェルデンの書いた数学史
の本では，そうではないと弁護している．歴史にはしばしば裏表がある
が，これもその一例であろう．

2．ラグランジュの解法

(4) の根を y_1, y_2, y_3 とすると，(5) より
$$y_1 = u + v, \ \ y_2 = \omega u + \omega^2 v, \ \ y_3 = \omega^2 u + \omega v$$
である．これら3式のそれぞれに，$1, \omega^2, \omega$ をかけて加えると
$$y_1 + \omega^2 y_2 + \omega y_3 = (1 + \omega^3 + \omega^2) u + (1 + \omega + \omega^2) v = 3u.$$
$$\therefore \ \ u = \frac{1}{3}(y_1 + \omega^2 y_2 + \omega y_3)$$
同様に，3式のそれぞれに，$1, \omega, \omega^2$ をかけて加えると
$$v = \frac{1}{3}(y_1 + \omega y_2 + \omega^2 y_3)$$
を得る．このように，u と v が y_1, y_2, y_3 の式であらわされる．
　ラグランジュ (1736-1813) は，このことを利用して，以下のような，
3次方程式の巧みな解法を思いついた．(3) の方程式
$$x^3 + ax^2 + bx + c = 0 \tag{3}$$
の3根を x_1, x_2, x_3 とし，
$$U = x_1 + \omega x_2 + \omega^2 x_3, \ \ V = x_1 + \omega^2 x_2 + \omega x_3$$
とおく．(3) の a, b, c は文字と考えている．したがって，x_1, x_2, x_3 も文字
（変数）と考えている．
　ここで，根 x_1, x_2, x_3 の置換を行う．たとえば，
$$x_1 \longmapsto x_2, \ x_2 \longmapsto x_3, \ x_3 \longmapsto x_1.$$
これを
$$\begin{pmatrix} x_1 & x_2 & x_3 \\ x_2 & x_3 & x_1 \end{pmatrix}$$
または数字だけを並べて

$$\begin{pmatrix} 1 & 2 & 3 \\ 2 & 3 & 1 \end{pmatrix}$$

と書く．3文字の置換は，$3! = 6$個ある：

$$\begin{pmatrix} 1 & 2 & 3 \\ 2 & 3 & 1 \end{pmatrix} = (123), \quad \begin{pmatrix} 1 & 2 & 3 \\ 3 & 1 & 2 \end{pmatrix} = (132), \quad \begin{pmatrix} 1 & 2 & 3 \\ 1 & 2 & 3 \end{pmatrix} = 1,$$

$$\begin{pmatrix} 1 & 2 & 3 \\ 2 & 1 & 3 \end{pmatrix} = (12), \quad \begin{pmatrix} 1 & 2 & 3 \\ 3 & 2 & 1 \end{pmatrix} = (13), \quad \begin{pmatrix} 1 & 2 & 3 \\ 1 & 3 & 2 \end{pmatrix} = (23).$$

（右辺は，**巡回置換**で書いている．(12)のような2文字の巡回置換は，**互換**とよばれる．）

$$U = x_1 + \omega x_2 + \omega^2 x_3$$

に対し，これらの置換をほどこす：

$$U \,|\, (123) = x_2 + \omega x_3 + \omega^2 x_1 = \omega^2(x_1 + \omega x_2 + \omega^2 x_3) = \omega^2 U.$$

同様に

$$U \,|\, (132) = \omega U, \quad U \,|\, (12) = \omega V, \quad U \,|\, (13) = \omega^2 V, \quad U \,|\, (23) = V,$$

$$V \,|\, (123) = \omega V, \quad V \,|\, (132) = \omega^2 V, \quad V \,|\, (12) = \omega^2 U,$$

$$V \,|\, (13) = \omega U, \quad V \,|\, (23) = U.$$

これらから，次がわかる：U^3とV^3は，(123), (132)によって自分自身にうつされ，互換(12), (13), (23)によって，互いに交換される．また，$U^3 + V^3$とUVは，どんな置換でも不変である．すなわち，これらは，x_1, x_2, x_3の**対称式**である．

$$x_1 + x_2 + x_3, \quad x_1 x_2 + x_2 x_3 + x_3 x_1, \quad x_1 x_2 x_3$$

を**基本対称式**とよぶ．方程式(3)の根と係数の関係から

$$a = -(x_1 + x_2 + x_3), \quad b = x_1 x_2 + x_2 x_3 + x_3 x_1, \quad c = -x_1 x_2 x_3$$

である．次の定理は，よく知られている：

定理 16.1 どんな対称式も，基本対称式の，したがって，a, b, cの整式であらわせる．

問 16.3 $x_1{}^3 + x_2{}^3 + x_3{}^3$ を a, b, c の整式であらわせ．

さて，U^3+V^3，UV を実際に a,b,c であらわすと

$$U^3+V^3=9ab-2a^3-27c=A,$$

$$UV=a^2-3b=B$$

となる．U^3 と V^3 は，次の2次方程式の2根である：

$$z^2-Az+B^3=0.$$

これを解いて

$$U^3=\frac{A+\sqrt{A^2-4B^3}}{2},\quad V^3=\frac{A-\sqrt{A^2-4B^3}}{2}$$

$$\therefore\quad U=\sqrt[3]{\frac{A+\sqrt{A^2-4B^3}}{2}},\quad V=\sqrt[3]{\frac{A-\sqrt{A^2-4B^3}}{2}}$$

注意　$A^2-4B^3=(U^3-V^3)^2=-27D$ である．

ここに，

$$D=[(x_1-x_2)(x_1-x_3)(x_2-x_3)]^2$$

$$=a^2b^2+18abc-4b^3-4a^3c-27c^2$$

は，3次方程式 (3) の**判別式**である．

さて，

$$x_1+x_2+x_3=-a,\quad x_1+\omega x_2+\omega^2 x_3=U,\quad x_1+\omega^2 x_2+\omega x_3=V$$

の3式を加えると

$$x_1=\frac{1}{3}(-a+U+V).$$

また，3式にそれぞれ $1,\omega^2,\omega$ をかけて加えると

$$x_2=\frac{1}{3}(-a+\omega^2 U+\omega V).$$

また，3式にそれぞれ $1,\omega,\omega^2$ をかけて加えると

$$x_3=\frac{1}{3}(-a+\omega U+\omega^2 V).$$

これが，ラグランジュの解法である．非常に巧みな方法だが，いわゆる「後知恵」の感が否めない．しかし，3根の置換の考えなどに，後のガロア理論の先駆けがうかがえる．

3. 四次方程式 — フェラーリの解法

$$x^4 + ax^3 + bx^2 + cx + d = 0 \tag{6}$$

を解こう．係数が数字でなく文字なのは，今までの方針に反するが，4次方程式の場合は，数字にしても，かなりわかりにくい．

$x + \dfrac{a}{4} = y, \ x = y - \dfrac{a}{4}$ とおけば

$$y^4 + py^2 + qy + r = 0 \tag{7}$$

となる．ここに

$$p = -\frac{3}{8}a^2 + b, \quad q = \frac{1}{8}a^3 - \frac{1}{2}ab + c,$$

$$r = -\frac{3}{256}a^4 + \frac{1}{16}a^2 b - \frac{1}{4}ac + d.$$

(7) を

$$y^4 = -py^2 - qy - r$$

と書く．いま，新しい変数 z を考え，両辺に $zy^2 + \left(\dfrac{z}{2}\right)^2$ を加える（こんな着想がどうして浮かぶのか）と，左辺が完全平方式になる：

$$\left(y^2 + \frac{z}{2}\right)^2 = (z-p)y^2 - qy + \left\{ r - \left(\frac{z}{2}\right)^2 \right\} \tag{8}$$

この式の右辺も完全平方式にしたい．その条件は，（y の 2 次式ゆえ）

$$q^2 - 4(z-p)\left\{ r - \left(\frac{z}{2}\right)^2 \right\} = 0$$

$$\therefore \quad z^3 - pz^2 - 4rz + (4pr - q^2) = 0 \tag{9}$$

これは，z に関する 3 次方程式ゆえ，§1，§2 の方法で z が求まる．その 1 根 z を用いると，(8) は

$$\left(y^2 + \frac{z}{2}\right)^2 = (z-p)\left\{ y - \frac{q}{2(z-p)} \right\}^2.$$

両辺の平方をとって

$$y^2 + \frac{z}{2} = \pm \sqrt{z-p}\left\{ y - \frac{q}{2(z-p)} \right\}. \tag{10}$$

これを解き，4 根 y が得られる．（(9) の他の根 z を用いても，一見あきらかでないが，(10) の同じ解が得られる．）

問 16.4 $y^4-2y-2=0$ を解け.

注意 問 16.4 の左辺の多項式は,次の大変美しい定理によって,有理数体上既約である($p=2$ とおけばよい):

定理 16.2（アイゼンシュタインの判定条件）   整係数の多項式
$$f(x)=a_0x^n+a_1x^{n-1}+\cdots+a_n$$
に対し,(イ) p は a_0 を割り切らず,(ロ) p は $a_1,\ \cdots,\ a_n$ を割り切り,(ハ) p^2 は a_n を割り切らない,ような素数 p があれば,$f(x)$ は有理数体上既約である.

 4 次方程式に対しても,ラグランジュが非常に巧みな解法を与えているが,その紹介は紙数の都合で省略せねばならない.

4. 一般五次方程式の代数的不可解性

定理 16.3 5 次方程式には,解の公式は存在しない.

 この定理は,ノルウェイの天才アーベル（1802–1829）によって証明された.彼はその短い一生の間に,多くの輝かしい業績をなしとげた.22 才のとき,定理 16.3 を自費出版の論文にしてガウスに送ったが,評価されなかった.後に数学雑誌クレーレ・ジャーナルに掲載され,世に知られるようになった.

 彼の論文は,概して明快だが,新しい概念「体」が入っているので,なかなか理解されなかったのであろう.

 体（たい）とは,数または式のあつまりで,足しても引いても,掛けても割っても,そのあつまりに入っているようなものである.

体の例 有理数全体 Q（有理数体）.

　　　　実数全体 R（実数体）.

　　　複素数全体　　*C*（**複素数体**）.

　　　複素係数の有理式全体　　*C*(*x*)（**有理関数体**）.

　有理数と $\sqrt{2}$ から加減乗除で出来る数全体は体をつくる. これを, **Q** に $\sqrt{2}$ を**添加した体**とよび, **Q**($\sqrt{2}$) であらわす. **Q**($\sqrt{2}$) の数は, $a+b\sqrt{2}$ (*a*, *b* は有理数) の形に, ただひととおりにあらわすことが出来る (*a* $+b\sqrt{2}=a'+b'\sqrt{2}$ ならば $a=a'$, $b=b'$). **Q**($\sqrt{2}$) は **Q** を含んでいる. **Q** は **Q**($\sqrt{2}$) の**部分体**, **Q**($\sqrt{2}$) は **Q** の**拡大体**であると言う. **Q**($\sqrt{2}$)/**Q** と書き, **体の拡大**とよぶ. **Q**($\sqrt{2}$) を, 有理数をスカラーとするベクトル空間とみるとき, 1, $\sqrt{2}$ が基底となり, 基底の個数 2 が, このベクトル空間の次元となる. この次元数を, **Q**($\sqrt{2}$) の **Q** 上の**拡大次数**または **Q**($\sqrt{2}$)/**Q** の**拡大次数**とよび [**Q**($\sqrt{2}$)/**Q**] と書く:

$$[\boldsymbol{Q}(\sqrt{2})/\boldsymbol{Q}]=2.$$

問 16.5　**Q** に $\sqrt[3]{2}$ を添加した体 **Q**($\sqrt[3]{2}$) の **Q** 上の拡大次数は, いくらか.

問 16.6　有理数と $\sqrt{2}$ と $\sqrt[3]{2}$ から加減乗除で出来る数全体の体を, **Q** に $\sqrt{2}$ と $\sqrt[3]{2}$ を**添加した体**とよび, **Q**($\sqrt{2}$, $\sqrt[3]{2}$) と書く. これは **Q**($\sqrt{2}$)($\sqrt[3]{2}$) でもあるし, **Q**($\sqrt[3]{2}$)($\sqrt{2}$) でもある. [**Q**($\sqrt{2}$, $\sqrt[3]{2}$)/**Q**] をもとめよ.

　以下に, 定理 16.3 のアーベルによる証明の大略 (非常に大ざっぱな証明) を与えよう. より正確な議論は, 高木貞治著「代数学講義」共立出版, にある.

　文字係数の 5 次方程式

$$x^5+a_1x^4+a_2x^3+a_3x^2+a_4x+a_5=0 \tag{11}$$

の 5 根を x_1, x_2, x_3, x_4, x_5 とする. これらも文字である.

$$K=\boldsymbol{Q}(a_1, a_2, a_3, a_4, a_5), \quad L=\boldsymbol{Q}(x_1, x_2, x_3, x_4, x_5) \tag{12}$$

とおく. 各 a_j は, 根の基本対称式 (に ± をつけたもの) ゆえ, *K* は *L* の部分体, *L* は *K* の拡大体である. (実は, この *K* と *L* でなく, この *K* と *L* に, いくつかの 1 の巾根 (何乗かすると 1 になる数) を添加したものを *K* と *L* とせねばならないのだが, 細かい事は省略する.)

いま，方程式 (11) に，根の公式があるとする．それはどのようなものであろうか．それは，a_1, a_2, a_3, a_4, a_5 の有理式や根号が入り乱れた式であるに違いない．

$p, q, \cdots$ を素数とする．φ を，φ^p が K に属するような $(a_1, \cdots, a_5$ の) 式（無理式）とし，φ を K に添加する：$K \subset K(\varphi)$．次に ψ を，ψ^q が $K(\varphi)$ にぞくするような式（無理式）とし，ψ を $K(\varphi)$ に添加する：$K \subset K(\varphi) \subset K(\varphi)(\psi) = K(\varphi, \psi)$．以下，これをくり返す：

$$K \subset K(\varphi_1) \subset K(\varphi_1, \varphi_2) \subset \cdots \subset K(\varphi_1, \varphi_2, \cdots, \varphi_n)$$

$(\varphi = \varphi_1, \ \psi = \varphi_2)$．さいごの $K(\varphi_1, \varphi_2, \cdots, \varphi_x)$ に根 x_1 が入っていれば

$$x_1 = K \text{ の元を係数とする } \varphi_1, \varphi_2, \cdots, \varphi_n \text{ の有理式}$$

となり，解の公式が得られる．逆も成り立つ．

次の命題は，以下の議論で本質的だが，その証明は省略する：

命題 16.1（アーベル）　解の公式があるならば，添加する $\varphi_1, \varphi_2, \cdots, \varphi_n$ は，x_1, x_2, x_3, x_4, x_5 の有理式である（L に属する）．

この命題より，φ は x_1, x_2, x_3, x_4, x_5 の有理式である．φ^p は K に属するので，x_1, x_2, x_3, x_4, x_5 の対称有理式である．しかし，φ 自身は対称有理式でないので，たとえば

$$\widehat{\varphi} = \varphi(x_2, x_1, x_3, x_4, x_5) \neq \varphi(x_1, x_2, x_3, x_4, x_5).$$

φ^p は対称有理式ゆえ

$$\widehat{\varphi}^p = \varphi^p.$$

これは恒等式ゆえ，1 の p 乗根 ζ ($\zeta^p = 1$, $\zeta \neq 1$) があって

$$\widehat{\varphi} = \zeta \varphi$$

と書ける．すなわち

$$\varphi(x_2, x_1, x_3, x_4, x_5) = \zeta \varphi(x_1, x_2, x_3, x_4, x_5). \tag{13}$$

これは恒等式なので，x_1 と x_2 を交換しても等式がなりたっている：

$$\varphi(x_1, x_2, x_3, x_4, x_5) = \zeta \varphi(x_2, x_1, x_3, x_4, x_5). \tag{14}$$

(13) と (14) より

$$\varphi = \zeta^2 \varphi.$$

これは恒等式なので，$\zeta^2 = 1$．一方 $\zeta^p = 1$．p は素数ゆえ，p は 2 でなけ

ればならない.

すなわち, K に最初に添加すべきは, K の元 φ^2 の平方根 φ である.

さらに議論を続けると, 実は

$$\varphi = P \times (対称有理式) = P \times g$$

(g は K の元) と書けることがわかる. ここに

$$P = (x_1 - x_2)(x_1 - x_3)(x_1 - x_4)(x_1 - x_5)$$
$$\cdot (x_2 - x_3)(x_2 - x_4)(x - x_5)$$
$$\cdot (x_3 - x_4)(x_3 - x_5)$$
$$\cdot (x_4 - x_5)$$

は, **差積**とよばれる.

$$K(\varphi) = K(P)$$

である. $K(\varphi) = K(P)$ の各元に, 根 x_1, x_2, x_3, x_4, x_5 の置換 (5文字の置換) が作用するが, 偶置換は $K(P)$ の各元を不変にする. 逆に定理16.1 と似た次の命題が成り立つ:

命題16.2　5文字の全ての偶置換で不変な L の元は, 実は $K(P)$ の元である.

さて, 上と同様だが, よりこみ入った議論で, $K(\varphi) = K(P)$ に, 次に添加すべきは, $K(P)$ の元 ψ^3 の立方根 ψ であることがわかる ($q = 3$ とわかる).

巡回置換 $(12345) = (12)(13)(14)(15)$ は偶置換ゆえ

$$\psi^3 \mid (12345) = \psi^3$$

いま, $\psi \mid (12345) = \widehat{\psi}$ とおくと, $\widehat{\psi}^3 = \psi^3$ より $\widehat{\psi} = \rho\psi$ と書ける ($\rho^3 = 1$):

$$\psi(x_2, x_3, x_4, x_5, x_1) = \rho\psi(x_1, x_2, x_3, x_4, x_5).$$

この式に (12345) を5回ほどこせば $\rho^5 = 1$ を得る. $\rho^3 = 1$ と合わせると $\rho = 1$. すなわち

$$\psi \mid (12345) = \psi.$$

全く同様の議論で

$$\psi \mid (12345) = \psi, \quad \psi \mid (32154) = \psi.$$

ところが $(13245)(32154)=(123)$ なので

$$\phi\,|\,(123)=\phi\,|\,(13245)(32154)=\phi\,|\,(32154)=\phi.$$

同様に
$$\phi\,|\,(124)=\phi,\quad\phi\,|\,(125)=\phi.$$

となる．巡回置換

$$(123),\quad(124),\quad(125)$$

は，5 次交代群 A_5 を生成するので，ϕ は 5 文字のあらゆる偶置換で不変である．従って，命題 16.2 より，ϕ は $K(P)$ の元である．

結局，$K(P)$ 以上には，体が拡大出来ないことになる．従って，もし解の公式があるとしたら

$$x_1=g+hP\quad(g,h\ は対称有理式)$$

と書けねばならない．これは，x_1,x_2,x_3,x_4,x_5 の恒等（有理）式として起り得ないので，矛盾である．これで定理 16.3 が証明された．

注意　この証明を少し修正すれば，$n\,(\geqq 6)$ 次方程式にも，同様に，解の公式が存在しないことがわかる．

アーベルは，代数関数の積分に関する大論文をパリ学士院に提出したが，いつまでもナシのつぶて（後にコーシーの机の中から発見）で，貧困に悩まされ，結核に倒れ，27 才の若さで，恋人の胸に抱れつつ亡くなったと言う．どのような夢が，アーベルの心に去来していたであろうか．

アーベルは鬼才ガロア（1811-1832）の存在を知らずに世を去った．

方程式論は，ガロアの理論によって完成するのだが，それは次章に語ろう．

リフレッシュ　コーナー：反省

問 16.4 の後の注意に「問 16.4 の左辺の多項式は，次の大変美しい定理（アイゼンシュタインの判定条件）により，有理数体上既約である．」と書いた．これはアイゼンシュタインと言う権威に盲従する愚かな態度と

言うべきである．小林よしのり氏（誰？）も「権威に盲従するな」と言っているではないか．今まで何度，このような愚かな書き方をしてきたことか．大いに反省する．問 16.4 の多項式　　　　　$y^4 - 2y - 2$
が有理数体上既約か否か，直接証明すればよい．直接証明をいくつか具体的な多項式で行っているうちに，アイゼンシュタインの定理の証明が逆に見えてきて，この定理が自分の中に確固としたものとして取り込まれるのである．数学の進歩の仕方は，いつもこうだったし，数学の勉強の仕方も，こうあるべきと信ずる．

第17章　　悲劇と夢と―ガロア理論

1．実例ガロア理論

　有理数を足しても引いても，掛けても割っても，有理数である．このように，四則で閉じている数または式の集合を**体**とよぶ．有理数全体 $\boldsymbol{Q}$，実数全体 $\boldsymbol{R}$，複素数全体 $\boldsymbol{C}$ は，それぞれ，体である．有理数と $\sqrt{2}$ から，加減乗除して得られる数全体も体である．これを $\boldsymbol{Q}$ に $\sqrt{2}$ を**添加**した体とよび，$\boldsymbol{Q}(\sqrt{2})$ と書く．$\boldsymbol{Q}(\sqrt{2})$ は $\boldsymbol{Q}$ を含んでいる．$\boldsymbol{Q}(\sqrt{2})$ は $\boldsymbol{Q}$ の**拡大体**，$\boldsymbol{Q}$ は $\boldsymbol{Q}(\sqrt{2})$ の**部分体**，であると言い $\boldsymbol{Q}(\sqrt{2})/\boldsymbol{Q}$ であらわす．$\boldsymbol{Q}(\sqrt{2})$ の元(要素)は，(分数式は有理化することにより)

$$a+b\sqrt{2} \qquad (a, b \text{ は有理数})$$

の形に，ただひととおりに書ける．このことから，$\boldsymbol{Q}(\sqrt{2})$ は，$\boldsymbol{Q}$ をスカラーとしたとき，1 と $\sqrt{2}$ を基底とするベクトル空間とみなせる．その次元数（基底の数のこと）2 を，体の拡大 $\boldsymbol{Q}(\sqrt{2})/\boldsymbol{Q}$ の**拡大次数**とよび，$[\boldsymbol{Q}(\sqrt{2})/\boldsymbol{Q}]$ であらわす：

$$[\boldsymbol{Q}(\sqrt{2})/\boldsymbol{Q}]=2.$$

　同様に，$\boldsymbol{Q}$ に $\sqrt[3]{2}$ を添加した体 $\boldsymbol{Q}(\sqrt[3]{2})$ の各元は

$$a+b\sqrt[3]{2}+c(\sqrt[3]{2})^2 \qquad (a, b, c \text{ は有理数})$$

の形に，ただひととおりに書ける．それゆえ $\boldsymbol{Q}(\sqrt[3]{2})$ は $\boldsymbol{Q}$ 上，1, $\sqrt[3]{2}$, $(\sqrt[3]{2})^2$ を基底とするベクトル空間となり，

$$[\boldsymbol{Q}(\sqrt[3]{2})/\boldsymbol{Q}]=3.$$

　いま，

$$\omega = \frac{-1+\sqrt{3}i}{2} \qquad (i=\sqrt{-1})$$

を1の立方根とする：$\omega^3=1$. 他の立方根は，

$$\omega^2 = \bar{\omega} = \frac{-1-\sqrt{3}i}{2}$$

（$\bar{\omega}$ は共役複素数）である．ω と ω^2 は，$\boldsymbol{Q}$ 上の**既約方程式**

$$x^2+x+1=0$$

の2解である．これらを**互いに共役な解**とよぶ．または，$\boldsymbol{Q}$ 上**互いに共役**であるとも言う．$\sqrt{2}$ と $-\sqrt{2}$ も $\boldsymbol{Q}$ 上互いに共役である．

$\boldsymbol{Q}(\sqrt[3]{2})$ に，さらに ω を添加した体 $\boldsymbol{Q}(\sqrt[3]{2})(\omega)$ を $\boldsymbol{Q}(\sqrt[3]{2}, \omega)$ と書こう．これは添加する順序に関係せず，

$$\boldsymbol{Q}(\sqrt[3]{2}, \omega) = \boldsymbol{Q}(\omega, \sqrt[3]{2})$$

である．この体の元は

$$a+b\sqrt[3]{2}+c(\sqrt[3]{2})^2+p\omega+q\sqrt[3]{2}\,\omega+r(\sqrt[3]{2})^2\omega$$

（a, b, c, p, q, r は有理数）と，ただひととおりに書ける．それゆえ，$\boldsymbol{Q}(\sqrt[3]{2}, \omega)$ は $\boldsymbol{Q}$ 上

$$1, \ \sqrt[3]{2}, \ (\sqrt[3]{2})^2, \ \omega, \ \sqrt[3]{2}\omega, \ (\sqrt[3]{2})^2\omega$$

を基底とするベクトル空間となり，

$$[\boldsymbol{Q}(\sqrt[3]{2}, \omega)/\boldsymbol{Q}]=6$$

となる．

$\boldsymbol{Q}(\sqrt[3]{2})$ は，$\boldsymbol{Q}$ の拡大体であり，$\boldsymbol{Q}(\sqrt[3]{2}, \omega)$ の部分体でもある．これを $\boldsymbol{Q}(\sqrt[3]{2}, \omega)/\boldsymbol{Q}$ の**中間体**とよぶ．拡大体を上において線で結び，図17–1のように書くと印象的である．

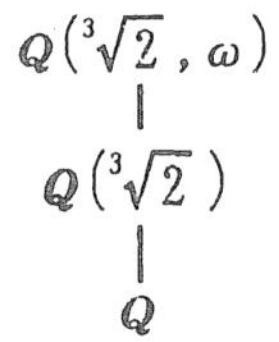

$\boldsymbol{Q}(\sqrt[3]{2}, \omega)$
|
$\boldsymbol{Q}(\sqrt[3]{2})$
|
$\boldsymbol{Q}$

図17–1

$\boldsymbol{Q}(\sqrt[3]{2}, \omega)/\boldsymbol{Q}$ の中間体は，$\boldsymbol{Q}(\sqrt[3]{2})$ の他に3個ある．それらは，$\boldsymbol{Q}(\sqrt[3]{2}\omega)$, $\boldsymbol{Q}(\sqrt[3]{2}\omega^2)$ 及び $\boldsymbol{Q}(\omega)$ である（図17–2参照）．

図17–2で，$\boldsymbol{Q}(\sqrt[3]{2})$

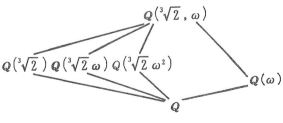

図17–2

と $\boldsymbol{Q}(\sqrt[3]{2}\,\omega)$ と $\boldsymbol{Q}(\sqrt[3]{2}\,\omega^2)$ が同じ高さにあり，$\boldsymbol{Q}(\omega)$ がやや低い位置にあるのは，

$[\boldsymbol{Q}(\sqrt[3]{2})/\boldsymbol{Q}]$ などが 3 で，$[\boldsymbol{Q}(\omega)/\boldsymbol{Q}]$ だけが 2 だからである．

　$\alpha=\sqrt[3]{2}+\omega$ とおくと，α はもちろん $\boldsymbol{Q}(\sqrt[3]{2},\ \omega)$ の元であるが，$\boldsymbol{Q}(\sqrt[3]{2},\ \omega)$ は $\boldsymbol{Q}$ に α をただひとつ添加して得られる：

$$\boldsymbol{Q}(\sqrt[3]{2},\omega)=\boldsymbol{Q}(\alpha).$$

なぜなら，　　　　　　　　　　$(\alpha-\omega)^3=2$

及び　　　　　　　　　　　　$\omega^2=-1-\omega$

を用いると

$$\omega=\frac{\alpha^3-3\alpha-3}{3\alpha^2+3\alpha}$$

$$\sqrt[3]{2}=\alpha-\omega=\frac{2\alpha^3+3\alpha^2+3\alpha+3}{3\alpha^2+3\alpha}$$

と書けて，ω も $\sqrt[3]{2}$ も $\boldsymbol{Q}(\alpha)$ に入るからである．

　α は $\boldsymbol{Q}$ 上既約な，次の方程式の解である：

$$x^6+3x^5+6x^4+3x^3+9x+9=0. \qquad\cdots\cdots(1)$$

　$\boldsymbol{Q}(\sqrt[3]{2},\omega)=\boldsymbol{Q}(\alpha)$ は，$\boldsymbol{Q}$ 上，$\alpha^5,\ \alpha^4,\ \alpha^3,\ \alpha^2,\ \alpha,\ 1$ を基底とするベクトル空間とも考えられる．ω 及び $\sqrt[3]{2}$ は，これらの一次結合で次のように書ける：

$$\left.\begin{array}{l}\omega=-\dfrac{2}{9}\alpha^5-\dfrac{1}{3}\alpha^4-\dfrac{2}{3}\alpha^3+\dfrac{2}{3}\alpha^2-2\\[2mm]\sqrt[3]{2}=\dfrac{2}{9}\alpha^5+\dfrac{1}{3}\alpha^4+\dfrac{2}{3}\alpha^3-\dfrac{2}{3}\alpha^2+\alpha+2\end{array}\right\} \qquad\cdots\cdots(2)$$

　$\boldsymbol{Q}(\sqrt[3]{2},\omega)$ はまた，$\boldsymbol{Q}(\sqrt[3]{2},\sqrt[3]{2}\omega,\sqrt[3]{2}\omega^2)$ でもある（$\omega=\sqrt[3]{2}\omega/\sqrt[3]{2}$ に注意）：

$$\boldsymbol{Q}(\sqrt[3]{2},\omega)=\boldsymbol{Q}(\alpha)=\boldsymbol{Q}(\sqrt[3]{2},\sqrt[3]{2}\omega,\sqrt[3]{2}\omega^2).$$

3 数　　　　　　　　　$\sqrt[3]{2},\ \sqrt[3]{2}\omega,\ \sqrt[3]{2}\omega^2$

は，$\boldsymbol{Q}$ 上既約な方程式

$$x^3-2=0$$

の 3 解である．これらは $\boldsymbol{Q}$ 上互いに共役である．

さて，一般に，体 F に係数をもつ n 次方程式

$$f(x)=0 \qquad\qquad\qquad \cdots\cdots(3)$$

が重解を持たないとする．その n 個の解 $\alpha_1, \cdots, \alpha_n$ を F に添加した体

$$K=F(\alpha_1, \cdots, \alpha_n)$$

を，方程式 (3) の**根体**とよぶ．また，拡大 K/F を**ガロア拡大**とよぶ．

図17-2 において，$K=\boldsymbol{Q}(\sqrt[3]{2},\ \omega)$ とおくと，$K/\boldsymbol{Q}$, $K/\boldsymbol{Q}(\sqrt[3]{2})$, $K/\boldsymbol{Q}(\sqrt[3]{2}\ \omega)$,

$K/\boldsymbol{Q}(\sqrt[3]{2}\omega^2)$, $K/\boldsymbol{Q}(\omega)$ 及び $\boldsymbol{Q}(\omega)/\boldsymbol{Q}$ はガロア拡大だが，$\boldsymbol{Q}(\sqrt[3]{2})/\boldsymbol{Q}$, $\boldsymbol{Q}(\sqrt[3]{2}\omega)/\boldsymbol{Q}$,

$\boldsymbol{Q}(\sqrt[3]{2}\ \omega^2)/\boldsymbol{Q}$ はガロア拡大でない．

さて，$\boldsymbol{Q}(\sqrt{2})$ からそれ自身への写像

$$\sigma : a+b\sqrt{2} \longmapsto a-b\sqrt{2}$$

(a, b は有理数) は，1 対 1 写像で，和と積を保つ：

$$\sigma(x+y)=\sigma(x)+\sigma(y), \quad \sigma(xy)=\sigma(x)\sigma(y).$$

さらに，$\boldsymbol{Q}$ の各元を動かさない：

$$\sigma(a)=a \qquad (a \text{ は有理数}).$$

このような写像 σ を，拡大 $\boldsymbol{Q}(\sqrt{2})/\boldsymbol{Q}$ の**自己同型**とよぶ．$\boldsymbol{Q}(\sqrt{2})/\boldsymbol{Q}$ の自己同型は，σ の他に，恒等写像 1 しかない．なぜなら，τ を $\boldsymbol{Q}(\sqrt{2})/\boldsymbol{Q}$ の自己同型とすると，$\tau(\sqrt{2})=\beta$ は，

$$\beta^2=(\tau(\sqrt{2}))^2=\tau((\sqrt{2})^2)=\tau(2)=2$$

をみたすので，$\beta=\sqrt{2}$ か $-\sqrt{2}$ である．すなわち，τ は $\sqrt{2}$ をその共役元にうつす．

$$\tau(a+b\sqrt{2})=a+b\beta \qquad\qquad (a, b \text{ は有理数})$$

ゆえ，$\beta=\sqrt{2}$ のときは $\tau=1$(恒等写像)．$\beta=-\sqrt{2}$ のときは $\tau=\sigma$ である．$\boldsymbol{Q}(\sqrt{2})/\boldsymbol{Q}$ の自己同型全体の集合

$$\mathrm{Aut}(\boldsymbol{Q}(\sqrt{2})/\boldsymbol{Q})=\{1, \sigma\}$$

は，写像の合成のもとで群をなす．これを $\boldsymbol{Q}(\sqrt{2})/\boldsymbol{Q}$ の**自己同型群**とよぶ．

一般に，体の拡大 K/F があるとき，K/F の**自己同型**とは，K から K への 1 対 1 写像で，和と積を保ち，F の各元を動かさないものと定義する．

命題 17.1　K/F の自己同型 σ は，K の各元 β を，F 上 β と共役な元にうつす．

証明　β がみたす F 上の既約方程式を $g(x)=0$ とする：
$$g(\beta)=0.$$
このとき
$$g(\sigma(\beta))=\sigma(g(\beta))=\sigma(0)=0. \qquad\qquad \textbf{証明終}$$

K/F の自己同型全体の集合 $\mathrm{Aut}(K/F)$ は，写像の合成のもとで群をなす．これを K/F の**自己同型群**とよぶ．とくに K/F がガロア拡大のときは，$\mathrm{Aut}(K/F)$ を $\mathrm{Gal}(K/F)$ と書き，K/F の**ガロア群**とよぶ．K が方程式 (3) の根体のときは，$\mathrm{Gal}(K/F)$ を**方程式(3) のガロア群**ともよぶ．次の定理の証明は省略する：

定理 17.1　$\mathrm{Aut}(K/F)$ は有限群で，その位数 $\#\,\mathrm{Aut}(K/F)$ は，$[K/F]$ 以下である：
$$\#\,\mathrm{Aut}(K/F)\leq[K/F].$$
ここで，等号は K/F がガロア拡大のとき，そのときのみ起こる．

たとえば，$K=\boldsymbol{Q}(\sqrt[3]{2},\omega)$ とおくとき，$K/\boldsymbol{Q}$ のガロア群 $\mathrm{Gal}(K/\boldsymbol{Q})$ は，次の 6 個の自己同型からなる（$\sqrt[3]{2}$ と ω をそれぞれ何に写すかで自己同型が決まるので，それのみ書いた．それぞれを（命題 17.1 より）共役元に写している）：

$$1:\sqrt[3]{2}\longmapsto\sqrt[3]{2},\qquad \omega\longmapsto\omega$$
$$\varphi:\sqrt[3]{2}\longmapsto\sqrt[3]{2}\omega,\qquad \omega\longmapsto\omega$$
$$\varphi^2:\sqrt[3]{2}\longmapsto\sqrt[3]{2}\omega^2,\qquad \omega\longmapsto\omega$$
$$\psi:\sqrt[3]{2}\longmapsto\sqrt[3]{2},\qquad \omega\longmapsto\omega^2$$
$$\psi\varphi:\sqrt[3]{2}\longmapsto\sqrt[3]{2}\omega^2,\qquad \omega\longmapsto\omega^2$$
$$\psi\varphi^2:\sqrt[3]{2}\longmapsto\sqrt[3]{2}\omega,\qquad \omega\longmapsto\omega^2.$$

$\mathrm{Gal}(K/\boldsymbol{Q})$ は，3次対称群 S_3 と同型である．その同型対応は，

$$1 \longmapsto 1, \quad \varphi \longmapsto (123), \quad \varphi^2 \longmapsto (132)$$
$$\psi \longmapsto (12), \quad \psi\varphi \longmapsto (13), \quad \psi\varphi^2 \longmapsto (23)$$

で与えられる．

さて，ガロア理論の基本定理は，次の形にのべられる：

定理 17.2（ガロア理論の基本定理） K/F をガロア拡大とする．K/F の中間体の集合 $\{L\}$ と，ガロア群 $\mathrm{Gal}(K/F)$ の部分群の集合 $\{H\}$ の間には，包含関係を逆にする1対1対応がある：

$$L \longmapsto H=H(L), \quad H \longmapsto L=L(H).$$

ここに

$$H(L)=\{\varphi \in \mathrm{Gal}(K/F) \mid L \text{ の各元 } \beta \text{ に対し } \varphi(\beta)=\beta\},$$
$$L(K)=\{\beta \in K \mid H \text{ の各元 } \varphi \text{ に対し } \varphi(\beta)=\beta\}.$$

（句含関係を逆にするとは，$L \subset L'$ なら $H(L) \supset H(L')$ と言うこと．）$H(L)$ は，$\mathrm{Gal}(K/L)$ と同一視される．さらに，L/F がガロア拡大のとき，そのときのみ $H(L)$ は $\mathrm{Gal}(K/F)$ の正規部分群であり，核が $H(L)$ となる上への準同型写像 $A: \mathrm{Gal}(K/F) \longrightarrow \mathrm{Gal}(L/F)$ がある（K/F の自己同型 σ は，L/F の自己同型 σ' を引き起こす．$A: \sigma \longmapsto \sigma'$ と定義する）．

我々の例 $K/\boldsymbol{Q}$，ただし $K=\boldsymbol{Q}(\sqrt[3]{2}, \omega)$，でこの基本定理を説明すると，図17-3であらわされる（右側の群の包含関係が，上下さかさまになっていることに注意）．

図17-3で，部分群 H，H'，H''，N は次のように定義される：

$$H=H(\boldsymbol{Q}(\sqrt[3]{2}))=\mathrm{Gal}(K/\boldsymbol{Q}(\sqrt[3]{2}))=\{1, \psi\},$$

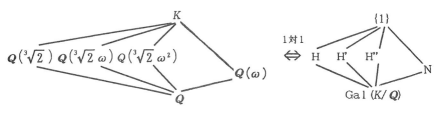

図17-3

$$H' = H(\boldsymbol{Q}(\sqrt[3]{2}\omega)) = \mathrm{Gal}(K/\boldsymbol{Q}(\sqrt[3]{2}\omega)) = \{1, \psi\varphi\},$$

$$H'' = H(\boldsymbol{Q}(\sqrt[3]{2}\omega^2)) = \mathrm{Gal}(K/\boldsymbol{Q}(\sqrt[3]{2}\omega^2)) = \{1, \psi\varphi^2\},$$

$$N = H(\boldsymbol{Q}(\omega)) = \mathrm{Gal}(K/\boldsymbol{Q}(\omega)) = \{1, \varphi, \varphi^2\}$$

φ は $\boldsymbol{Q}(\omega)$ の各元を動かさず，ψ は $\boldsymbol{Q}(\omega)$ に制限すると，$\boldsymbol{Q}(\omega)/\boldsymbol{Q}$ の自己同型

$$\psi' : \omega \longmapsto \omega^2$$

を引きおこしている．

$$A : \mathrm{Gal}(K/\boldsymbol{Q}) \longmapsto \mathrm{Gal}(\boldsymbol{Q}(\omega)/\boldsymbol{Q}) = \{1, \ \psi'\},$$

ただし　　　　$A(\varphi) = 1, \ \ A(\psi) = \psi',$

は，上への準同型写像で，核が

$$H(\boldsymbol{Q}(\omega)) = \mathrm{Gal}(K/\boldsymbol{Q}(\omega)) = \{1, \varphi, \varphi^2\}$$

である．

なお，$\alpha = \sqrt[3]{2} + \omega$ の共役元（すなわち，方程式 (1) の解）は，

$$\alpha_1 = \alpha = \sqrt[3]{2} + \omega,$$

$$\alpha_2 = \varphi(\alpha) = \sqrt[3]{2}\omega + \omega,$$

$$\alpha_3 = \varphi^2(\alpha) = \sqrt[3]{2}\omega^2 + \omega,$$

$$\alpha_4 = \psi(\alpha) = \sqrt[3]{2} + \omega^2,$$

$$\alpha_5 = \psi\varphi(\alpha) = \sqrt[3]{2}\omega^2 + \omega^2,$$

$$\alpha_6 = \psi\varphi^2(\alpha) = \sqrt[3]{2}\omega + \omega^2$$

である．これらは，$\boldsymbol{Q}(\sqrt[3]{2}, \omega) = \boldsymbol{Q}(\alpha)$ の元ゆえ，$\alpha^5, \ \alpha^4, \ \alpha^3, \ \alpha^2, \ \alpha, \ 1$ の（$\boldsymbol{Q}$ をスカラーとする）一次結合で書ける．

一般に，体 F 上の既約方程式 $g(x) = 0$ の解が全て，ひとつの解 β を添加した体 $F(\beta)$ にぞくするとき，この方程式を**ガロア方程式**とよぶ．$x^2 - 2 = 0$ も，方程式 (1) も（$\boldsymbol{Q}$ 上の）ガロア方程式だが，$x^3 - 2 = 0$ は，（$\boldsymbol{Q}$ 上の）ガロア方程式でない（$\sqrt[3]{2}\omega$ は $\boldsymbol{Q}(\sqrt[3]{2})$ に入らない）．

ガロアは，方程式 (3) のガロア群を，その根 $\alpha_1, \cdots, \alpha_n$ の置換群として捉えた．その際，

$$K = F(\alpha_1, \cdots, \alpha_n) = F(\beta)$$

となる元 β 及び β のみたす既約方程式

$$g(x) = 0$$

（これは，ガロア方程式である．**方程式(3)のガロア分解式**とよばれる．たとえば，方程式(1)は，方程式 $x^3-2=0$ のガロア分解式である．）を利用している．―― これがガロア理論を難解にさせた，ひとつの原因であろう．体の自己同型を用いる上述の議論は，デデキントによると言う．

　ガロアは，基本定理（定理 17.2）の応用として，方程式が代数的に解ける（すなわち，係数から出発して，加減乗除及び巾根（$\sqrt[n]{}$）等を組み合わせた式で書ける）ための必要十分条件を，対応するガロア群の条件で求めた．それを説明する余裕がないが，それによれば，一般 n 次（$n \geqq 5$）方程式が代数的に不可解である事が，n 次対称群 S_n の，ある性質を示すことに帰着され，その性質を示している．他にも，いろいろ重要な応用を示した．ガロア群の発見は，代数学における不滅の金字塔である．

　ガロア（E. Galois, 1811-1832）は，エコール・ポリテクニックを 2 回受験して失敗し，エコール・ノルマルに入学した．18歳で方程式の理論（ガロア理論）を創り，1829年に，その論文をパリ科学院に提出したが，コーシーが論文を（不十分なものとして）却下している．1830年に，修正したものを再提出したが，フーリエの死によって紛失してしまった．1831年に，再々提出したが，ポアソンが論文を（不十分なものとして）却下している．抽象概念の駆使が，当時の人々の理解を超えていたからであろう．

　ガロアはその後，政治運動に走り 2 回投獄された．ある女性と恋におち，恋がたきとの決闘によって命を失った．20歳と言う若さであった．決闘の前夜，友人へあてた手紙に，ガロア理論の内容が書かれている．所々に走り書きされている「もう時間がない．」と言う言葉が，読む人の胸を打つ．ガロアは，流れ星のように，この世を去って行ったのである．

2. 有理関数のガロア理論

　友人にあてたガロアの手紙の中には，ガロア理論とその応用の他に，代数関数の積分に関する重要な定理も述べられているが，さらに，「あいまいの理論」の解析学への応用も，1 年前から考えつづけてきた事が述

べられている．後世の数学史家は，この「あいまいの理論」とは何であるか，いろいろと憶測している．その中で，これは「被覆と基本群の理論」をさすのではないか，と言う意見に私はくみしたい．

前々章で，述べたように，被覆と基本群，またはガロア被覆とその自己同型群（ガロア群と呼んだ）の間には，ちょうど，体のガロア拡大とそのガロア群のような関係が成り立っている．（さらに，モノドロミー表現をとおして，複素関数論やフックス型微分方程式論と結びついている．）

この類似が単なる類似でなく，ガロア被覆と体のガロア拡大とガロア群の三者が，ある条件のもとで結合して，あたかも三位一体のような関係にあることを以下に説明しよう．

いま，有理関数

$$w = f(z) = \frac{4(z^2 - z + 1)^3}{27 z^2 (z-1)^2} \qquad \cdots\cdots(4)$$

を考えよう．これを複素数平面 C から C への写像と考える：

$$f : C \longrightarrow C, \quad z \longmapsto w = f(z).$$

w をひとつ与えると，z は一般に 6 個定まる．なぜなら，この有理式の分母を払うと，z の 6 次方程式

$$(z^2 - z + 1)^3 - \frac{27}{4} w z^2 (z-1)^2 = 0 \qquad \cdots\cdots(5)$$

を得るからである．

w に対し，6 個より少ない z が対応するのは，方程式 (5) が重解を持つときである．それは言いかえると，(4) の $f(z)$ の**導関数** $f'(z)$ をふつうの実変数の有理式の場合と同様に定義するときの，$f'(z) = 0$ となる点 z の f による像 $w = f(z)$ である．それは $w = 0$ 及び $w = 1$ であり，それぞれに対応する z は

$$\zeta = \frac{1 + \sqrt{3}\,i}{2}, \quad \bar{\zeta} = \frac{1 - \sqrt{3}\,i}{2}$$

及び

$$-1, \ 2, \ \frac{1}{2}$$

である： $f^{-1}(0)=\{\zeta,\ \overline{\zeta}\}$,　$f^{-1}(1)=\left\{-1,\ 2,\ \dfrac{1}{2}\right\}$.

　$w=0$ のとき，ζ と $\overline{\zeta}$ は方程式 (5) の 3 重解である．$w=1$ のとき -1, 2, $1/2$ は，方程式 (5) の 2 重解である．ζ と $\overline{\zeta}$ での f の**分岐指数**は 3 であると言い，-1，2，$1/2$ でのそれは 2 であると言う．これらの点，ζ，$\overline{\zeta}$，-1，2，$1/2$ を，写像 f の**分岐点**とよぶ．

　さらに，無限遠点 ∞ も考え，f を複素数球面 $\widehat{C}=C\cup\{\infty\}$ から，それ自身への写像と考える．

$$|z|\longrightarrow +\infty \text{ のとき } |f(z)|\longrightarrow +\infty$$

ゆえ，$f(\infty)=\infty$ と定義する．また

$$z\longrightarrow 0 \text{ または } z\longrightarrow 1 \text{ のとき } |f(z)|\longrightarrow +\infty$$

ゆえ，$f(0)=\infty$，$f(1)=\infty$ とも定義する．こう定義すると，f は $\widehat{C}$ からそれ自身への連続写像となる．

　$w=1/u$ とおいて (5) を書きかえると

$$u(z^2-z+1)^3-\frac{27}{4}z^2(z-1)^2=0 \qquad\qquad \cdots\cdots(6)$$

となるが，$u=0$ のとき（すなわち $w=\infty$ のとき），この方程式は $z=0$ と $z=1$ を 2 重解とする．さらに (6) において，$z=1/t$ とおいて書きかえると，同じ形

$$u(t^2-t+1)^3-\frac{27}{4}t^2(t-1)^2=0$$

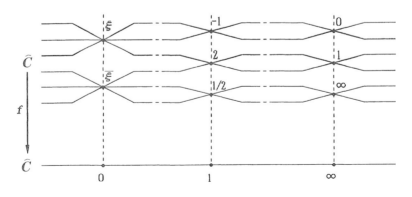

図17-4

となり，$u=0$ のとき，この方程式は $t=0$ を2重解とする．そこで，$z=0, 1, \infty$（$z=\infty$ は $t=0$ と考える）での，f の分岐指数は2であると言い，これらを，f の分岐点とよぶ．

写像 f を横からながめ，しかも分岐点の近くの状況のみを描いたのが図17-4である．これを**分岐図**とよぶ．

かくて

$$f : X = \widehat{\boldsymbol{C}} - \{\xi, \overline{\xi}, -1, 2, \frac{1}{2}, 0, 1, \infty\} \longrightarrow Y = \widehat{\boldsymbol{C}} - \{0, 1, \infty\} \quad \cdots\cdots(7)$$

を考えると，これは $\deg f = 6$ の被覆写像である．

さて，一次分数変換

$$\varphi(z) = \frac{az+b}{cz+d} \qquad (a, b, c, d \text{ は複素数}, \ ad \neq bc)$$

は，$\widehat{\boldsymbol{C}}$ からそれ自身への1対1双連続写像である．φ が $f \circ \varphi = f$（左辺は写像の合成）をみたすとき，有理関数 f の**自己同型**とよぶ．その全体は写像の合成で群をなす．これを f の**自己同型群**とよび，$\mathrm{Aut}(f)$ であらわす．

(4) の f の場合

$$\varphi(z) = \frac{1}{1-z}, \quad \psi(z) = \frac{1}{z} \qquad\qquad\qquad \cdots\cdots(8)$$

とおくと，$\mathrm{Aut}(f)$ は6個の一次分数変換

$$\mathrm{Aut}(f) = \{1, \varphi, \varphi^2, \psi, \psi\varphi, \psi\varphi^2\}$$

からなり．ただし，

$$1(z) = z, \quad \varphi^2(z) = \frac{z-1}{z}, \quad \psi\varphi(z) = 1-z, \quad \psi\varphi^2(z) = \frac{z}{z-1}$$

である．

問 17.1　φ と ψ が f の自己同型であることを確めよ．

$\mathrm{Aut}(f)$ は，対応 $\varphi \longmapsto (123)$, $\psi \longmapsto (12)$ でもって，3次対称群 S_3 と同型になる：$\mathrm{Aut}(f) \cong S_3$.

さて，(4) の f の自己同型は，（分岐点を分岐点にうつし）(7) の被覆写像 $f : X \longrightarrow Y$ の自己同型を引きおこす．実は，この逆も言えて，

$f:X\longrightarrow Y$ の自己同型は，一次分数変換に拡張されて，(4) の有理関数 f の自己同型になり，上の6個のうちのどれかとなる．故に，(7) の被覆写像の自己同型群と，(4) の有理関数の自己同型群は，同じものであると考えてよい．

以前に述べたことにより，($\#\operatorname{Aut}(f)=6$ ゆえ)
$$f:X\longrightarrow Y$$
は，ガロア被覆である．この場合，有理関数 f が**ガロア的**であると言う．その自己同型群 $\operatorname{Aut}(f)$ は，f の**ガロア群**とよばれる．
$$z_0=-2,\quad w_0=f(z_0)=\frac{7^3}{3^5}=\frac{343}{243}$$
とおく．X と z_0 の対 (X,z_0) 及び Y と w_0 の交 (Y,w_0) を考え，
$$f:(X,z_0)\longrightarrow(Y,w_0)$$
を考える．または，もとの $\widehat{C}$ にもどして
$$f:(\widehat{C},z_0)\longrightarrow(\widehat{C},w_0)\qquad\cdots\cdots(9)$$
を考える．これは，被覆写像ではないが，分岐点をもつ，**分岐被覆写像**である．(7) がガロア被覆なので (9) を**ガロア的分岐被覆写像**とよぶ．

さて，w を変数とする有理関数全体
$$F=\boldsymbol{C}(w)$$
は，和差積商で閉じているので，体をなす．これを，(w を変数とする)**有理関数体**とよぶ．

(4) の有理関数 $w=f(z)$ を固定する．z を変数とする有理関数体
$$K=\boldsymbol{C}(z)$$
は，F の拡大体とみなしうる．じっさい，写像
$$f_*:F\longrightarrow K,\quad g(w)\longmapsto g(f(z))$$
は，中への1対1対応で，和と積を保つ：
$$f_*(g+h)=f_*(g)+f_*(h),\quad f_*(gh)=f_*(g)f_*(h).$$
したがって，(f_* をとおして)F は K の部分体，K は F の拡大体とみなせる．

方程式 (5) は，$F=\boldsymbol{C}(w)$ 上の方程式で，解 z をもつ．他の解は
$$\frac{1}{1-z},\ \frac{z-1}{z},\ \frac{1}{z},\ 1-z,\ \frac{z}{z-1}\qquad\cdots\cdots(10)$$

ゆえ，全て $K = \boldsymbol{C}(z)$ に入る．すなわち，(5) はガロア方程式であり，K は (5) の根体であり，K/F はガロア拡大である．

ガロア群 $\mathrm{Gal}(K/F)$ の各元は，z をその共役元 ((10) 参照) のどれにうつすかで決まる．たとえば $\mathrm{Gal}(K/F)$ の元 σ が z を $1/(1-z)$ にうつすとする．(8) より $\varphi(z)=1/(1-z)$ であった．σ に φ を対応させる事により，$\mathrm{Gal}(K/F)$ と $\mathrm{Aut}(f)$ が自然に同型になる．さらに，それらは，3 次対称群 S_3 と同型である．

ガロアの基本定理（定理 17.2）と，前々章の「ガロア被覆とそのガロア群の対応」を組み合わせて，(4) の有理関数 $f(z)$ に適用すると，図 17-5 の対応を得る（$\mathrm{Gal}(K/F)$ の代わりに，S_3 を用いた）．

図17-5

ただし，図 5 で次のように定義する：

$$u = z + \frac{1}{z}, \qquad\qquad w = \frac{4(u-1)^3}{27(u-2)},$$

$$v = z(1-z), \qquad\qquad w = \frac{4(1-v)^3}{27v^2},$$

$$s = z + \frac{z}{z-1}, \qquad\qquad w = \frac{4(s-1)^3}{27s},$$

$$t = z + \frac{1}{1-z} + \frac{z-1}{z}, \quad w = \frac{4}{27}(t^2 - 3t + 9),$$

$H = \{1, (12)\}, \quad H' = \{1, (23)\}, \quad H'' = \{1, (13)\},$

$A_3 = (1, (123), (132))$　（3 次交代群），

$z_0 = -2, \quad u_0 = -\frac{5}{2}, \quad v_0 = -6,$

$s_0 = -\frac{4}{3}, \quad t_0 = -\frac{1}{6}, \quad w_0 = \frac{343}{243}.$

このような議論と対応関係は，有理関数 $w = f(z)$ のみならず，**代数関**

数 $w=w(z)$ （ここに，z と w は，2 変数既約多項式

$$g(z, w)=0$$

でむすばれている．$w=w(z)$ は，z の普通の意味の関数でなく，多価関数．）にも，同様に適用される．むずかしい言葉で言えば，代数関数体の拡大と，コンパクト・リーマン面間の正則写像に，上述のような議論と対応関係があるのである．

注意 （1）ガロア理論そして代数学全般について，下記文献［5］は，非常に優れた分かりやすい本である．

（2）「あいまいの理論」についての私がくみする意見は，どうやら間違っているようである．下記の文献［6］参照．

3．無限世界へ

偏見とのそしりを恐れず言えば，代数や幾何は有限世界の数学，解析は無限世界の数学である．それらが結びつく地点に，多くの神秘が存在する．上述の議論を，さらに無限世界に結びつけるために，昔の数学者は，代数関数の積分を考察した．たとえば，関係式

$$w^2+z^4-1=0$$

で決まる代数関数

$$w=w(z)=\sqrt{1-z^4}$$

の積分

$$\int_0^z \frac{dz}{w}=\int_0^z \frac{dz}{\sqrt{1-z^4}}$$

を考察して，ガウスは**楕円関数**を発見した．これが近世数学の世明けと言われている．

たとえば，下記の［4］参照．これらについては，他の本にゆずることにしよう．

リフレッシュ　コーナー

正3角形の3次元版は正4面体であろう（図17-6）.
それでは, 正4面体の4次元版は?
それは, **正5胞体**とよばれる, 4次元空間内の超立体である. 無論,

図に描けるハズもないのだが, あ
えて（乱暴に）描くと,（図17-6
の類推から）図17-7のようにな
る. 5個の正4面体が, この超立
体の「面」を作っている. 読者に
は, このような4次元図形が見え
るだろうか.（私に反問しないで下
さい.）

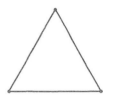

図17-6

問 17.2　正方形の3次元版は立方体であろう.
それでは, 立体体の4次元版は?　その(略)図
を描け.

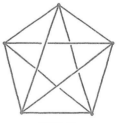

図17-7

　昔の（プロ, アマを含めた）人々は, 正多面
体の4次元版をさがし, それが6種類存在する
ことをつきとめている. なんと豊かな想像力であろうか. 詳細は, 下記
の一松（ひとつまつ）先生の本［3］を参照されたい.

参考文献
［1］　志賀浩二：方程式——数学が育っていく物語, 第5週, 岩波書店.
［2］　山下純一：ガロアへのレクイエム, 現代数学社.
［3］　一松　信：高次元の正多面体, 数セミ・ブックス7, 日本評論社.
［4］　難波　誠：複素関数三幕劇, すうがくぶっくす10, 朝倉書店.
［5］　酒井文雄：環と体の理論, 共立出版, 1997.
［6］　梅村　浩：ガロア 偉大なる曖昧さの理論, 現代数学社, 2011.

補足 1   商   群

　整数全体の集合 $\boldsymbol{Z}$ は加法のもとで群をなす．これを加群 $\boldsymbol{Z}$ とよぶ．$\boldsymbol{Z}$ の中で，7 の倍数全体 $7\boldsymbol{Z}$ は，$\boldsymbol{Z}$ の正規部分群をなす．部分加群 $7\boldsymbol{Z}$ による剰余類は

$$A_0=7\boldsymbol{Z},\ \ A_1=1+7\boldsymbol{Z},\ \ A_2=2+7\boldsymbol{Z}$$

$$A_3=3+7\boldsymbol{Z},\ \ A_4=4+7\boldsymbol{Z},\ \ A_5=5+7\boldsymbol{Z},\ \ A_6=6+7\boldsymbol{Z}$$

である．各 A_i にぞくする数は，それを 7 で割ると余りが i である数である．たとえば，16 は A_2 にぞくし，25 は A_4 にぞくする．16 と 25 の和

$$16+25=41$$

は A_6 にぞくする．しかるに，A_2 からどんな数 x をとり，A_4 からどんな数 y をとっても，$x+y$ は，必ず A_6 にぞくする．なぜなら，割り算を掛け算の形で書くと，

$$x=7a+2,$$
$$y=7b+4$$

となる整数 a,b があるので

$$x+y=7(a+b)+6$$

となる．これは $x+y$ が A_6 にぞくすることを示している．

　同様のことが，他の A_i 同士でも成り立つ．たとえば A_5 から任意に x をとり，A_3 から任意に y をとると，$x+y$ は A_1 にぞくする．

　いま，各集合

$$A_0, A_1, A_2, A_3, A_4, A_5, A_6$$

を，それぞれひとつの元（要素）とみなし，新しい集合

$$L=\{A_0, A_1, A_2, A_3, A_4, A_5, A_6\}$$

を考える．

　この集合 L の任意の 2 元の「和」を定義する．それは

$$A_2+A_4=A_6,$$
$$A_5+A_3=A_1$$

などと定義すればよい．上の議論から，これらの定義が妥当であることが納得されるであろう．

　L は，この加法のもとで加群（アーベル群）をなす．0 に相当する元は A_0 である：
$$A_0 + A_i = A_i + A_0 = A_i.$$
また，
$$-A_1 = A_6, \quad -A_2 = A_5, \quad -A_3 = A_4,$$
$$-A_4 = A_3, \quad -A_5 = A_2, \quad -A_6 = A_1.$$
　この加群を，**部分加群** $7\mathbf{Z}$ **による** $\mathbf{Z}$ **の商群**とよび
$$L = \mathbf{Z}/7\mathbf{Z}$$
と記す．

　上述では，数 7 を用いて議論したが，他の自然数 n を用いても同様で，商群
$$\mathbf{Z}/n\mathbf{Z}$$
が定義される．とくに $\mathbf{Z}/2\mathbf{Z}$ は A_0 と A_1 の 2 元よりなり，
$$A_0 + A_0 = A_0, \quad A_0 + A_1 = A_1, \quad A_1 + A_1 = A_0$$
である．

　一般に，G を群，N をその正規部分群とする．G の N に関する剰余類をひとつの元（要素）とみなし，剰余類全体の新しい集合 G/N を考える．G/N の任意の 2 元 aN と bN の「積」$(aN)(bN)$ を
$$(aN)(bN) = abN \qquad \cdots\cdots(1)$$
で定義する．この定義が妥当なことは，aN から任意の元
$$x = an \quad (n \in N)$$
bN から任意の元
$$y = bn' \quad (n' \in N)$$
をとると
$$xy = (an)(bn') = a(nb)n' = a(bn'')n' = ab(n''n')$$
（ここに $n'' = b^{-1}nb$ は，N が G の正規部分群ゆえ，N の元である）
が，abN の元となるからである．

　この「積」の定義のもとで G/N は群になる．実際，単位元は剰余類 N であり，aN の逆元は $a^{-1}N$ である．群 G/N を**正規部分群** N **による** G **の商群**とよぶ．

　もし G が有限群ならば G/N も有限群で，位数は

$$\#(G/N) = (\#G)/(\#N) \qquad\qquad \cdots\cdots(2)$$

をみたす．すなわち，G/N の位数は N の G に対する指数に等しい．

G から G/N への写像 φ（ファイ）を，G の元 a に対し，a のぞくする剰余類 aN を対応させるものとする：

$$\varphi : a \longrightarrow aN.$$

このとき，(1)から次の定理が得られる：

定理 A.1 φ は G から商群 G/N への準同型写像であり，$\mathrm{Im}(\varphi) = G/N$（上への写像），かつ $\mathrm{Ker}(\varphi) = N$ である．

補足2　準同型定理

　補足1で商群を定義したが，それに関して「準同型定理」とよばれる重要な定理がある：

定理 A.2　（**第1準同型定理**）　f を群 G から G' への準同型写像とし，N をその核とする．このとき，商群 G/N は，$\mathrm{Im}(f)$ と同型である．

証明　G/N から $\mathrm{Im}(f)$ への同型写像 $\hat{f}$ は次式で定義される：
$$\hat{f}(aN)=f(a) \qquad\qquad \cdots\cdots(1)$$
(1) の定義は妥当である．なぜなら
$$aN=bN$$
ならば
$$b=an \qquad (n\in N)$$
と書けるので
$$f(b)=f(an)=f(a)f(n)=f(a)$$
となるからである．$aN,\ bN\in G/N$ に対し
$$\hat{f}((aN)(bN))=\hat{f}(abN)=f(ab)$$
$$=f(a)f(b)=\hat{f}(aN)\hat{f}(bN)$$
となり，$\hat{f}$ は準同型写像となる．$\hat{f}$ が G/N から $\mathrm{Im}(f)$ への1対1写像であることもすぐわかる．　　　　　　　　　　　　　　　**証明終**

　次の定理は，群の理論や応用に，しばしば現われる重要な定理である．

定理 A.3　（**第2準同型定理**）　H と N を，それぞれ，群 G の部分群，正規部分群とする．このとき(イ)H の元と N の元の積全体の集合 HN は G の部分群である．(ロ)H と N の共通元全体の集合 $H\cap N$ は H の正規部分群である．(ハ)商群 $(HN)/N$ と商群 $H/H\cap N$ は同型である．

証明　(イ)　h と h' を H の元，n と n' を N の元とすると

$$(hn)(h'n')=h(nh')n'=h(h'n'')n'=(hh')(n''n)$$

$(n''=h'^{-1}nh'$ はNの元) は HN にぞくする. また

$$(hn)^{-1}=n^{-1}h^{-1}=h^{-1}n_1$$

$(n_1=hn^{-1}h^{-1}$ はNの元) も HN にぞくする. ゆえに HN はGの部分群である.

(ロ) $h=n$, $h'=n'$ を $H\cap N$ の2元とすると

$$hh'=nn', \quad h^{-1}=n^{-1}$$

は, ともに $H\cap N$ の元ゆえ, $H\cap N$ はHの部分群である. さらに k をHの任意の元とすると, $H\cap N$ の元 $h=n$ に対して

$$k^{-1}hk=k^{-1}nk$$

は $H\cap N$ の元である. ゆえに $H\cap N$ はHの正規部分群である.

(ハ) $H\cap N=L$ とおく. H/L から $(HN)/N$ への写像 ψ (プサイ) を, H/L の元 hL に対し

$$\psi(hL)=hN$$

で定義する. この定義が妥当であることは簡単にチェック出来る. さらに

$$\psi((hL)(h'L))=\psi(hh'L)=hh'N=(hN)(h'N)$$
$$=\psi(hL)\psi(h'L).$$

ゆえ, ψ は準同型写像である. ψ が1対1写像であることは, 簡単にわかり, 同型写像となる.

証明終

例1 n 次特殊線形変換群 $SL(n, \boldsymbol{R})$ は, n 次一般線形変換群 $GL(n, \boldsymbol{R})$ の正規部分群である. 実際, n 次正則行列Aにその行列式 $\det A$ を対応させる写像

$$A \longmapsto \det A$$

は, $GL(n, \boldsymbol{R})$ から $\boldsymbol{R}^*$ (0以外の実数全体, 掛け算で群をなす) の上への準同型写像で, 核が $SL(n, \boldsymbol{R})$ である. それ故, 第1準同型定理より

$$GL(n, \boldsymbol{R})/SL(n, \boldsymbol{R})\simeq \boldsymbol{R}^*.$$

一方, n 次直交変換群 $O(n)$ の元のうち, 行列式が1である全体 $SO(n)$ は, n 次特殊直交変換群とよばれ $O(n)$ の部分群である:

$$SO(n) = O(n) \cap SL(n, \boldsymbol{R}).$$

第 2 準同型定理によれば，$SO(n)$ は $O(n)$ の正規部分群であって

$$O(n)/SO(n) \simeq O(n)SL(n, \boldsymbol{R})/SL(n, \boldsymbol{R}) \simeq \boldsymbol{Z}/2\boldsymbol{Z}$$

となっている．

例 2 4 文字 1，2，3，4 の置換全体である 4 次対称群 S_4 の位数は $4! = 24$ である．S_4 の部分集合

$$K = \{e,\ (12)(34),\ (13)(24),\ (14)(23)\}$$

は，S_4 の正規部分群をなす（読者は，これをチェックされたい）．ここに e は恒等置換をあらわす．

一方，S_4 の中で文字 4 を動かさない置換全体は，3 文字 1，2，3 の置換全体である 3 次対称群 S_3 と同一視される．S_3 の位数は $3! = 6$ である．

$$S_3 \cap K = \{e\}$$

に注意すると，第 2 準同型定理より

$$S_3 \simeq (S_3 \cdot K)/K$$

これと補足 1 の(2)より

$$6 = \#S_3 = \#(S_3 \cdot K)/\#K = \#(S_3 \cdot K)/4$$

従って
$$\#(S_3 \cdot K) = 24.$$
これは
$$S_3 \cdot K = S_4$$
を意味する．結局

$$S_4/K \simeq S_3.$$

補足 3　ラグランジュの定理の逆の反例

　ラグランジュの定理（定理 4.1）は，「有限群 G の部分群の位数は，G の位数 $\#G$ の約数である.」と主張している.

　しかるに，この定理の逆命題「$\#G$ の各約数に対して，それを位数に持つ部分群が存在する.」は成り立たない. その例として次の命題を述べる:

命題 A.1　4 次交代群 A_4 ($\#A_4=12$) には，位数 6 の部分群は存在しない.

証明　A_4 は次の 12 個の置換によりなる:

$$e,\ (12)(34),\ (13)(24),\ (14)(32),$$
$$(123),\ (132),\ (124),\ (142),$$
$$(134),\ (143),\ (234),\ (243).$$

（e は恒等置換）.

　A_4 に位数 6 の部分群 N が存在するとして矛盾を示す. N は指数 2 ゆえ，A_4 の正規部分群である（命題 5.2）.

　N は位数 6 ゆえ，上の 12 個の置換のうち，始めの 4 個以外の残りの 8 個のどれかを含む.

　たとえば，N が (123) を含むとする. このとき

$$(123)^2=(132),$$
$$((12)(34))^{-1}(123)((12)(34))=(142),$$
$$(142)^2=(124),$$
$$((13)(24))^{-1}(123)((13)(24))=(134)$$
$$(134)^2=(143),$$
$$((14)(23))^{-1}(123)((14)(23))=(243)$$
$$(243)^2=(234)$$

は全て N に含まれ $\#N=6$ に矛盾する. 　　　　　　　　　　**証明終**

注意　同様の主張が交代群 A_n ($n \geqq 5$) でもなりたつ．すなわち「A_n ($n \geqq 5$) には指数 2 の部分群は存在しない．」このことは次の定理より，ただちに導かれる．

定理 A.4　$n \geqq 5$ のとき，n 次交代群 A_n は単純群である．

　ここで群 G が**単純群**とは，G 自身と単位元 $\{e\}$ 以外に正規部分群を持たないものと定義する．定理 A.4 の証明は省略する．

補足 4　有限群の正則置換表現

　置換群は重要な有限群であると本文の中で再三強調したが，その理由は次の定理による．

定理 A.5　どのような有限群も，ある置換群に同型である．

　この定理の証明を与えよう．G を有限群とし，その位数を n とする．G の元を一列に並べて

$$g_1, \quad g_2, \quad \cdots, \quad g_n \qquad \cdots\cdots(1)$$

とする．a を G の任意の元とし，積

$$g_1a, \quad g_2a, \quad \cdots, \quad g_na \qquad \cdots\cdots(2)$$

を考える．これらは互いに異なる．なぜなら

$$g_ja = g_ka$$

ならば，この式の右から a^{-1} をかけて

$$g_j = g_k$$

が得られるからである．したがって(2)は全体として(1)に一致する．ただ並び方が異なっているのみである．(1)から(2)への変化は，G の元の置換

$$\begin{pmatrix} g_1 & g_2 & \cdots & g_n \\ g_1a & g_2a & \cdots & g_na \end{pmatrix}$$

を引きおこす．これを $\Psi(a)$ と書こう．

$$\begin{pmatrix} g_1 & g_2 & \cdots & g_n \\ g_1a & g_2a & \cdots & g_na \end{pmatrix}\begin{pmatrix} g_1a & g_2a & \cdots & g_na \\ g_1ab & g_2ab & \cdots & g_nab \end{pmatrix}=\begin{pmatrix} g_1 & g_2 & \cdots & g_n \\ g_1ab & g_2ab & \cdots & g_nab \end{pmatrix}$$

なので

$$\Psi^*(a)\Psi^*(b)=\Psi^*(ab)$$

となる．すなわち Ψ^* は G から n 次対称群 S_n への準同型写像である．

　Ψ^* の核は単位元よりなる．なぜなら，a を Ψ^* の核にぞくするとすると，

$$g_j a = g_j$$

が各 j について成り立ち，従って a は単位元となる．

かくて Ψ^* は，G から Ψ^* の像 $\Psi^*(G)$ への同型写像を与える．$\Psi^*(G)$ は置換群なので定理は証明された．

この定理の意味を大げさに言えば，「もし置換群の事が全てわかれば，有限群の事が全てわかる」となる．

上の証明にあらわれた同型写像

$$\Psi^* : G \longrightarrow \Psi^*(G)$$

を，G の**右正則置換表現**，または単に**正則置換表現**とよぶ．

G の**左正則置換表現**は，G の各元 a に置換

$$\Phi^*(a) = \begin{pmatrix} g_1 & g_2 & \cdots & g_n \\ ag_1 & ag_2 & \cdots & ag_n \end{pmatrix}$$

を対応させる写像である．像は n 次の置換群で

$$\Phi^* : G \longrightarrow \Phi^*(G)$$

は逆同型写像である．

今，例として G を 3 次対称群 S_3 として Ψ^* と Φ^* を求めてみよう．

$$g_1 = e \,(\text{単位置換}), \quad g_2 = (123), \quad g_3 = (132)$$
$$g_4 = (12), \quad g_5 = (23), \quad g_6 = (13)$$

とする．Ψ^* も Φ^* も S_3 から S_6 への写像である．6 次の置換をわかりやすく表示するため，g_j を j と書くと，計算結果は次のようになる：

$$\Psi^*(g_1) = E \,(\text{恒等置換}), \quad \Psi^*(g_2) = (123)(465),$$
$$\Psi^*(g_3) = (132)(456), \qquad \Psi^*(g_4) = (14)(25)(36),$$
$$\Psi^*(g_5) = (15)(26)(34), \qquad \Psi^*(g_6) = (16)(24)(35).$$

及び

$$\Phi^*(g_1) = E \,(\text{恒等置換}), \quad \Phi^*(g_2) = (123)(456),$$
$$\Phi^*(g_3) = (132)(465), \qquad \Phi^*(g_4) = (14)(26)(35),$$
$$\Phi^*(g_5) = (15)(24)(36), \qquad \Phi^*(g_6) = (16)(25)(34).$$

補足5　合同変換について

第7章における合同変換の定義は,「直交変換した後,平行移動する変換」であった. これは平面上に原点と座標系を固定した後になされる定義である. しかし, 合同変換は, 座標系とは無関係に定義されねばならない. ここでその定義をあたえ, それから直接導かれる性質を論ずる.

定義　（平面の）**合同変換**とは, 距離を保つ1対1変換のことである.

このことを式で書くと次のようになる：平面からそれ自身への1対1変換（1対1写像）F が**合同変換**とは, 任意の2点P, Q に対して
$$F(\mathrm{P})F(\mathrm{Q})=\mathrm{PQ}$$
が成り立つことである.（PQ は P と Q の間の距離をあらわす.）

この定義によれば, 合同変換の合成（積）及び逆変換は合同変換となり, 恒等変換も合同変換なので, 合同変換全体は群をなす. これを**合同変換群**とよぶ.

補題 A.1　平面上の3点 P, Q, R は, この順で一直線上にあるとき, そしてそのときのみ
$$\mathrm{PQ}+\mathrm{QR}=\mathrm{PR}$$
が成り立つ.

証明　P, Q, R の順で一直線上にあるとき, この式が成り立つのは明らかである. 逆に P, Q, R が一直線上にないか, または一直線上にあってもこの順でないとすると, PQ+QR は PR より大である（図A-1）.

証明終

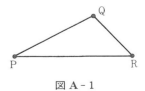

図 A-1

補題 A.2　合同変換は直線を直線にうつす．

証明　P，Q，R をこの順で直線 *l* 上にあるとする．補題 A.1 より
$$PQ + QR = PR.$$
合同変換 *F* は距離を保つゆえ
$$F(P)F(Q) + F(Q)F(R) = F(P)F(R).$$
この式は，補題 A.1 より，$F(P)$，$F(Q)$，$F(R)$ がこの順で一直線上にあることを示す．P，Q，R のうち 2 点を固定して他の 1 点を動かして考えることにより，直線 *l* の像 $F(l)$ が直線であることがわかる．　　**証明終**

補題 A.3　P，Q，R，P′，Q′，R′ を平面上の 6 点とし，P，Q，R は一直線上にはないとする．F と G を，P を P′ に，Q を Q′ に，R を R′ に写す合同変換とすれば $F = G$ である．

証明　$F \neq G$ とすると，$F(S) \neq G(S)$ となる点 S がある．
$$F(P)F(S) = PS = G(P)G(S),$$
$$F(P) = G(P) = P′$$
ゆえ，P′ は $F(S)$ と $G(S)$ から等距離にある．すなわち，P′ は線分 $F(S)G(S)$ の垂直二等分線上にある（図 A-2）．

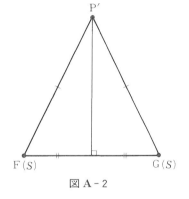

図 A-2

　　同様に Q′ も R′ も線分 $F(S)G(S)$ の垂直二等分線上にあり，P′，Q′，R′ が一直線上にある．ゆえに（補題 A.2 より）P，Q，R は一直線上にあり矛盾である．ゆえに $F = G$．　　**証明終**

補題 A.4　P，Q，P′，Q′ を平面上の 4 点とし，$P \neq Q$ とする．このとき，$F(P) = P′$，$F(Q) = Q′$ となる合同変換 *F* は，（存在しても）たかだか，2 つしか存在しない．

証明　点 R を，△PQR が正三角形となるようにとる．線分 P′Q′ を一辺と

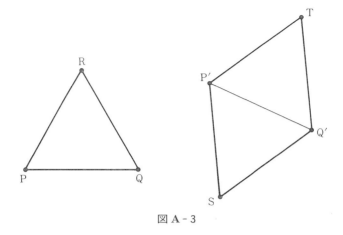

図 A - 3

する正三角形はふたつある．それらを

$$\triangle P'Q'S, \qquad\qquad \triangle P'Q'T$$

とする（図 A-3）．補題 3 より

$$F(P)=P', \quad F(Q)=Q', \quad F(R)=S$$

または　　　　$F(P)=P', \qquad F(Q)=Q', \qquad F(R)=T$

となる合同変換 F は，存在しても，それぞれたかだか 1 つで，合わせて，たかだか 2 つである．　　　　　　　　　　　　　　　　　　　**証明終**

　合同変換には，どのようなものがあるだろうか．

　　　恒等変換，

　　　平行移動，

　　　点を中心とする回転，

　　　直線に関する鏡映

は，いずれも距離を保ち，合同変換である．

　他に，**すべり鏡映**とよばれる合同変換がある．これは，ひとつの直線に関して鏡映した後，その直線の方向に平行移動する変換である．これを，**その直線に関するすべり鏡映**とよぶ．

定理 A.6　平面の合同変換は次のいずれかである．(イ)恒等変換，(ロ)平行移動，(ハ)回転，(ニ)鏡映，(ホ)すべり鏡映．

証明 F を合同変換とする.平面上のすべての点 P に対し $F(P)=$P ならば,F は恒等交換である.

いま,$F(\mathrm{P})=Q$ が P とことなるとする.$R=F(Q)$ とおく.いくつかのケースにわける:

ケース1:R＝P の場合

この場合は,F は P を Q に,Q を P に写す.M を P と Q の中点,l を線分 PQ の垂直二等分線とする(図 A-4).

G を M 中心の 180° 回転,

H を l に関する鏡映

とすると,G も H も,P を Q に,Q を P に写す.従って補題 A.4 より,F は G か H に一致する.

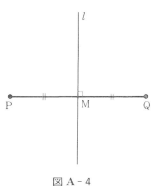

図 A-4

ケース2:R≠P だが P,Q,R が一直線上にある場合

この場合は,F は P を Q に,Q を R に写し,PQ=QR ゆえ,P,Q,R はこの順で一直線上にある(図 A-5).

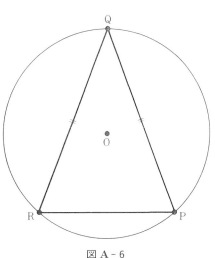

図 A-5

G をこの直線方向の平行移動で,P を Q に写すもの,

H をこの直線に関するすべり鏡映で P を Q に写すものとすると,G も H も,P を Q に,Q を R に写す.従って補題 A.4 より,F は G か H に一致する.

ケース3:P,Q,R が一直線上にない場合

この場合は,F は P を Q に,Q を R に写し PQ=QR になっている.O を △PQR の外心とする(図 A-6).ま

図 A-6

た，M を線分 PR の中点とし，l を線分
QM の垂直二等分線とする（図 A-7）.

　G を，O の中心の回転で P を Q に写
すもの，

　H を，l に関するすべり鏡映で，P を
Q に写すもの

とすると，G も H も，P を Q に，Q を R
に写す．従って補題 A.4 より，F は G か
H に一致する．　　　　　　　**証明終**

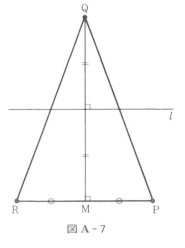

図 A-7

注意　(イ)恒等変換は，各点を動かさない．回転
は中心の 1 点のみを動かさず，他の全ての点を
動かす．鏡映は軸である直線上の各点を動かさず，他の全ての点を動かす．平行移動
とすべり鏡映は，全ての点を動かす．(ロ)合同変換を平面自身の運動とみなすと，鏡
映とすべり鏡映は平面を裏返しにする変換であり，他の合同変換——恒等変換，平行
移動，回転——は，裏返しにしない変換である．

　さて，第 7 章で定義した合同変換「直交変換した後，平行移動する変
換」は，（直交変換も平行移動も距離を保つ変換ゆえ）距離を保ち，上に
述べた意味で合同変換である．逆に，F を上で述べた意味での合同変換
とする．O を座標系の原点とする．O を $F(\mathrm{O})$ に写す平行移動を T とす
るとき，

$$(T^{-1}F)(\mathrm{O}) = T^{-1}(F(\mathrm{O})) = \mathrm{O}$$

である．すなわち合同変換 $T^{-1}F = U$ は O を動かさない．上の注意か
ら，U は恒等変換か，O を中心とする回転か，O をとおる直線に関する
鏡映かのいずれかである．すなわち U は直交変換である．そして

$$F = TU$$

と書けるので，F は直交変換した後平行移動する変換とみなせる．

　結局，第 7 章の合同変換の定義と，上述の合同変換の定義は一致する．

　ところで，U を直交変換，T を平行移動とするとき，合成

$$F = TU$$

は，定理 A.6 の 5 種の合同変換中，どの合同変換であろうか．

　それを知るには，定理 A.6 の証明を参考にすればよい．いま，O を原点とし

$$Q = F(O) = T(O),$$
$$R = F(Q) = T(U(Q))$$

とおく．

　いま，Q＝O とする．このときは $T = E$（恒等変換）となり，$F = U$ は，(イ)恒等変換か，(ロ)O 中心の回転か，(ハ)O をとおる直線に関する鏡映か　のいずれかである．

　次に，Q≠O とする．

　R＝O の場合は，定理 A.6 の証明のケース 1 より

(ニ) U が回転ならば（$F = TU$ は裏返しにしない合同変換ゆえ）F は Q 中心の 180° 回転となる．（U も実は O 中心の 180° 回転である．）

(ホ) U が鏡映ならば，F は線分 OQ の垂直二等分線に関する鏡映である．

　R≠O で，O，Q，R が一直線上にある場合は，定理 A.6 の証明のケース 2 より

(ヘ) U が鏡映でないならば（実は $U = E$ で），$F = T$ は平行移動である．

(ト) U が鏡映ならば，F は直線 OQ に関するすべり鏡映で，O を Q に写すものである．

　最後に，O，Q，R が一直線上にない場合は，定理 A.6 の証明のケース 3 より

(チ) U が回転ならば，F は △OQR の外心を中心とする回転で O を Q に写すものである．

(リ) U が鏡映ならば，F は線分 QM の垂直二等分線に関するすべり鏡映で，O を Q に写すものである．ただし，M は線分 OR の中点である．

　上の議論を参考にすると，あたえられたふたつの合同変換 F と G の合成 GF がどのような合同変換かを知ることが出来る．読者は，例えば，回転と回転，回転と鏡映，鏡映と鏡映の合成がどのような合成変換になるか考究されたい．

補足6　2次元結晶群について

第7章における，2次元結晶群の定義は原点と座標系を用いた定義であった．ここで改めて，座標系と無関係な定義をのべておく．

定義　2次元結晶群 G とは，合同変換群の部分群で次の3条件をみたすものである：

(イ)　G は独立な2方向への平行移動を含む，

(ロ)　G に含まれる平行移動のうち，その平行移動距離に最小値（正）が存在する．

(ハ)　G に回転が含まれるとき，回転角の最小値（正）が存在する．

あたえられたくり返し文様 W をそれ自身にぴったり重ねる合同変換

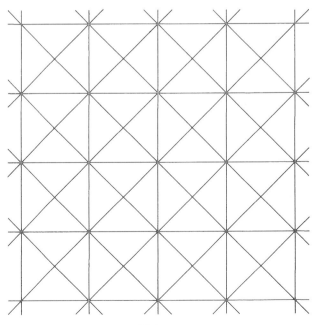

図 A-8

全体 $G(W)$ は，写像の合成のもとで群をなす．これを**くり返し文様 W の群**とよぶ．$G(W)$ は 2 次元結晶群であり，逆に任意の 2 次元結晶群 G に対し，くり返し文様 W があって $G = G(W)$ となる．

正方形の格子（**正方格子**）と対角線からなる図A‑8の文様を考えよう．この文様の群は，次の合同変換よりなる：

(イ) 恒等変換，

(ロ) 水平方向，垂直方向への格子の長さの整数倍の平行移動及びそれらの合成である斜め方向への平行移動，

(ハ) 各格子点を中心とする 90°，180°，270° 回転，

(ニ) 対角線の交点を中心とする 90°，180°，270° 回転，

(ホ) 隣り合う格子点の中点を中心とする 180° 回転，

(ヘ) 格子点または対角線の交点をとおる，水平線，垂直線，傾き 1，-1 の直線に関する鏡映，

(ト) (ヘ)の鏡映と(ロ)の平行移動との合成である．すべり鏡映，

(チ) 隣り合う格子点の中点をとおる，傾き 1，-1 の直線に関するすべり鏡映（鏡映の後の平行移動距離は，正方格子の対角線の半分の長さの整数倍）．

図A‑8のくり返し文様から対角線を消した，正方格子だけからなる（殺風景な）くり返し文様の群も全く同じ合同変換からなる．

図A‑8，第 7 章の図 7‑1，図 7‑5（七宝つなぎ）のくり返し文様は，それぞれ全く異なる文様であるが，原点を適当にとり図のサイズや向きを適当に変えて考えると，それらの群は全く同じ合同変換からなり，同型であることがわかる．

原点を適当にとり図のサイズや向きを適当に変える——と言う考え方により，次の概念を得る：

ふたつの 2 次元結晶群 G と G' が，**アフィン変換で共役**とは，平面のアフィン変換

$$S : \begin{pmatrix} x \\ y \end{pmatrix} \longmapsto A \begin{pmatrix} x \\ y \end{pmatrix} + \begin{pmatrix} a \\ b \end{pmatrix}$$

（A は行列式が 0 でない行列，直交行列と限らない．a，b は定数）が存

在して

$$G' = S^{-1}GS$$

となることである.

　G と G' がアフィン変換で共役ならば, G と G' はあきらかに同型である. しかるに, （証明はむずかしいので省略するが)逆に, ふたつの2次元結晶群 G と G' が同型ならば, 実は G と G' はアフィン変換で共役であることが知られている.（下記のサーストンの本参照.）

　このことから, G と G' が同型ならば, G と G' は同じ種類の合同変換からなることがわかる. 対偶を言えば, 違う種類の合同変換をもつ G と G' は同型でない.

　たとえば, 第7章の図7‒5（七宝つなぎ), 図7‒6（青海波), 図A‒9（麻の葉とよばれる), 図A‒10(かごめとよばれる)のくり返し文様の群は, それぞれ, いずれも同型でない. 実際, 七宝つなぎの群が90°の回転を含むのに, 青海波の群は回転を含まず, 麻の葉とかごめの群は, どちらも60°の回転を含むが, 麻の葉の群が鏡映を含むのに対し, かごめの群は鏡映を含まない.

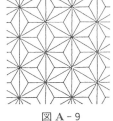

図A‒9

　2次元結晶群に関する詳しい議論が

　　　R.Bix: *Topics in Geometry,* Academic Press, 1994

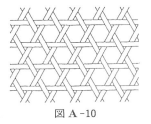

図A‒10

にある. この本は多くの図例にあふれ, 極めてわかりやすい.

参考文献

［1］　W.P.サーストン『3次元幾何学とトポロジー』
　　　　小島定吉監訳, 培風館, 1999年.

補足7 複素射影平面

　第8章と9章で射影平面を論じ，第10章で複素数を論じた．ここでは，それらが結びついた概念——複素射影平面について論じる．

　第9章において，射影平面とは，連比 $(X:Y:Z)$ 全体の集合と定義してもよいと述べた．このとき，もちろん X，Y，Z は実数である．**複素射影平面**とは，複素数の連比 $(X:Y:Z)$ 全体の集合と定義する．正確に言えば，X，Y，Z のどれかはゼロでない複素数の組 (X, Y, Z) 全体の集合において，

$$(X, \ Y, \ Z) \text{ と } (\alpha X, \ \alpha Y, \ \alpha Z)$$

（α はゼロでない任意の複素数）を同値と考えて，その同値類全体の集合を複素射影平面と定義する．第8章と9章に出て来た射影平面は，複素射影平面と同時に論じる時は，区別するために，**実射影平面**とよばれる．

　さらに概念的一般化を考えて，3個の数でなく一般に $n+1$ 個の複素数の連比

$$(X_1 : X_2 : \cdots : X_{n+1})$$

全体の集合を，**n 次元複素射影空間**とよぶ．X_j が全て実数のときの連比全体の集合は，**n 次元実射影空間**とよばれる．このような，安直とも見える一般化は，数学においては，しばしば見受けられ，新しい世界への入り口となる事が多い．複素射影空間も実射影空間も，数学において基本的重要概念となっている．

　さて，複素射影平面の要素である連比

$$(X : Y : Z)$$

を，点ともよぶ．また，連比をこの点の**斉次座標**とも考える．実射影平面と同様に

$$Z = 0$$

となる点全体の集合

$$L_\infty = \{(X : Y : 0)\}$$

を，**無限遠直線**とよび，無限遠直線以外の点に対しては

$$(z,\ w)=\left(\frac{X}{Z},\ \frac{Y}{Z}\right)$$

をこの点のふつうの座標（**アファイン座標**ともよばれる）と考える．$(z,$ $w)$ は複素数の組である．そのような組全体の集合は，（z と w がそれぞれ複素数平面を自由に動く点なので）4 次元空間と考えられる．複素数平面 C の**直積空間**（組全体の集合）なので

$$C\times C=C^2$$

と書かれる．

複素射影平面は，C^2 と L_∞ の和集合

$$C^2\cup L_\infty$$

である．

一方 L_∞ はどのような集合かと言うと $(X:Y:0)$ と言う形の連比全体であった．この連比を比 $(X:Y)$ と同一視する．$Y=0$ のときは $(X:0)=(1:0)$ は 1 点である．$Y\neq0$ のときは $(X:Y)$ は，複素数

$$z=\frac{X}{Y}$$

と同一視される．z 全体は複素数平面 C であり，L_∞ は，C に点 $(1:0)$ をつけ加えたものと考えられる．$(1:0)$ を無限遠点 ∞ と考えると，結局 L_∞ は複素数球面と考えられる．無限遠「直線」は，実は球面である．

複素射影平面は，4 次元空間 C^2 に，複素数球面 L_∞ をペタッと張り付けたものである．「平面」と言うと 2 次元的だが「複素」と付くと次元が 2 倍になる．

第 9 章に出てきた代数曲線も複素射影平面上で考えられる．すなわち $F(X,\ Y,\ Z)$ を 3 変数の複素係数斉次多項式とするとき，集合

$$\{(X:Y:Z)\mid F(X,\ Y,\ Z)=0\}$$

を**代数曲線**とよぶ．曲線とよぶが，複素射影平面内の集合として，曲面になっている．たとえば

$$C=\{(X:Y:Z)\mid X^2+Y^2-Z^2=0\} \qquad\cdots\cdots(1)$$

は，実は球面である．この集合の L_∞ に入っていない部分は

$$z=\frac{X}{Z}, \qquad w=\frac{Y}{Z}$$

とおけば

$$\{(z,\ w)\in \boldsymbol{C}^2 \mid z^2+w^2=1\} \qquad \cdots\cdots(2)$$

と書ける．これは円

$$\{(x,\ y)\in \boldsymbol{R}^2 \mid x^2+y^2=1\}$$

において座標 $(x,\ y)$ を複素数 $(z,\ w)$ まで拡張して動かしたもので，$\boldsymbol{C}^2$ の中で曲面をなしている．(1) の代数曲線 C は (2) の曲面に，L_∞ 内の 2 点

$$(1:\sqrt{-1}:0),\ (1:-\sqrt{-1}:0)$$

をつけ加えたものである．

　これと同様に，平面上のどんな円

$$\{(x,\ y)\in \boldsymbol{R}^2 \mid ax^2+ay^2+bx+cy=d\}$$

も $\boldsymbol{C}^2$ の中で曲面をなしていて，複素射影平面内の集合としては

$$\{(X:Y:Z) \mid aX^2+aY^2+bXZ+cYZ-dZ^2=0\}$$

で定義され，$\boldsymbol{C}^2$ 内の曲面に，L_∞ 内の 2 点

$$(1:\sqrt{-1}:0),\ (1:-\sqrt{-1}:0)$$

をつけ加えたものである．言いかえると，「どんな円も，この 2 定点をとおる」となる．このことから，定理8.4の射影化が定理 8.4′ であることが納得されるであろう．それでも納得されない読者は，私の著書「代数曲線の幾何学，現代数学社，1991」を読まれたい．

　なお，n 次元複素射影空間，n 次元実射影空間は，それぞれ $\boldsymbol{P}^n(\boldsymbol{C})$，$\boldsymbol{P}^n(\boldsymbol{R})$ と書かれる．

補足 8　ガロア被覆のガロア群

第14章で，ガロア被覆の定義を与えた．すなわち

$$f : X \longrightarrow Y$$

を被覆写像とするとき，f がガロア的とは，$f^{-1}(Q)$ のどんな 2 点 P,
P′ に対しても $\varphi(P)=P'$ となる f の自己
同型 φ $(f \cdot \varphi = f$ をみたす X から X への
1 対 1 双連続写像）が存在することである
と定義した．一方，第15章の命題 15.1 で，
「f がガロア的であるための必要十分条件
は，X 内のループと共役な道がすべてルー
プである事である」と証明ぬきで述べた．
ここでその証明を与えよう．

　f をガロア的とする．α を点 P を始点と
するループとする．β を α と共役な道と
し，その始点を P′ とする．その終点を P″
とする．P″＝P′ を示せばよい．

$$f(P)=f(P')=f(P'')=Q$$

に注意する．$\varphi(P)=P'$ となる f の自己同
型 φ をとる．このとき，α の φ による像

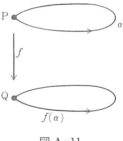

図 A-11

$\varphi(\alpha)$ は P′ を始点とするループである．しかも （φ が自己同型なので)
α と $\varphi(\alpha)$ は共役である．定理 15.1 （持ち上げの唯一性）より

$$\beta = \varphi(\alpha)$$

となり，β はループで P″＝P′．

　次に逆を示す．X のループと共役な道はすべてループであると仮定す
る．$f(P_0)=Q_0$ となる P_0 と Q_0 をとって固定し，f を対 (X, P_0) から
(Y, Q_0) への被覆写像と考える．

　γ を Q_0 を始点とするループとし，固定する．α を γ の持ち上げで P_0 を
始点とするものとし，その終点を P_1 とする．P を X の任意の点とし
$f(P)=Q$ とおく．β を始点が P_0，終点が P であるような X の道とし，

β' を β に共役な道で P_1 を始点
とするものとする.

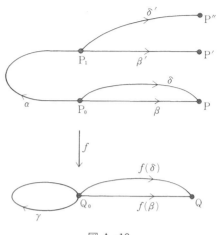

　β' の終点を P' とする. 対応
$$P \longmapsto P' \qquad \cdots\cdots(1)$$
は, β のとり方によらず,
well-defind である. じっさい,
P_0 から P への他の道 δ をとり,
P_1 を始点とする δ の共役を δ'
と す る と, $\beta'^{-1}\delta'$ は ル ー プ
$\beta^{-1}\delta$ と共役なのでループとな
り, δ' の終点は P' となるから
である (図 A-12 参照. 図で実は
$P''=P'$).

図 A-12

　対応(1)は1対1双連続写像 (その詳しい説明は省略する) で, f の自己
同型である. この自己同型は, ループ γ のホモトピー類 $[\gamma]$ に関係する
ので $\Phi([\gamma])$ と書く: $\qquad\qquad \Phi([\gamma]):P\longmapsto P' \qquad\qquad \cdots\cdots(2)$

　この事から命題 15.1 の証明が完
成する. すなわちあらかじめ $f(P)$
$=f(P')$ となる P と P' が与えられ
たとき, β を P_0 と P を結ぶ道, β' を
P' を終点とする β の共役とする. β'
の始点を P_1 とする. α を P_0 を始
点, P_1 を終点とする道とし, $\gamma=f(\alpha)$
とおく. γ は Q_0 を始点とするループ
で, 図 A-12 より

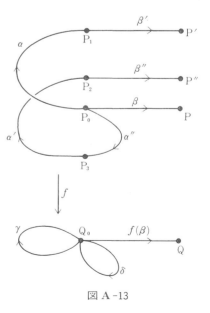

$$\Phi([\gamma]):P\longmapsto P'$$
となっている. すなわち f はガロア
被覆である.

　さて, (2)を再観察しよう. Φ は Y
の基本群から f の自己同型群への
写像を与える:

図 A-13

$$\Phi : \pi_1(Y, Q_0) \longrightarrow \mathrm{Aut}(f). \qquad \cdots\cdots(3)$$

図 A-13 よりわかるように，Φ は準同型写像である（この図で，β と β' と β'' に共役，α と α' は γ の持ち上げ，α'' は δ の持ち上げである）．

$$\Phi([\delta])\Phi([\gamma]) = \Phi([\delta][\gamma]) \qquad \cdots\cdots(4)$$

また，上述の命題 15.1 の証明よりわかるように，(3)の写像 Φ は上への写像である．

さらに，図 A-12 において，P′ と P が一致するのは，P_0 と P_1 が一致，つまり α がループのときに限る．すなわち，

$$\mathrm{Ker}(\Phi) = f_*(\pi_1(X, P_0)) \qquad \cdots\cdots(5)$$

である．

準同型 Φ は，第15章の(9)で与えた写像 Φ に他ならず，上の議論は，定理 15.3 の証明を与えている．

補足 2 によれば，f がガロア被覆写像のとき，

$$\pi_1(Y, Q_0)/f_*(\pi_1(X, P_0)) \simeq \mathrm{Aut}(f)$$

（左辺は商群）である．

ついでに命題 15.4 の証明をここで与えておこう．f がガロア被覆のときは，(5)で見たように $f_*(\pi_1(X, P_0))$ は $\pi_1(Y, Q_0)$ の正規部分群である．

逆に，$f_*(\pi_1(X, P_0))$ を $\pi_1(Y, Q_0)$ の正規部分群とする．f がガロア被覆であることを示すには，X 内の任意のループ δ の共役 δ' がやはりループであることを示せばよい．図 A-14 において，P は δ の始点，P′ と P″ はそれぞれ δ' の始点と終点とする．β を P_0 と P を結ぶ道，β'，β'' は β と共役で終点がそれぞれ P′，P″ となるものとする．それらの始点を，それぞれ P_1，P_2 とする．α を P_0 と P_1 をむすぶ

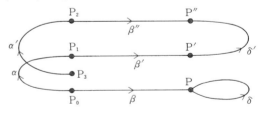
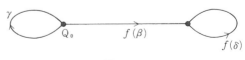

図 A-14

道とし，$\gamma = f(\alpha)$ とおく．また，α' を α の共役で P_2 が終点となるものとし，その始点を P_3 とおく．

さて，$\beta\delta\beta^{-1}$ は P_0 を始点とするループゆえ，
$$f(\beta)f(\delta)f(\beta)^{-1}$$
は，$f_*(\pi_1(X, P_0))$ の元である．この群は $\pi_1(Y, Q_0)$ の正規部分群ゆえ
$$\gamma f(\beta)f(\delta)f(\beta)^{-1}\gamma^{-1}$$
も $f_*(\pi_1(X, P_0))$ の元である．ところが，このループの f による持ち上げで P_0 を始点とするものは，図より，
$$\alpha\beta'\delta'(\beta'')^{-1}(\alpha')^{-1}$$
である．これがループでなければならない．したがって

$P_0 = P_3$.　　　　　∴　$\alpha = \alpha'$.　　　　　∴　$P_1 = P_2$.

∴　$\beta' = \beta''$.　　　∴　$P' = P''$.

となり，δ' もループとなる．これで命題 15.4 の証明が出来た．

さて，再び
$$f : (X, P_0) \longrightarrow (Y, Q_0)$$
をガロア被覆写像とする．今，f の写像度を有限とし，
$$f^{-1}(Q_0) = \{P_0, P_1, \cdots, P_{n-1}\} \qquad (n = \deg f)$$
とおく．

f の自己同型 φ は $f \cdot \varphi = f$ をみたすので，$f^{-1}(Q_0)$ の点を $f^{-1}(Q_0)$ の点に写す．すなわち φ によって
$$P_0, P_1, \cdots, P_{n-1}$$
の間の置換が生ずる．これを $\Phi^*(\varphi)$ と書こう．
$$\Phi^* : \mathrm{Aut}(f) \longrightarrow S_n$$
は，その像 $\Phi^*(\mathrm{Aut}(f))$ への 1 対 1 写像であり，像は n 次置換群で，
$$\Phi^* : \mathrm{Aut}(f) \longrightarrow \Phi^*(\mathrm{Aut}(f))$$
は逆同型写像であることが(4)よりわかる．（置換の積は写像の積と順序が反対である．）

この Φ^* は，実は補足 4 で定義した $\mathrm{Aut}(f)$ の左正則置換表現に他ならない．

補足 9　モノドロミー表現

$$f : (X, \mathrm{P}_0) \longrightarrow (Y, \mathrm{Q}_0)$$

を写像度が有限な被覆とし,

$$f^{-1}(\mathrm{Q}_0) = \{\mathrm{P}_0, \mathrm{P}_1, \cdots, \mathrm{P}_{n-1}\} \qquad (n = \deg f)$$

とおく.

γ を Q_0 を始点とする Y 内のループとする. γ の P_j を始点とする f による持ち上げを α_j とし, その終点を P'_j とする. P'_j は $\mathrm{P}_0, \mathrm{P}_1, \cdots, \mathrm{P}_{n-1}$ のどれかと一致する. すなわち, これらの点の置換

$$\begin{pmatrix} \mathrm{P}_0 & \mathrm{P}_1 & \cdots & \mathrm{P}_{n-1} \\ \mathrm{P}'_0 & \mathrm{P}'_1 & \cdots & \mathrm{P}'_{n-1} \end{pmatrix}$$

が生ずる.

この置換は γ のホモトピー類 $[\gamma]$ にのみ依存するので,

$$\Psi([\gamma])$$

と書く. 写像

$$\Psi : \pi_1(Y, \mathrm{Q}_0) \longrightarrow S_n$$

は, 図 A-16 からわかるように

$$\Psi([\gamma]) \Psi([\delta]) = \Psi([\gamma][\delta])$$

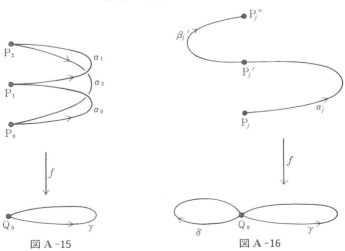

図 A-15　　　　　　　　　　図 A-16

をみたし，準同型写像である．これを被覆写像 f の**モノドロミー表現**と
よび，その像である n 次置換群

$$M = \Psi(\pi_1(Y, Q_0))$$

を f の**モノドロミー群**とよぶ．

　Ψ の核 $\mathrm{Ker}(\Psi)$ は，図 A-15 において，各 α_j がループとなるような γ
のホモトピー類 $[\gamma]$ 全体である．すなわち，$\mathrm{Ker}(\Psi)$ は，すべての $f_*(\pi_1$
(X, P_j) の共通部分に等しい：

$$\mathrm{Ker}(\Psi) = \bigcap_{j=0}^{n-1} f_*(\pi_1(X, P_j)).$$

　$f_*(\pi_1(X, P_j))$ は $f_*(\pi_1(X, P_0))$ と $\pi_1(Y, Q_0)$ の中で共役な部分群
である．逆に $f_*(\pi_1(X, P_0))$ と共役な部分群は，この形に限る．したが
って，$\mathrm{Ker}(\Psi)$ は共役な部分群全体の共通部分で，「$f_*(\pi_1(X, P_0))$ にふく
まれる．$\pi_1(Y, Q)$ の最大の正規部分群」である．

　とくに f がガロア被覆のときは，$f_*(\pi_1(X, P_j))$ は全て　$f_*(\pi_1(X,$
$P_0))$ と一致し

$$\mathrm{Ker}(\Psi) = f_*(\pi_1(X, P_0))$$

である．補足 2 の定理 A.2 と定理 15.3 より，$\mathrm{Aut}(f)$ とモノドロミー群
M とは同型になる．この同型写像は Ψ により導かれるので Ψ^* と書
く：

$$\Psi^* : \mathrm{Aut}(f) \xrightarrow{\ \simeq\ } M$$

この Ψ^* は，実は補足 4 で定義された $Aut(f)$ の正則置換表現に他なら
ない．

答とヒント

1.
問 1.1 120° 回転 T により，ベクトル

$$\begin{pmatrix} 1 \\ 0 \end{pmatrix} \text{ は } \begin{pmatrix} -\dfrac{1}{2} \\ \dfrac{\sqrt{3}}{2} \end{pmatrix} \text{ に}$$

$$\begin{pmatrix} 0 \\ 1 \end{pmatrix} \text{ は } \begin{pmatrix} -\dfrac{\sqrt{3}}{2} \\ -\dfrac{1}{2} \end{pmatrix}$$

に写るから

$$T = \begin{pmatrix} -\dfrac{1}{2} & -\dfrac{\sqrt{3}}{2} \\ \dfrac{\sqrt{3}}{2} & -\dfrac{1}{2} \end{pmatrix}$$

他も同様.

問 1.2

	E	T	T^2	U	TU	T^2U
E	E	T	T^2	U	TU	T^2U
T	T	T^2	E	TU	T^2U	U
T^2	T^2	E	T	T^2U	U	TU
U	U	T^2U	TU	E	T^2	T
TU	TU	U	T^2U	T	E	T^2
T^2U	T^2U	TU	U	T^2	T	E

問 1.3 △OAP を O 中心に 90° 回転すると △OBQ となり，点 Q は円上の点となる（図 B-1）.

$$AP + BP = QB + BP \geqq QP = \sqrt{2}\,r$$

（r は円の半径）. 等号は Q，B，P が一直線のとき，おきる. すなわち等号は

$$\angle OAP + \angle OBP = 180°$$

のとき，すなわち，4 点 O，A，P，B が同一円周上にあるとき，おきる. 結局，答

は「AP＋BP の最小値は $\sqrt{2}r$ で、それをあたえる点Pは、円と △OAB の外接円の交点である.」（$r/\sqrt{2}<a<r$ ゆえ、2円は2点で交わる.）

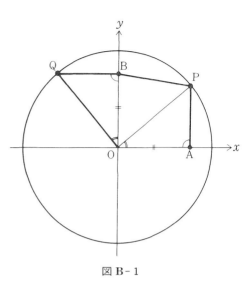

2.

問 2.1　b と c を両方とも a の逆元とすると

$$ab=ba=e,\quad ac=ca=e.$$

それゆえ、

$$c=ce=c(ab)=(ca)b=eb=b.$$

問 2.2　条件(イ)、(ロ)より(ハ)が導かれることは、あきらかである。逆に(ハ)より(イ)と(ロ)が導かれることを示す。まず a が H の元なら、(ハ)より $aa^{-1}=e$ も H の元である。再び(ハ)より $ea^{-1}=a^{-1}$ も H の元である。故に(ロ)がみたされる。a と b が H の元なら、b^{-1} も H の元ゆえ、(ハ)より $a(b^{-1})^{-1}=ab$ も H の元となり、(イ)がみたされる。

図 B-1

問 2.3　正方行列 A の行列式を $\det(A)$ であらわすと

$$\det(AB)=\det(A)\det(B)$$

がなりたつ。とくに、$\det(A)=1$, $\det(B)=1$ ならば

$$\det(AB)=1,\quad \det(A^{-1})=1$$

である。したがって命題 2.2 より、$SL(n,\boldsymbol{R})$ は $GL(n,\boldsymbol{R})$ の部分群である。

問 2.4　問 2.3 の解答と同様である。

問 2.5　問 2.3 の解答と同様である。

問 2.6　AB と BA が等しくないような正則、対称行列 A, B をとる。たとえば、$n=2$ とすると

$$A=\begin{pmatrix}1 & 2\\ 2 & 1\end{pmatrix},\qquad B=\begin{pmatrix}2 & 3\\ 3 & 4\end{pmatrix}$$

は，そのような例である．このとき
$$^t(AB)={}^tB\,{}^tA=BA\neq AB.$$
それゆえ，積が対称行列でない．

問 2.7 H_1 については
$$\begin{pmatrix}1 & 2 & 3 \\ 1 & 3 & 2\end{pmatrix}\begin{pmatrix}1 & 2 & 3 \\ 1 & 3 & 2\end{pmatrix}=\begin{pmatrix}1 & 2 & 3 \\ 1 & 2 & 3\end{pmatrix}$$

となり，$\begin{pmatrix}1 & 2 & 3 \\ 1 & 3 & 2\end{pmatrix}$ の逆元はそれ自身である．このことより H_1 は S_3 の部分群となる．H_2, H_3 についても同様である．

N については
$$\begin{pmatrix}1 & 2 & 3 \\ 2 & 3 & 1\end{pmatrix}^2=\begin{pmatrix}1 & 2 & 3 \\ 2 & 3 & 1\end{pmatrix}\begin{pmatrix}1 & 2 & 3 \\ 2 & 3 & 1\end{pmatrix}=\begin{pmatrix}1 & 2 & 3 \\ 3 & 1 & 2\end{pmatrix},$$

$$\begin{pmatrix}1 & 2 & 3 \\ 2 & 3 & 1\end{pmatrix}^3=\begin{pmatrix}1 & 2 & 3 \\ 1 & 2 & 3\end{pmatrix}$$

となるので，$\begin{pmatrix}1 & 2 & 3 \\ 3 & 1 & 2\end{pmatrix}$ は $\begin{pmatrix}1 & 2 & 3 \\ 2 & 3 & 1\end{pmatrix}$ の逆元となる．このことより，N は S_3 の部分群となる．

問 2.8 B と H，B と G を結ぶ（図 B-2）．

(イ)　まず AG＝AH を示す．
　　∠AHG＝∠AFG－∠HAC．
ところが
　　∠AFG＝∠ADE
　　（∵ 4 点 A，F，D，E が円に内接）
　　　　＝∠DBA
　　　　（∵ △ADB が直角三角形）．
一方
　　∠HAC＝∠HBC　（∵ 円周角）．
　∴　∠AHG＝∠DBA－∠HBC
　　　　＝∠HBA＝∠HGA．
　∴　AG＝AH．

(ロ)　次に，AG＝AD を示す．

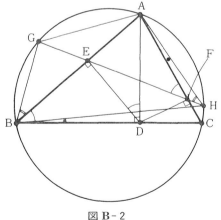

図 B-2

$$\angle \mathrm{AGH} = \angle \mathrm{AHG} \quad (\because \ (\text{イ}))$$
$$= \angle \mathrm{ABG} \quad (\because \ \text{円周角}).$$

したがって，AG は △GBE の外接円に接する．

$$\therefore \quad \mathrm{AG^2 = AE \cdot AB}$$
$$= \mathrm{AD^2} \quad (\because \ \triangle \mathrm{ADB} \ \text{は直角三角形}).$$
$$\therefore \quad \mathrm{AG = AD}.$$

3.

問 3.1 S_1 がこの行列であらわされることは，あきらかである．S_2 に関しては，まず，一次変換 S_2 が z-座標を変えないことから

$$S_2 = \begin{pmatrix} a & b & 0 \\ c & d & 0 \\ 0 & 0 & 1 \end{pmatrix}$$

という形をしていることがわかる．さらに，行列

$$\begin{pmatrix} a & b \\ c & d \end{pmatrix}$$

は，直線

$$L: \quad y = -\sqrt{3}\,x$$

に関する折り返しなので

$$\begin{pmatrix} a & b \\ c & d \end{pmatrix} = \begin{pmatrix} -\dfrac{1}{2} & -\dfrac{\sqrt{3}}{2} \\ -\dfrac{\sqrt{3}}{2} & \dfrac{1}{2} \end{pmatrix}$$

である．

　S_3 も同様である．

問 3.2 直接計算して

$$S_2 S_3 = R, \quad S_2^{-1} = S_2, \quad S_3^{-1} = S_3.$$

他も同様に計算して，(イ)，(ロ)がたしかめられる．（きちんとやるには，問 1.2 の解答のように表を作ればよい．）

問 3.3 水の群 G は，z-軸に関する 180° 回転 R と，xz-平面に関する鏡映 S 及びそれらの合成 $RS = SR$（これは yz-平面に関する鏡映），そして恒等変換 E よりなる：

$$G = \{E, R, S, RS\}$$

$$E = \begin{pmatrix} 1 & 0 & 0 \\ 0 & 1 & 0 \\ 0 & 0 & 1 \end{pmatrix}, \qquad R = \begin{pmatrix} -1 & 0 & 0 \\ 0 & -1 & 0 \\ 0 & 0 & 1 \end{pmatrix}$$

$$S = \begin{pmatrix} 1 & 0 & 0 \\ 0 & -1 & 0 \\ 0 & 0 & 1 \end{pmatrix}, \qquad RS = \begin{pmatrix} -1 & 0 & 0 \\ 0 & 1 & 0 \\ 0 & 0 & 1 \end{pmatrix}$$

問 3.4

補題 3.1 の証明　$A^{-1} = {}^{t}A$ の両辺の行列式を考えると

$$\det(A^{-1}) = \det({}^{t}A).$$

ところが

$$\det(A^{-1}) = \frac{1}{\det A}, \quad \det({}^{t}A) = \det A$$

ゆえ,

$$\frac{1}{\det A} = \det A, \qquad (\det A)^2 = 1.$$

$$\therefore \quad \det A = \pm 1.$$

証明終

補題 3.2 の証明　A を 3 次直交行列とする.

$$AX = \lambda X \qquad \qquad \cdots\cdots(1)$$

をみたす（複素数の）スカラー λ とゼロでない（複素数を成分とする）ベクトル X を, それぞれ, A の**固有値**とそれに対する**固有ベクトル**とよぶ. (X, Y) をエルミート積とするとき, A は直交行列, したがってユニタリー行列ゆえ, (1)より

$$(X, X) = (AX, AX) = (\lambda X, \lambda X) = \lambda \overline{\lambda}(X, X).$$

となるが, $(X, X) \neq 0$ ゆえ, λ は

$$\lambda \overline{\lambda} = 1, \quad |\lambda| = 1 \qquad \qquad \cdots\cdots(2)$$

をみたす. 一方, 固有値 λ は, 固有方程式

$$\det(A - \lambda E) = 0$$

の解である. この方程式は実係数の 3 次方程式で, 3 解の積が $\det A = \pm 1$ である. したがって, この方程式の 3 解は, (2)より,

$\det A = 1$ のときは

　　$\{1, 1, 1\}$ か $\{1, -1, -1\}$ か $\{1, \alpha, \overline{\alpha}\}$

$\det A = -1$ のときは

　　$\{-1, 1, 1\}$ か $\{-1, -1, -1\}$ か $\{-1, \alpha, \overline{\alpha}\}$

となる．ここに α は，$|\alpha|=1$ となる虚数である．

問3.5　立方体を実際に手にとって観察してみるとわかるが，たとえば OA を軸とする 120° 回転 S_1 と，z-軸を軸とする 90° 回転 R の合成 RS_1 は，OM（M は AD の中点）を軸とする 180° 回転に等しい：
$$RS_1 = T_1.$$
一方，S_1R は，ON（N は AC の中点）を軸とする 180° 回転 T_2 に等しい：
$$S_1R = T_2.$$
他も同様である．

問3.6

$$e_1 = \begin{pmatrix} 1 \\ 0 \\ 0 \end{pmatrix}, \qquad e_2 = \begin{pmatrix} 0 \\ 1 \\ 0 \end{pmatrix}, \quad e_3 = \begin{pmatrix} 0 \\ 0 \\ 1 \end{pmatrix}$$

は，立方体の 3 面の中心を終点とするベクトルである．G の各元によって，これらは立方体の（他の，または同じ）3 面の中心を終点とするベクトルに写される．それらを縦に並べればよい．たとえば

$$R = \begin{pmatrix} 0 & -1 & 0 \\ 1 & 0 & 0 \\ 0 & 0 & 1 \end{pmatrix}, \qquad S_1 = \begin{pmatrix} 0 & -1 & 0 \\ 0 & 0 & -1 \\ 1 & 0 & 0 \end{pmatrix}$$

$$T_1 = RS_1 = \begin{pmatrix} 0 & 0 & 1 \\ 0 & -1 & 0 \\ 1 & 0 & 0 \end{pmatrix}, \qquad T_2 = S_1R = \begin{pmatrix} -1 & 0 & 0 \\ 0 & 0 & -1 \\ 0 & -1 & 0 \end{pmatrix}$$

他も同様．

問3.7　図 B-3 のように，A の赤川の川岸に関する対称点を A′ とし，B の白川の川岸に関する対称点を B′ とする．
AP＋PQ＋QB＝A′P＋PQ＋QB′ ≧ A′B′．
等号は，折れ線 A′PQB′ が直線のとき，すなわち P が図 A-3 の P_0 に，Q が Q_0 に等しいときおきる．

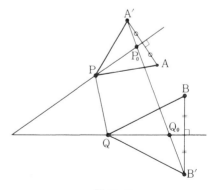

図 B-3

4.

問 4.1　H を Z の $\{0\}$ 以外の部分群とする．H にはゼロでない数 a が含まれるので，$-a$ も含まれる．a か $-a$ は，どちらかが正の整数である．H にぞくする正の整数中，最小のものを d とおく．このとき，H は d の倍数全体 dZ に等しい．なぜなら H に含まれる任意の数 a を d で割り，

$$a = qd + r$$

$(q,\ r$ は整数，$0 \leq r \leq d-1)$ とおくと，

$$r = a - qd$$

も H に含まれるので，仮定より $r = 0$，すなわち

$$a = qd.$$

問 4.2　問4.1の解答と同様の考え方で出来る．

問 4.3　$\begin{pmatrix} 1 & 1 \\ 0 & 0 \end{pmatrix}^n = \begin{pmatrix} 1 & n \\ 0 & 1 \end{pmatrix}$ ゆえ $\begin{pmatrix} 1 & 1 \\ 0 & 1 \end{pmatrix}$ の

位数は $+\infty$ である．一方

$$\begin{pmatrix} 1 & 1 \\ 0 & 0 \end{pmatrix}^3 = \begin{pmatrix} -1 & 0 \\ 0 & -1 \end{pmatrix} \neq E,$$

$$\begin{pmatrix} 1 & 1 \\ -1 & 0 \end{pmatrix}^6 = E$$

ゆえ，$\begin{pmatrix} 1 & 1 \\ -1 & 0 \end{pmatrix}$ の位数は 6 である．

問 4.4　(1)　$a^{-1}a = e \in H$ ゆえ $a \sim a\ (\operatorname{mod} H,\ 右)$.
(2)　$a \sim b\ (\operatorname{mod} H,\ 右)$ ならば $a^{-1}b \in H$. ゆえに $b^{-1}a = (ab^{-1})^{-1} \in H$. ゆえに $b \sim a\ (\operatorname{mod} H,\ 右)$.
(3)　$a \sim b\ (\operatorname{mod} H,\ 右)$, $b \sim c\ (\operatorname{mod} H,\ 右)$ とする．
$a^{-1}b \in H$, $b^{-1}c \in H$ ゆえ，$a^{-1}c = (a^{-1}b)(b^{-1}c) \in H$. ゆえに $a \sim c\ (\operatorname{mod} H,\ 右)$.

問 4.5　aH の各元は $ah\ (h \in H)$ と書けるので，対応

$$h \longmapsto ah$$

は H から aH の「上への」対応である．また

$$ah = ah'$$

とすれば，この式の両辺に左から a^{-1} をかけて

$$h = h'$$

がえられるので，対応は「中への1対1対応」である．

合わせて「1対1対応」である．

問 4.6

$$H_1 = \left\{ \begin{pmatrix} 1 & 2 & 3 \\ 1 & 2 & 3 \end{pmatrix}, \begin{pmatrix} 1 & 2 & 3 \\ 2 & 1 & 3 \end{pmatrix} \right\},$$

$$\begin{pmatrix} 1 & 2 & 3 \\ 2 & 3 & 1 \end{pmatrix} H_1 = \left\{ \begin{pmatrix} 1 & 2 & 3 \\ 2 & 3 & 1 \end{pmatrix}, \begin{pmatrix} 1 & 2 & 3 \\ 1 & 3 & 2 \end{pmatrix} \right\},$$

$$\begin{pmatrix} 1 & 2 & 3 \\ 3 & 1 & 2 \end{pmatrix} H_1 = \left\{ \begin{pmatrix} 1 & 2 & 3 \\ 3 & 1 & 2 \end{pmatrix}, \begin{pmatrix} 1 & 2 & 3 \\ 3 & 2 & 1 \end{pmatrix} \right\},$$

$$S_3 = H_1 + \begin{pmatrix} 1 & 2 & 3 \\ 2 & 3 & 1 \end{pmatrix} H_1 + \begin{pmatrix} 1 & 2 & 3 \\ 3 & 1 & 2 \end{pmatrix} H_1.$$

また，

$$H_1 \begin{pmatrix} 1 & 2 & 3 \\ 2 & 3 & 1 \end{pmatrix} = \left\{ \begin{pmatrix} 1 & 2 & 3 \\ 2 & 3 & 1 \end{pmatrix}, \begin{pmatrix} 1 & 2 & 3 \\ 3 & 2 & 1 \end{pmatrix} \right\},$$

$$H_1 \begin{pmatrix} 1 & 2 & 3 \\ 3 & 1 & 2 \end{pmatrix} = \left\{ \begin{pmatrix} 1 & 2 & 3 \\ 3 & 1 & 2 \end{pmatrix}, \begin{pmatrix} 1 & 2 & 3 \\ 1 & 3 & 2 \end{pmatrix} \right\},$$

$$S_3 = H_1 + H_1 \begin{pmatrix} 1 & 2 & 3 \\ 2 & 3 & 1 \end{pmatrix} + H_1 \begin{pmatrix} 1 & 2 & 3 \\ 3 & 1 & 2 \end{pmatrix}.$$

なお，

$$\begin{pmatrix} 1 & 2 & 3 \\ 2 & 3 & 1 \end{pmatrix} H_1 \neq H_1 \begin{pmatrix} 1 & 2 & 3 \\ 2 & 3 & 1 \end{pmatrix}$$

に注意．右剰余類分解と左剰余類分解が一致しない．

問 4.7 N に含まれない S_3 の元 η に対し
$$\eta^{-1} N \eta = N$$
を示せばよい．

$$\eta = \begin{pmatrix} 1 & 2 & 3 \\ 2 & 1 & 3 \end{pmatrix} \quad (= \eta^{-1})$$

に対し

$$\eta^{-1} \begin{pmatrix} 1 & 2 & 3 \\ 1 & 2 & 3 \end{pmatrix} \eta = \begin{pmatrix} 1 & 2 & 3 \\ 1 & 2 & 3 \end{pmatrix},$$

$$\eta^{-1} \begin{pmatrix} 1 & 2 & 3 \\ 2 & 3 & 1 \end{pmatrix} \eta = \begin{pmatrix} 1 & 2 & 3 \\ 3 & 1 & 2 \end{pmatrix},$$

$$\eta^{-1} \begin{pmatrix} 1 & 2 & 3 \\ 3 & 1 & 2 \end{pmatrix} \eta = \begin{pmatrix} 1 & 2 & 3 \\ 2 & 3 & 1 \end{pmatrix}.$$

$$\therefore \quad \eta^{-1} N \eta = N.$$

他の元についても同様．

問 4.8 (1) $e^{-1} H e = H$.

(2) $a^{-1} H a = H'$ ならば，$H = a H' a^{-1} = (a^{-1})^{-1} H' a^{-1}$.

(3) $a^{-1} H a = H'$, $b^{-1} H' b = H''$ ならば
$$(ab)^{-1} H (ab) = b^{-1} (a^{-1} H a) b = b^{-1} H' b = H''.$$

問 4.9 H をアーベル群 G の部分群とする．a を G の任意の元，h を H の任意の元とすると $ha = ah$ ゆえ
$$a^{-1} h a = h$$
である．これより
$$a^{-1} H a = H.$$

ゆえに H は G の正規部分群である.

問 4.10　図 B‐4 のように,
直角三角形 △ABC を原型と
する市松模様を作る.(斜線の
ついた三角形は裏返し, つい
ていないのは表向きと考え
る.) 図 B‐4 のように, 点
A', A'' をとり, A から A' ま
たは A'' の方向に玉を突けば
よい.

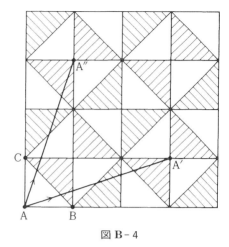

図 B‐4

5.

問 5.1　$G = H + aH$

$$\cdots\cdots(1)$$

を G の H による右剰余類分解とする. a は H に含まれないので, Ha は H と共通
元を持たない左剰余類である. 指数

$$\#G/\#H = 2$$

ゆえ,

$$G = H + Ha \qquad\qquad \cdots(2)$$

が G の H による左剰余類分解となる. (1) と (2) を較べて,

$$aH = Ha.$$

ゆえに, H は G の正規部分群である.

問 5.2　(イ)　b を G' の元とする. $f(a) = b$ となる G の元 a があるので

$$bf(e) = f(a)f(e) = f(ae) = f(a) = b.$$

同様に $f(e)b = b$ となるので, $f(e) = e'$ は G' の単位元である.

(ロ)　$f(x^{-1})f(x) = f(x^{-1}x) = f(e) = e'.$

同様に　$f(x)f(x^{-1}) = e'$

となるので　$f(x^{-1}) = f(x)^{-1}.$

問 5.3　(イ), (ロ)はあきらかである. (ハ)を示そう. 合成写像 $g \circ f$ も 1 対 1 写像で, G の
元 a, b に対し

$$(g \circ f)(ab) = g(f(ab)) = g(f(a)f(b)) = g(f(a))g(f(b))$$

$$=(g \circ f)(a)(g \circ f)(b)$$

となり，$g \circ f$ は G から G'' への同型写像である．

問 5.4 $g \circ f$ は G から G' への 1 対 1 写像である．a と b を G の元とすると

$$(g \circ f)(ab) = g(f(ab)) = g(f(b)f(a)) = (f(b)f(a))^{-1}$$
$$= f(a)^{-1}f(b)^{-1} = (g \circ f)(a)(g \circ f(b))$$

となり，$g \circ f$ は G から G' への同型写像である．

問 5.5 ヒントを参考に，本文の正 4 面体の場合のように議論すればよい．

問 5.6 答のみ述べる．理由は読者が考究されたい．

(イ) マス目のヨコの数を a，タテの数を b とする．

$$a = 2^m a' \quad (m \geqq 0, \ a' は奇数)$$
$$b = 2^n b' \quad (n \geqq 0, \ b' は奇数)$$

と書くとき，$m > n$ なら B に到着し，$m = n$ なら C に到着し，$m < n$ なら D に到着する．

(ロ) 図 B‒5 のように，障子を市松模様にするとき，斜線のマス目をもし光がとおるとすると，左上と右下を結ぶ対角線をとおり，白いマス目をもし光がとおるとすると，左下と右上を結ぶ対角線をとおる．それゆえ，各マス目は，高々 1 回しか，とおらない．

(ハ) マス目のヨコの数を a，タテの数を b とする．a と b の最大公約数が 1（このとき，a と b は**互いに素である**と言う）のときは，光は全てのマス目をとおり，最大公約数が 1 より大なときは，とおらないマス目がある．

6.
問 6.1 (1638)(274)

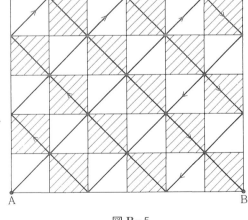

図 B‒5

問 6.2　$\begin{pmatrix} 1234567 \\ 7654231 \end{pmatrix} = (17)(2635)$　ゆえ，これは偶置換である．

問 6.3　(イ)

1　2　3　4

(ロ)　$\begin{pmatrix} 12345 \\ 43152 \end{pmatrix} = (12)(34)(23)(34)(23)(45)(34)(12)(45)(23).$

問 6.4　(イ)　G' の単位元を e'' とする．$e' = f(e)$ が e'' と等しいことを示す．

$$e'e' = f(e)f(e) = f(ee) = f(e) = e'.$$

この式の両辺に右から $(e')^{-1}$ をかけると

$$e'e'(e')^{-1} = e'(e')^{-1}$$

$$\therefore \quad e'e'' = e''.$$

$$\therefore \quad e' = e''.$$

(ロ)　$f(a)f(a^{-1}) = f(aa^{-1}) = f(e) = e'.$
同様に $f(a^{-1})f(a) = e'$ となり，$f(a^{-1}) = f(a)^{-1}.$

問 6.5　図 B‑6 の 4 角形 □ABCD が問題の土地（BC が道路に面している）とする．まず，直線 BC 上に点 E をみつけて，△DEC の面積が，□ABCD の面積のちょうど半分となるようにする．この E は，図 B‑6 のように，BD と平行な線を A より引き直線 BC と交わる点を F とすれば，線分 FC の中点として求められる．（なぜなら，△ABD と △FBD の面積が等しいから．）

　次に，求めるべき直線と BC，AD との交点をそれぞれ P，Q とする（図 B‑7）．PQ は BC と P で直角に交わっている．□QPCD と △DEC は同じ面積ゆえ，

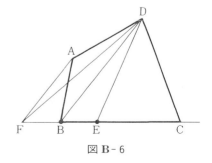

図 **B**‑6

EQ∥PD　（平行）

である．逆に，この条件をみた
す P, Q をみつければ，PQ が求
めるべき直線である．点 P をみ
つけるには，次のようにすれば
よい．

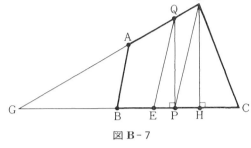

図 B - 7

AD と BC の交点を G とし，
D から BC に下した垂線の足を
H とする．

GE : GP＝GQ : GD＝GP : GH.

$$\therefore \quad GP^2 = GE \cdot GH.$$

すなわち GP は GE と GH の相乗平
均として求まる．長さ GP を作図する
には，図 B - 8 のような直角三角形△
GHI を描けば，

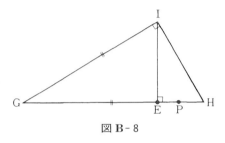

図 B - 8

$$GP = GI$$

となり，これより点 P が求まる．

7.

問 7.1　図 B - 9, 図 B -10 よ
り，あきらかである．より
詳しくは，補足 5 の議論を
参照．

問 7.2　ここでは，H 先生
の解答を紹介しよう．

図 B-11 のように，

CB＝CF　……(1)

となる点 F を辺 AB 上に
とる．

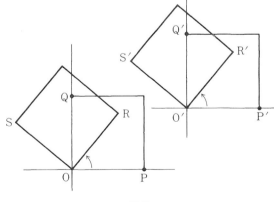

図 B - 9

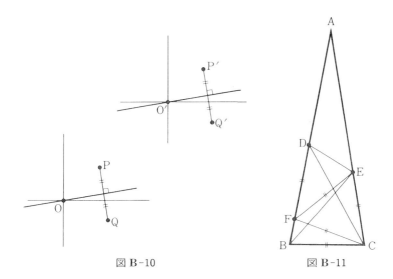

図 B-10　　　　　　　　図 B-11

△CFB と △ABC は相似で，共に頂角 20°，底角 80° の二等辺三角形である．とくに

$$\angle BCF = 20° \qquad\qquad \cdots\cdots(2)$$

一方，$\angle EBC = 50°$ で

$$\angle CEB = \angle ABE + \angle A = 30° + 20° = 50° \qquad\qquad \cdots\cdots(3)$$

なので

$$CB = CE \qquad\qquad \cdots\cdots(4)$$

一方(2)より

$$\angle FCE = \angle BCE - \angle BCF = 80° - 20° = 60° \qquad\qquad \cdots\cdots(5)$$

(1), (4), (5)より △CEF は正三角形．ゆえに

$$CE = EF = FC \qquad\qquad \cdots\cdots(6)$$

$$\angle CEF = \angle EFC = 60° \qquad\qquad \cdots\cdots(7)$$

(7)より

$$\angle BEF = \angle CEF - \angle CEB = 60° - 50° = 10° \qquad\qquad \cdots\cdots(8)$$

$$\angle DFE = 180° - \angle EFC - \angle CFB = 180° - 60° - 80°$$
$$= 40° \qquad\qquad \cdots\cdots(9)$$

一方(2)より

$$\angle FCD = \angle BCD - \angle BCF = 60° - 20° = 40°,$$
$$\angle CDF = \angle DCA + \angle A = 20° + 20° = 40°.$$
$$\therefore \quad FC = FD \qquad\qquad \cdots\cdots(10)$$

(6), (10)より

$$FE = FD.$$

すなわち△FED はFを頂点とする2等辺三角形で，頂角は(9)より 40° なので，底角は 70° である．すなわち

$$\angle FED = 70° \qquad\qquad \cdots\cdots(11)$$

(8)と(11)より

$$\angle BED = \angle BEF + \angle FED = 10° + 70° = 80°.$$

8.

問 8.1　ヒント：点B中心の相似法．

問 8.2　ヒント：線分 AB の中点Mを中心とする相似法．

9.

問 9.1　$X = x$, $Y = y$, $Z = 1$ とおけば，双曲線

$$xy = 1 \qquad\qquad \cdots\cdots(1)$$

がえられる（図 B-12）．

また　　　$XY = Z^2$　　　$\cdots\cdots(2)$

において　$Z = 0$　とおけば

$$XY = 0$$

がえられる．したがって2次曲線(2)は，双曲線(1)に，ふたつの無限遠点

$(X, Y, Z) = (1 : 0 : 0)$, $(0 : 1 : 0)$

をつけ加えたものである．

問 9.2　$\widehat{A} : (X : Y : Z) \longmapsto$
$$(X' : Y' : Z')$$
　　　　$\widehat{B} : (X' : Y' : Z') \longmapsto$
$$(X'' : Y'' : Z'')$$

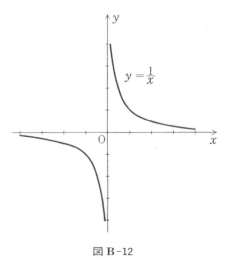

図 B-12

とすれば　$\widehat{BA}:(X:Y:Z)\longmapsto(X'':Y'':Z'')$

　一方，$\widehat{A}$, $\widehat{B}$ は正則行列 A, B から得られ

$$\begin{pmatrix}X'\\Y'\\Z'\end{pmatrix}=A\begin{pmatrix}X\\Y\\Z\end{pmatrix},$$

$$\begin{pmatrix}X''\\Y''\\Z''\end{pmatrix}=B\begin{pmatrix}X'\\Y'\\Z'\end{pmatrix}$$

である．これより

$$\begin{pmatrix}X''\\Y''\\Z''\end{pmatrix}=BA\begin{pmatrix}X\\Y\\Z\end{pmatrix}.$$

故に

$$\widehat{B}\widehat{A}=\widehat{BA}.$$

したがって，対応

$$A\longmapsto\widehat{A}$$

は，$GL(3, \boldsymbol{R})$ から G 上への準同型写像である．

　次に

$$\widehat{A}:(X:Y:Z)\longmapsto(X':Y':Z')$$

が恒等変換とすれば

$$(X':Y':Z')=(X:Y:Z).$$

すなわち，ゼロでない数 a が存在して

$$\begin{pmatrix}X'\\Y'\\Z'\end{pmatrix}=a\begin{pmatrix}X\\Y\\Z\end{pmatrix}$$

これより

$$A\begin{pmatrix}X\\Y\\Z\end{pmatrix}=a\begin{pmatrix}X\\Y\\Z\end{pmatrix}$$

この式は，a が A の固有値で，ベクトル

$$\begin{pmatrix}X\\Y\\Z\end{pmatrix}$$

が a に対する固有ベクトルであることを示している．

　　ゼロベクトルでない全てのベクトルがAの固有ベクトルとなるのは，Aが

$$A = aE \quad (a \text{ は数，} E \text{ は単位行列})$$

の形となるとき，そのときのみである．

問 9.3　Fを斉次n次式とするとき，合成$F \circ B$も斉次n次式である，ここにBは3次正則行列．じっさい

$$B = \begin{pmatrix} b_{11} & b_{12} & b_{13} \\ b_{21} & b_{22} & b_{23} \\ b_{31} & b_{32} & b_{33} \end{pmatrix}$$

とすると

$$B \begin{pmatrix} X \\ Y \\ Z \end{pmatrix} = \begin{pmatrix} b_{11}X + b_{12}Y + b_{13}Z \\ b_{21}X + b_{22}Y + b_{23}Z \\ b_{31}X + b_{32}Y + b_{33}Z \end{pmatrix}$$

と書けるので

　　$(F \circ B)(X,\ Y,\ Z)$
　　　　$= F(b_{11}X + b_{12}Y + b_{13}Z,\ b_{21}X + b_{22}Y + b_{23}Z,\ b_{31}X + b_{32}Y + b_{33}Z)$

と書ける．これは$(X,\ Y,\ Z)$の斉次n次式である．

　さて，

$$\widehat{C} : F = 0$$
$$\widehat{D} : F \circ B = 0$$

は共にn次曲線である．$B = A^{-1}$ とおけば，射影変換$\widehat{A}$は，$\widehat{C}$を$\widehat{D}$に写していることがわかる．

問 9.4　アファイン変換

$$\begin{pmatrix} x' \\ y' \end{pmatrix} = A \begin{pmatrix} x \\ y \end{pmatrix} + \begin{pmatrix} a \\ b \end{pmatrix}, \quad A = \begin{pmatrix} p & q \\ r & s \end{pmatrix} \qquad \cdots\cdots(1)$$

に対し，行列であらわした射影変換

$$\begin{pmatrix} X' \\ Y' \\ Z' \end{pmatrix} = \begin{pmatrix} p & q & a \\ r & s & b \\ 0 & 0 & 1 \end{pmatrix} \begin{pmatrix} X \\ Y \\ Z \end{pmatrix} \qquad \cdots\cdots(2)$$

を考えると

$$X = x,\ Y = y,\ Z = 1$$
$$X' = x',\ Y' = y',\ Z' = 1$$

のとき，上のアファイン変換に一致する．

　この射影変換は，無限遠直線

$$l_\infty = \{Z = 0\}$$

を無限遠直線に写す．

　逆に，l_∞ を l_∞ に写す射影変換は，行列で書くと

$$\begin{pmatrix} X' \\ Y' \\ Z' \end{pmatrix} = \begin{pmatrix} p & q & a \\ r & s & b \\ 0 & 0 & c \end{pmatrix} \begin{pmatrix} X \\ Y \\ Z \end{pmatrix}$$

($c \neq 0$) と書ける．この式は，

$$\begin{pmatrix} \dfrac{X'}{c} \\[6pt] \dfrac{Y'}{c} \\[6pt] \dfrac{Z'}{c} \end{pmatrix} = \begin{pmatrix} \dfrac{p}{c} & \dfrac{q}{c} & \dfrac{a}{c} \\[6pt] \dfrac{r}{c} & \dfrac{s}{c} & \dfrac{b}{c} \\[6pt] 0 & 0 & 1 \end{pmatrix} \begin{pmatrix} X \\ Y \\ Z \end{pmatrix}$$

とも書け

$$\left(\frac{X'}{c} : \frac{Y'}{c} : \frac{Z'}{c} \right) = (X' : Y' : Z')$$

ゆえ，これは(2)の形となり，従って(1)の形のアファイン変換をあらわす．

問 9.5　はじめにパラアボラアンテナの原理（図 9-14 参照）を証明しておこう．図 9-14 において，接線が ∠FQN を 2 等分することを示すには，∠FQN の 2 等分線が接線であることを言えばよい．接線でないと仮定する．接線でないのだから，この直線は，放物線 C と，Q 以外の点 Q′ でも交わる（図B-13）．
Q′ から準線 l に下した垂線の足を N′ とすると，放物線の定義より，

$$\text{Q′N′} = \text{Q′F}. \qquad \cdots\cdots(1)$$

一方，$\triangle \text{NQ′Q} \equiv \triangle \text{FQ′Q}$（2 辺夾角）ゆえ

$$\text{Q′N} = \text{Q′F}. \qquad \cdots\cdots(2)$$

(1)と(2)より

$$\text{Q′N′} = \text{Q′N}.$$

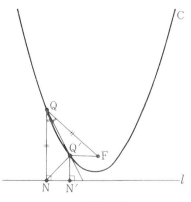

図 B-13

これは，$\triangle \text{NQ′N′}$ が NQ′ を斜辺とする直角三角形であることに矛盾する．

　次に問 9.5 の(イ)，(ロ)，(ハ)を，この順で示そう．放物線 C の焦点を F，準線を l とし，Q，R から l に下した垂線の足を，それぞれ U，V とする（図B-14）．

パラボラアンテナの原理より

$$\triangle QUP \equiv \triangle QFP,$$
$$\triangle RVP \equiv \triangle RFP.$$

それゆえ

$$PU = PF = PV.$$

すなわち△PUV は 2 等辺三角形である．l と PM は直交しているので，その交点 N は線分 UV の中点である．それゆえ，(UQ, PM, VR は平行なので) M は QR の中点である．これで(イ)が示された．

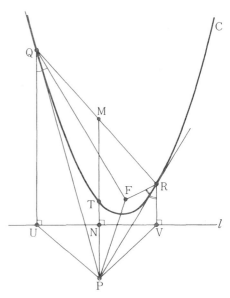

図 B-14

　次に PM と放物線 C の交点を T とし，T での接線と PQ，PR との交点をそれぞれ W，X とする．また，W と X から PM に平行な直線を引き，QR との交点をそれぞれ Y，Z とする（図 B-15）．

　(イ)より，Y，Z は，それぞれ QM，RM の中点である．それゆえ，Y，Z は QR の 4 等分点である．△QWY は△QPM と相似だから

$$WY = \frac{1}{2}PM. \qquad \cdots\cdots(3)$$

同様に

$$XZ = \frac{1}{2}PM. \qquad \cdots\cdots(4)$$

ゆえに線分 WY と XZ は長さが等しく平行である．それゆえ，四角形 WYZX は平行四辺形となり，WX は QR と平行である．これで(ロ)が示された．

　(ロ)より四角形 WYMT は平行四辺形である．それゆえ

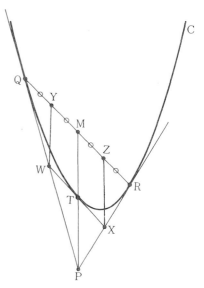

図 B-15

$$TM = WY \qquad\qquad \cdots\cdots(5)$$

(3)と(5)より，T は PM の中点であることがわかる．これで(ハ)が示された．

10.

問 10.1 (イ)　$\alpha = a + bi,\ \beta = c + di$　とおくと
$$\alpha\beta = (ac - bd) + (ad + bc)i,$$
$$\overline{\alpha\beta} = (ac - bd) - (ad + bc)i,$$
$$\overline{\alpha}\,\overline{\beta} = (a - bi)(c - di) = (ac - bd) - (ad + bc)i.$$
$$\therefore\quad \overline{\alpha\beta} = \overline{\alpha}\,\overline{\beta}.$$

(ロ)　$\alpha = a + bi$　とおくと
$$\alpha\overline{\alpha} = (a + bi)(a - bi) = a^2 + b^2 = |\alpha|^2.$$

問 10.2　写像
$$z \longmapsto (\cos\theta + i\sin\theta)\overline{z}$$
は，図形的に考えればわかるように，x-軸との間の角が $\theta/2$ である，原点をとおる直線に関する裏返しである．

問 10.3　A を複素数平面の 0 とし，B を β，C を γ とおく（図 B-16）.

1 の 6 乗根
$$\zeta = \frac{1 + \sqrt{3}\,i}{2}$$
に対し，その共役複素数
$$\overline{\zeta} = \frac{1 - \sqrt{3}\,i}{2}$$
も 1 の 6 乗根で
$$\overline{\zeta} = \zeta^5 = -\zeta^2, \qquad \zeta\overline{\zeta} = 1$$
をみたす．さて，
$$D = \delta\ (\text{デルタ}), \qquad E = \varepsilon\ (\text{イプシロン})$$
とおくと，図 B-16 より
$$\beta = \zeta\delta, \qquad \delta = \overline{\zeta}\,\beta.$$
同様に
$$\varepsilon = \zeta\gamma, \qquad \gamma = \overline{\zeta}\,\varepsilon.$$
ゆえに

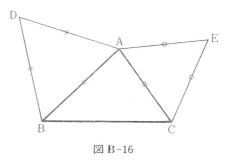

図 B-16

$$D - C = \delta - \gamma = \overline{\zeta}\,\beta - \gamma = \zeta^2(\zeta\gamma - \beta),$$
$$E - B = \varepsilon - \beta = \zeta\gamma - \beta.$$

これらの式は，ベクトル $\overrightarrow{CD}$ がベクトル $\overrightarrow{BE}$ と長さが等しく，$\overrightarrow{BE}$ を 120° 回転した
ものであることを示している．

問 10.4
$$\varphi : z \longmapsto \frac{\alpha z + \beta}{\gamma z + \delta}$$

が恒等変換とすると，等式

$$z = \frac{\alpha z + B}{\gamma z + \delta}$$

が（$\gamma z + \delta \neq 0$ となる）すべての z について成り立つ．分母を払って移項すると

$$\gamma z^2 + (\delta - \alpha)z + \beta = 0.$$

この，z に関する 2 次式は，z に関する恒等式ゆえ，各係数がゼロに等しい：

$$\gamma = 0, \quad \beta = 0, \quad \delta = \alpha.$$

すなわち

$$\begin{pmatrix} \alpha & \beta \\ \gamma & \delta \end{pmatrix} = \begin{pmatrix} \alpha & 0 \\ 0 & \alpha \end{pmatrix} \qquad (\alpha \neq 0).$$

問 10.5 図 B-17 において，比例関係により

$$\frac{x}{X} = \frac{y}{Y} = \frac{1}{Z+1}.$$

$$\therefore \quad x = \frac{X}{Z+1}, \quad y = \frac{Y}{Z+1}$$

$X^2 + Y^2 + Z^2 = 1$ を
用いると

$$X = \frac{2x}{1 + x^2 + y^2},$$
$$Y = \frac{2y}{1 + x^2 + y^2},$$
$$Z = \frac{1 - x^2 - y^2}{1 + x^2 + y^2}$$

問 10.6 斜辺を c，他
を a，b とすると

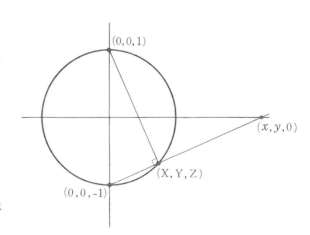

図 B-17

$$\frac{\pi}{8}a^2 + \frac{\pi}{8}b^2 = \frac{\pi}{8}c^2$$

である．すなわち，a，b を直径とする半円の和集合と，c を直径とする半円とは面積が等しい．図10-17において，両方の集合から共通部分を取り除けば残りの部分の面積が等しい．

なお，直角三角形の各辺上に，図 B-18 のように，相似な図形を描くと，それらの面積 S，T，U は

$$S + T = U$$

をみたす．なぜなら

$$\frac{S}{a^2} = \frac{T}{b^2} = \frac{U}{c^2}$$

だからである．

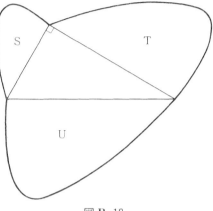

図 B-18

11.

問 11.1　図 B-19において，点Aをとおるふたつの大円の間の角 θ は，球の中心Oに関する中心角に等しい．ゆえに，ふたつの大円にはさまれている「二角形」の面積は，

$$4\pi R^2 \times \frac{\theta}{2\pi} = 2R^2\theta$$

である（R は球の半径）．

さて，図 B-20において，∠A などをAなどと略記すると

　△ABC＋△A′BC＝$2R^2$A,

　△ABC＋△B′AC＝$2R^2$B,

　△ABC＋△C′AB＝$2R^2$C.

（△ABC 等は，その面積をあらわす．）しかるに，

△A′BC と△AB′C′ は合同ゆえ

　　△A′BC＝△AB′C′.

これら 4 式より

　2△ABC＋△ABC′

＋△B′AC＋△C′AB

＝$2R^2$(A＋B＋C).

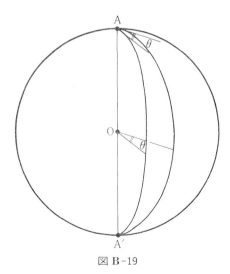

図 B-19

∴　2△ABC＋上半球
　＝2R²(A＋B＋C)

∴　2△ABC＋2πR²
　＝2R²(A＋B＋C).

∴　△ABC＋πR²
　＝R²(A＋B＋C).

∴　A＋B＋C
　＝$\frac{1}{R^2}$△ABC＋π＞π.

　これが求めるべき不等式である.
なお, この最後の式からわかるよ
うに, 地球上に三角形を描くとき,
各辺の長さを相当大きくとらない
かぎり, 内角の和が 180° より大き
い事がわからない.

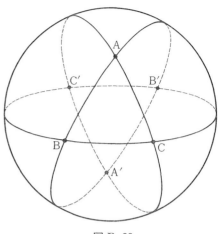

図 **B**-20

問 11.2　$a \geqq b \geqq c$ とする.

$$1 < \frac{1}{a} + \frac{1}{b} + \frac{1}{c} \leqq \frac{1}{c} + \frac{1}{c} + \frac{1}{c} = \frac{3}{c}.$$

　　∴　$c < 3$　　∴　$c = 2$.

　　∴　$\frac{1}{2} < \frac{1}{a} + \frac{1}{b} \leqq \frac{1}{b} + \frac{1}{b} = \frac{2}{b}.$

　　∴　$b < 4$　　∴ $b = 2$ または 3.

$b = 2$ なら a は 2 以上任意の自然数にとれる.
$b = 3$ なら $a < 6$.　∴　$a = 3, 4, 5$.

問 11.3　垂心を H とする. 図 B-21
において,

4 点 H, D, C, E は(HC を直径と
する)同一円周上にあるから

　　　　∠HDE＝∠HCE.

また, 4 点 F, B, C, E は(BC を直
径とする)同一円周上にあるから

　　　　∠HCE＝∠FBH.

さいごに, 4 点 F, B, D, H は(BH

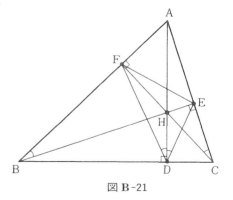

図 **B**-21

を直径とする）同一円周上にあるから

$$\angle FBH = \angle HDF.$$

これら3式より

$$\angle HDE = \angle HDF.$$

すなわち HD は $\angle FDE$ の2等分線である．同様のことが，E でも F でも成り立つゆえ，H は $\triangle DEF$ の内心である．

12.

問 12.1　X，Y，Z をそれぞれ $-X$，$-Y$，$-Z$ にかえると，

$$x = \frac{X}{1+Z}, \quad y = \frac{Y}{1+Z}$$

は，

$$x' = \frac{-X}{1-Z}, \quad y' = \frac{-Y}{1-Z}$$

にかわる．したがって，$z = x + yi$ は

$$z' = x' + y'i = \frac{-X - Yi}{1-Z}$$

にかわる．しかるに

$$X^2 + Y^2 = 1 - Z^2$$

ゆえ

$$\overline{z}\, z' = (x - yi)(x' + y'i)$$
$$= \frac{(X - iY)(-X - iY)}{(1+Z)(1-Z)}$$
$$= \frac{-X^2 - Y^2}{1 - Z^2} = -1.$$

$$\therefore \quad z' = -\frac{1}{\overline{z}}.$$

　次に命題 12.1 の幾何学的（図形的）証明を与える．図B-22において，7点 O，S，N，P，P′，z，z' は同一平面上にあり，また，O，P，P′ 及び O，z，z' は一直線上にある．
$\angle NPS = 90°$，$\angle zON = 90°$
ゆえ，4点 O，z，P，N は同一円周上にある．それゆえ

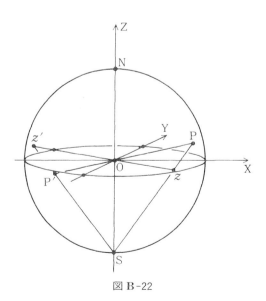

図 B-22

$$\mathrm{S}z \cdot \mathrm{SP} = \mathrm{SO} \cdot \mathrm{SN} = 1 \times 2 = 2.$$

同様に，4点 O，P′，z'，N も同一円周上にある．それゆえ

$$\mathrm{SP}' \cdot \mathrm{S}z' = \mathrm{SO} \cdot \mathrm{SN} = 1 \times 2 = 2.$$

これらの式より，4点 P，z，P′，z' は同一円周上にある．それゆえ

$$\mathrm{O}z \cdot \mathrm{O}z' = \mathrm{OP} \cdot \mathrm{OP}' = 1 \times 1 = 1.$$

すなわち，複素数 z' は複素数平面上，z と原点に対し反対側にあり，

$$|z'| = \frac{1}{|z|}$$

である．これは

$$z' = -\frac{1}{\bar{z}}$$

であることを示す．

問 12.2 球面上の点 (X, Y, Z) と，極射影による像 $z = x + yi$ との間には，

$$x = \frac{X}{1+Z}, \quad y = \frac{Y}{1+Z}, \quad z = \frac{X + Yi}{1+Z}$$

$$X = \frac{2x}{1+x^2+y^2}, \quad Y = \frac{2y}{1+x^2+y^2}, \quad Z = \frac{1-x^2-y^2}{1+x^2+y^2}$$

$$\cdots\cdots(1)$$

と言う関係がある（第12章(1)）．点 (X, Y, Z) の，平面

$$aX + bY + cZ = 0$$

に関する鏡映の点 (X', Y', Z') は

$$X' = X - \frac{2a(aX + bY + cZ)}{a^2+b^2+c^2},$$

$$Y' = Y - \frac{2b(aX + bY + cZ)}{a^2+b^2+c^2},$$

$$Z' = Z - \frac{2c(aX + bY + cZ)}{a^2+b^2+c^2}$$

$$\cdots\cdots(2)$$

で求められる．(1)を(2)に代入し，さらにそれらを

$$w = x' + y'i = \frac{X' + Y'i}{1+Z'}$$

に代入して計算すると，問題の式がえられる．

問 12.3 O 中心，半径 r の円に関する反転は，命題 12.3 の証明と同様に

$$z \longmapsto w = \frac{r^2}{\bar{z}}$$

で与えられる．一般の点 z_0 中心の反転は，0 まで平行移動して考えればよい：

$$w - z_0 = \frac{r^2}{z - z_0} = \frac{r^2}{\bar{z} - \bar{z}_0}$$

$$\therefore \quad w = \frac{r^2}{\bar{z} - \bar{z}_0} + z_0.$$

問 12.4

$$A = \begin{pmatrix} \alpha & \beta \\ \gamma & \delta \end{pmatrix}, \quad \alpha\delta - \beta\gamma = 1$$

とおく．このとき

$$A^* = \begin{pmatrix} \bar{\alpha} & \bar{\gamma} \\ \bar{\beta} & \bar{\delta} \end{pmatrix}.$$

$$\therefore \quad AA^* = \begin{pmatrix} \alpha\bar{\alpha} + \beta\bar{\beta} & \alpha\bar{\gamma} + \beta\bar{\delta} \\ \gamma\bar{\alpha} + \delta\bar{\beta} & \gamma\bar{\gamma} + \delta\bar{\delta} \end{pmatrix}.$$

これが単位行列Eに等しいとすると

$$\alpha\bar{\alpha} + \beta\bar{\beta} = 1, \quad \alpha\bar{\gamma} + \beta\bar{\delta} = 0,$$
$$\gamma\bar{\alpha} + \delta\bar{\beta} = 0, \quad \gamma\bar{\gamma} + \delta\bar{\delta} = 1.$$

これら4式のうち，上段の第2式は，下段の第1式の共役だから，不要である．下段の2式をγとδの連立方程式とみて解けば（上段の第1式を用いて）

$$\delta = \bar{\alpha}, \qquad \gamma = -\bar{\beta}$$

が得られる．

$$\therefore \quad A = \begin{pmatrix} \alpha & \beta \\ -\bar{\beta} & \bar{\alpha} \end{pmatrix}, \quad (\alpha\bar{\alpha} + \beta\bar{\beta} = 1).$$

逆に，この形の行列は $SU(2)$ の元である．

13.

問 13.1　$\alpha = \gamma\beta\gamma^{-1}$, $\alpha' = \gamma\beta'\gamma^{-1}$ のとき

$$[\alpha][\alpha'] = [\alpha\alpha'] = [\gamma\beta\gamma^{-1} \cdot \gamma\beta'\gamma^{-1}]$$
$$= [\gamma(\beta\beta')\gamma^{-1}] = [\gamma][\beta][\beta'][\gamma]^{-1}$$

なので，この対応 $[\beta] \longmapsto [\alpha]$ は準同型写像である．式 $\alpha = \gamma\beta\gamma^{-1}$ は逆にとけて $\beta = \gamma^{-1}\alpha\gamma$ と書けるので

$$[\beta] = [\gamma]^{-1}[\alpha][\gamma]$$

と書ける．したがって，この対応は1対1対応である．すなわち同型写像である．

問 13.2, 問 13.3　読者みずから実験されたい．非常に不思議な結果が得られる．

14.

問 14.1　$w_0 \neq -1$ ならば，

$$f(z_0) = f(z'_0) = w_0$$

となる，異なる 2 点 z_0 と z'_0 が存在する．f のヤコビアンの議論と逆写像定理より，z_0 の近傍 U と z'_0 の近傍 U' が存在して

$$W = f(U), \quad W' = f(U')$$

は共に w_0 の近傍であり，f は U から W へ，U' から W' への 1 対 1 双連続写像となる．

いま，W'' を W にも W' にも含まれる w_0 の近傍とし，

$$f : U \longrightarrow W$$
$$f : U' \longrightarrow W'$$

による W'' の原像（$f^{-1}(W'')$ のこと）をそれぞれ U_1，U_2 とおけば，U_1，U_2 はそれぞれ z_0，z'_0 の近傍で（それぞれ U, U' に含まれ）

$$f : X \longrightarrow Y$$

による W'' の原像 $f^{-1}(W'')$ の連結成分となる．そして

$$f : U_1 \longrightarrow W'',$$
$$f : U_2 \longrightarrow W''$$

は 1 対 1 双連続写像である．

問 14.2　$z = x + yi$, $w = u + vi$ とおくと

$$z \longmapsto w = f(z) = z^3 - 3z$$

は，写像

$$(x, y) \longmapsto (u, v) = (x^3 - 3xy^2 - 3x, \ 3x^2y - y^3 - 3y)$$

と同一視される．この写像のヤコビアンは

$$\begin{vmatrix} \dfrac{\partial u}{\partial x} & \dfrac{\partial u}{\partial y} \\ \dfrac{\partial v}{\partial x} & \dfrac{\partial v}{\partial y} \end{vmatrix} = \begin{vmatrix} 3x^2 - 3y^2 - 3 & -6xy \\ 6xy & 3x^2 - 3y^2 - 3 \end{vmatrix}$$
$$= 9\{(x^2 - y^2 - 1)^2 + 4x^2y^2\}$$

これがゼロであるのは

$$y = 0, \quad x = \pm 1$$

のとき，そのときのみに限る．ゆえに，

$$f : X \longrightarrow Y$$

は局所的に 1 対 1 双連続写像である.

　f が被覆写像の条件(ロ)（第14章の定義 1 の(ロ)）をみたすことは，問 14.1 の解答と同様の方法で示される.

問 14.3　始めに，楕円の基本的性質である次の命題を示そう.

　命題　楕円の焦中を F, F′ とする.楕円上の任意の点 P での接線を図 B-23 のように AB とするとき，

$$\angle\mathrm{F'PA}=\angle\mathrm{FTB}$$

がなり立つ.

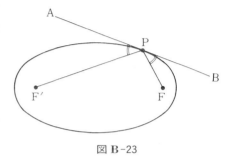

図 **B**-23

　これは，放物線の場合のパラボラアンテナの原理（第 9 章，リフレッシュコーナー参照）に似ている.

　図 B-24 のように F′P を延長して，PS＝PF となる点 S をとる.命題を示すには，∠SPF の 2 等分線が点 P での楕円の接線であることを示せばよい.そのためには，この 2 等分線が，点 P 以外に楕円に交わらないことを言えばよい.この 2 等分線上に P 以外の点 T を任意にとる.

　△PFT≡△PST（二辺夾角）なので

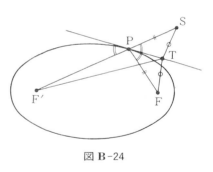

図 **B**-24

$$\mathrm{FT=ST}.$$

それゆえ

$$\mathrm{FT+F'T=ST+F'T>SF'=SP+F'P=FP+F'P}.$$

すなわち

$$\mathrm{FT+F'T>FP+F'P}.$$

この不等式は，T が楕円の外側にあることを示している.

　この命題を用いて問 14.3 を解こう.図 B-25 において，M を FF′ の中点，S を F′P の延長上の，PS＝PF となる点とする.このとき，F, R, S は一直線上にあり，R

は FS の中点となる.（中点連結定理より）M, Q, R は一直線上にあり, MR は F′S と平行で長さが半分である. また△FQR は, 二等辺三角形△FPR と相似なので, これも二等辺三角形となり FQ＝RQ である.

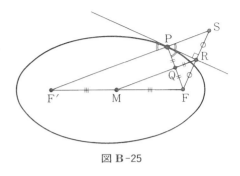

図 B-25

$$MQ+FQ=MQ+QR=MR=\frac{1}{2}F'S$$

$$=\frac{1}{2}(FP+F'P)=一定.$$

従って, 点 Q の軌跡は, M と F を焦点とする楕円である. また

$$MR=\frac{1}{2}(FP+F'P)=一定$$

なので, 点 R の軌跡は, M を中心とする円である.

15.

問 15.1　$f\geqq f'$, $f'\geqq f$ より, $f'\cdot\psi=f$, $f\cdot\eta=f'$ となる連続写像 ψ, η がある. これらの式より

$$f\cdot(\eta\cdot\psi)=f.$$

命題 15.5 より

$$\eta\cdot\psi=1 \quad（恒等写像）$$

となる. f と f' の役目をとりかえて議論すると

$$\psi\cdot\eta=1$$

が得られ,

$$\eta=\psi^{-1}$$

となり, ψ は 1 対 1 双連続写像である. すなわち $f\simeq f'$.

問 15.2　図 B-26 のように変形してゆけば, 同値なことがわかる.（実際に, ヒモで

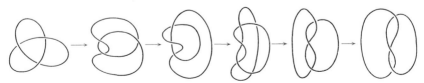

図 B-26

実験されたい．)

16.

問 16.1　$u = \sqrt[3]{\dfrac{-1+\sqrt{5}}{2}}, \quad v = \sqrt[3]{\dfrac{-1-\sqrt{5}}{2}}$

$(u>0, \ v<0)$　とおくと，3 解は

$$u+v-1, \quad \omega u+\omega^2 v-1, \quad \omega^2 u+\omega v-1,$$

ここに　　　　　　　　　　　$\omega = \dfrac{-1+\sqrt{3}i}{2}$　　　　　　　　　$(i=\sqrt{-1}).$

問 16.2　実は，私はどうやればよいか解らなかった．しかし非常にエレガントな証明がいくつか，高校の先生や高校生(！)から寄せられた．読者自ら挑戦されたい．

問 16.3　因数分解の有名な公式

$$X^3 + Y^3 + Z^3 - 3XYZ = (X+Y+Z)(X^2+Y^2+Z^2-XY-YZ-ZX)$$

を用いるとすぐ出来る．答は

$$3ab - a^3 - 3c.$$

問 16.4　$z = \sqrt[3]{4 + \sqrt{\dfrac{620}{27}}} + \sqrt[3]{4 - \dfrac{\sqrt{620}}{27}}$

とおけば $z>0$ で，4 解は次式で書ける：

$$\frac{\sqrt{z} \pm \sqrt{-z + 4/\sqrt{z}}}{2}, \quad \frac{-\sqrt{z} \pm \sqrt{-z - 4/\sqrt{z}}}{2}$$

問 16.5　$t = \sqrt[3]{2}$ とおく．$t^3 = 2$ である．始めに次の補題を示そう．

　　補題 1　a, b, c が有理数で，$a + bt + ct^2 = 0$ ならば，$a = b = c = 0$　である．
　　証明　$a + bt + ct^2 = 0$ の両辺に t をかけ，$t^3 = 2$ を用いると

$$2c + at + bt^2 = 0$$

この式に c をかけ，$a + bt + ct^2 = 0$ に b をかけて，辺々引けば

$$(2c^2 - ab) + (ac - b^2)t = 0$$

t は有理数でないので

$$2c^2 = ab, \qquad\qquad b^2 = ac \qquad\qquad\qquad \cdots\cdots(1)$$

　いま，$a=0$ なら，この 2 式より $b=c=0$ がえられる．また，$b=0$ なら $c=0$ となり，$a + bt + ct^2 = 0$ より $a=0$ がえられる．同様に，$c=0$ なら $b=0$，そして $a=0$ がえられる．

いま，a，b，c のいずれもゼロでないとする．

(1)の 2 式の比をとると

$$2\left(\frac{c}{b}\right)^2=\frac{b}{c}. \qquad\qquad \therefore \quad \left(\frac{b}{c}\right)^3=2$$

となり，t が有理数 $\frac{b}{c}$ となって矛盾する．ゆえに

$$a=b=c=0. \qquad\qquad\qquad\text{証明終}$$

さて，$\boldsymbol{Q}(\sqrt[3]{2})=\boldsymbol{Q}(t)$ にぞくする数は，有理数を係数とする t の有理式であらわされる．$t^3=2$ を用いて，高次の項を次々と低次の項におきかえることにより結局，$\boldsymbol{Q}(t)$ にぞくする数は

$$\frac{d+et+ft^2}{a+bt+ct^2}$$

（a，b，c，d，e，f は有理数）と書ける．しかるに

補題 2 a，b，c をどれか少なくとも 1 つはゼロでない有理数とすると

$$\frac{1}{a+bt+ct^2}=p+qt+rt^2$$

となる有理数 p，q，r がただ一組存在する．

証明   この式の分母を払うと （$t^3=2$ を用いて）

$$1=(a+bt+ct^2)(p+qt+rt^2)$$
$$=(ap+2cq+2br)+(bp+aq+2cr)t+(cp+bq+ar)t^2$$

それゆえ，補題 1 より

$$ap+2cq+2br=1,$$
$$bp+aq+2cr=0, \qquad\qquad\qquad \cdots\cdots(2)$$
$$cp+bq+ar=0.$$

この 3 式を未知数 p，q，r の連立一次方程式とみる．

$$\begin{vmatrix} a & 2c & 2b \\ b & a & 2c \\ c & b & a \end{vmatrix}=a^3+2b^3+4c^3-6abc$$

$$=a^3+(bt)^3+(ct^2)^3-3a(bt)(ct^2)$$
$$=(a+bt+ct^2)\{a^2+(bt)^2+(ct^2)^2-a(bt)-(bt)(ct^2)-a(ct^2)\}$$
$$=(a+bt+ct^2)\{\frac{1}{4}(2a-bt-ct^2)^2+\frac{3}{4}(bt-ct^2)^2\}$$

これは補題 1 よりゼロでない．それ故，連立一次方程式

(2)は，ただ一組の解 p，q，r をもつ．クラーメルの公式

$$p=\begin{vmatrix}1&2c&2b\\0&a&2c\\0&b&a\end{vmatrix}\Big/\begin{vmatrix}a&2c&2b\\b&a&2c\\c&b&a\end{vmatrix}$$

により，p は有理数である．同様に，q，r も有理数である．　　　　　　証明終

　補題 2 により，$\boldsymbol{Q}(t)$ にぞくする数は，($t^3=2$ を用いつつ，高次の項を低次の項に
おきかえると）
$$a+bt+ct^2$$
（a，b，c は有理数）と書ける．補題 1 より，この書き方は，ただひととおりであ
る．すなわち，$\boldsymbol{Q}(t)$ は $\boldsymbol{Q}$ 上のベクトル空間（つまり $\boldsymbol{Q}$ をスカラーとするベクトル
空間）とみるとき
$$\{1,t,t^2\}$$
が基底にとれる．したがって
$$[\boldsymbol{Q}(t)/\boldsymbol{Q}]=3.$$
　なお，証明は省略するが，一般に次の定理が成立する：

　定理　K を数（または式）の集合で，体をなすとする．数（または式）α が K に
ぞくさず，K の数（または式）を係数とする n 次の既約方程式の解ならば，α を K
に添加した体 $K(\alpha)$ の K 上の拡大次数は n であり，K 上のベクトル空間として
$$\{1,\alpha,\cdots,\alpha^{n-1}\}$$
が基底にとれる．

問 16.6　$t=\sqrt[3]{2}$ とおく．$\boldsymbol{Q}$ 上のベクトル空間として，$\boldsymbol{Q}(\sqrt{2},t)$ は基底
$$\{1,\sqrt{2},t,\sqrt{2}t,t^2,\sqrt{2}t^2\}$$
をもつ．ゆえに，
$$[\boldsymbol{Q}(\sqrt{2},t)/\boldsymbol{Q}]=6.$$
このようにして直接示すことも出来るが，
$$\boldsymbol{Q}\subset\boldsymbol{Q}(\sqrt{2})\subset\boldsymbol{Q}(\sqrt{2},t)$$
$$[\boldsymbol{Q}(\sqrt{2})/\boldsymbol{Q}]=2,\quad[\boldsymbol{Q}(\sqrt{2},t)/\boldsymbol{Q}(\sqrt{2})]=3$$
（後の等式は問 16.5 の解と同様の方法で示すことが出来る）なので，次の補題（証明
は省く）よりも導かれる．

　補題 3　M を L の拡大，L を K の拡大とすると

$$[M/K] = [M/L][L/K].$$

17.

問 17.1

$$f \cdot \varphi(z) = \frac{4(\varphi(z)^2 - \varphi(z) + 1)^3}{27\varphi(z)^2(\varphi(z) - 1)^2}$$

$$= \frac{4\left\{\dfrac{1}{(1-z)^2} - \dfrac{1}{1-z} + 1\right\}^3}{27\dfrac{1}{(1-z)^2}\left(\dfrac{1}{1-z} - 1\right)^2}$$

$$= \frac{4(z^2 - z + 1)^3}{27z^2(1-z)^2} = f(z).$$

$$f \cdot \psi(z) = \frac{4(\psi(z)^2 - \psi(z) + 1)^3}{27\psi(z)^2(\psi(z) - 1)^2}$$

$$= \frac{4\left(\dfrac{1}{z^2} - \dfrac{1}{z} + 1\right)^3}{27\dfrac{1}{z^2}\left(\dfrac{1}{z} - 1\right)^2}$$

$$= \frac{4(z^2 - z + 1)^3}{27z^2(1-z)^2} = f(z).$$

問17.2 図 B-27参照.

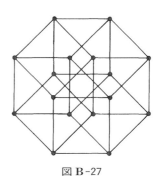

図 **B**-27

索　引

著者紹介：

難波　誠（なんば・まこと）

1943 年山形県生れ　東北大卒
理学博士　Ph.D
現　在　大阪大学名誉教授

著　書

・灘先生の線形代数学講義，現代数学社，1987.
・平面図形の幾何学，現代数学社，2008.
・改訂新版 代数曲線の幾何学，現代数学社，2018.
・Geometry of projective algebraic curves, Marcel Dekker, 1984.
・Branched coverings and algebraic functions, Longman, 1987.

他.

改訂新版　群と幾何学

2023 年 8 月 22 日　　初版第 1 刷発行

著　　者　　難波　誠
発 行 者　　富田　淳
発 行 所　　株式会社　現代数学社

〒606-8425
京都市左京区鹿ヶ谷西寺ノ前町 1
TEL 075 (751) 0727　FAX 075 (744) 0906
https://www.gensu.co.jp/

装　　幀　　中西真一（株式会社 CANVAS）

印刷・製本　　有限会社 ニシダ印刷製本

ISBN 978-4-7687-0614-5　　　　　2023 Printed in Japan